Joseph Maurer
Mathemecum

AF062904

vieweg studium
Grundkurs Mathematik

Diese Reihe wendet sich an den Studenten der mathematischen, naturwissenschaftlichen und technischen Fächer. Ihm — und auch dem Schüler der Sekundarstufe II — soll die Vorbereitung auf Vorlesungen und Prüfungen erleichtert und gleichzeitig ein Einblick in die Nachbarfächer geboten werden. Die Reihe wendet sich aber auch an den Mathematiker, Naturwissenschaftler und Ingenieur in der Praxis und an die Lehrer dieser Fächer.

Zu der Reihe vieweg studium gehören folgende Abteilungen:

Basiswissen, Grundkurs und Aufbaukurs
Mathematik, Physik, Chemie, Biologie

Joseph Maurer

Mathemecum

Begriffe – Definitionen –
Sätze – Beispiele

unter Mitarbeit von Ulla Kirch

Friedr. Vieweg & Sohn
Braunschweig/Wiesbaden

CIP-Kurztitelaufnahme der Deutschen Bibliothek

Maurer, Joseph:
Mathemecum: Begriffe − Definitionen − Sätze −
Beispiele/Joseph Maurer. Unter Mitarb. von
Ulla Kirch. − Braunschweig, Wiesbaden: Vieweg,
1981.
  (Vieweg-Studium; 51: Grundkurs Mathematik)

NE: GT

Dr. Joseph Maurer ist Assistent am Mathematischen Institut der
Universität Düsseldorf, Universitätsstr. 1, 4000 Düsseldorf

(Eine Kurzbiographie des Autors steht auf Seite 267)

1981
Alle Rechte vorbehalten
© Friedr. Vieweg & Sohn Verlagsgesellschaft mbH, Braunschweig 1981

Die Vervielfältigung und Übertragung einzelner Textabschnitte, Zeichnungen
oder Bilder, auch für Zwecke der Unterrrichtsgestaltung, gestattet das Urheber-
recht nur, wenn sie mit dem Verlag vorher vereinbart wurden. Im Einzelfall
muß über die Zahlung einer Gebühr für die Nutzung fremden geistigen Eigen-
tums entschieden werden. Das gilt für die Vervielfältigung durch alle Verfahren
einschließlich Speicherung und jede Übertragung auf Papier, Transparente,
Filme, Bänder, Platten und andere Medien.

Satz: Friedr. Vieweg & Sohn, Braunschweig

Buchbinder: W. Langelüddecke, Braunschweig

ISBN 978-3-528-07251-3   ISBN 978-3-322-85936-5 (eBook)
DOI 10.1007/978-3-322-85936-5

Vorwort

Dieses Buch ist entstanden unter Erinnerungen an die Zeit des eigenen Mathematikstudiums, und unter dem Eindruck der Betreuung und Ausbildung von Mathematikstudenten heute. Beides hatte zu dem Wunsch geführt, über ein kleines handliches Nachschlagewerk zu verfügen, wenn der Student feststellen muß, daß er Definitionen oder den Wortlaut von Sätzen nicht in der notwendigen Präzision behalten hat, oder daß ihm Dinge, die ihm vor wenigen Monaten noch vertraut waren, schon wieder entfallen sind.

Man braucht dann kein Lehrbuch und keinen straffen Übersichtsartikel über die Theorie, denn darin ist die Stelle, an der es hakt, oft schwer zu finden und meist so in einen logischen Aufbau eingefügt, daß es vor allem den jüngeren Studenten schwerfällt, die richtige Auskunft herauszuziehen. Auch allgemeine mathematische Wörterbücher sind oft enttäuschend: Sie wollen es jedem rechtmachen, wenden sich an einen allzu großen Benutzerkreis und behandeln zu viele verschiedene Stoffgebiete; so sind sie schließlich entweder zu umfangreich, oder die Stichwortartikel sind notwendigerweise zu knapp für die Bedürfnisse des Fragenden.

Man braucht stattdessen ein Büchlein, das in redlicher Abgrenzung auf den heute üblichen Stoffumfang in den Standardvorlesungen zu reiner Mathematik (und unbeeindruckt von enzyklopädischen Absichten oder besonderen mathematischen Ambitionen) möglichst diejenigen Informationen unter geeigneten Stichwörtern zusammenfaßt, die einem Studenten an der Stelle erfahrungsgemäß am nützlichsten sind. Dazu gehören bei den Definitionen Beispiele und Gegenbeispiele, bei den Sätzen gelegentlich Angaben über wichtige Beweismittel, und allgemein Hinweise auf Begriffe, die man möglicherweise in Zusammenhang mit dem vorliegenden Stichwort ebenfalls nachschlagen sollte. Es mag auch die englische und französische Übersetzung des Begriffes dazugehören; eine getrennte alphabetische Auflistung der englischen und französischen Ausdrücke im Anhang kann dann gleichzeitig als kleines Fachwörterbuch dienen. Ebenfalls im Anhang findet man noch eine Zusammenstellung der wichtigsten im Buch erläuterten Stichwörter, aber nach Sachgebieten und in annähernd logischer Reihenfolge angeordnet. Der Student kann an diesen Aufstellungen die Stichworte auch als Prüfungsfragen interpretieren und das Buch so z.B. im Sinne eines Repetitoriums verwenden.

An diesen Aufstellungen läßt sich auch am schnellsten ablesen, wie der Stoff abgegrenzt wurde: Die *Analysis* umfaßt Differential- und Integralrechnung in einer und mehreren Veränderlichen sowie gewöhnliche Differentialgleichungen; Stichwörter zur *Funktionentheorie* (etwa über den Umfang einer einsemestrigen Vorlesung) wurden eigens zusammengefaßt. Die *lineare Algebra* enthält auch multilineare Algebra und ein Minimum an affiner und projektiver Geometrie. Die *Algebra* selbst zielt auf die Galois-Theorie hin; ein tieferes Eindringen in die kommutative Algebra hat unvermittelt der „Stoffabgrenzer" verhindert. Auch eine Einführung in die algebraische Topologie ist ihm zum Opfer gefallen; immerhin wurden die vielen Definitionen der *mengentheoretischen Topologie* wenigstens durch einige Grundbegriffe der *Funktionalanalysis* abgestützt. In der *Differentialgeometrie* schließlich werden eigentlich nur Kurven und Flächen im dreidimensionalen Raum behandelt; über die Definitionen einer differenzierbaren Mannigfaltigkeit und ihrer Tangentialräume kommt dieses Buch kaum hinaus.

Im Literaturverzeichnis sind besonders diejenigen Bücher angegeben, die auch bei der Zusammenstellung der Stichwortartikel herangezogen wurden. Daneben sind noch einige leicht zugängliche neuere und (im Interesse finanzschwacher Studenten) billigere Ausgaben berücksichtigt. Ist ein spezielles Buch, das der Leser im Sinn hat, nicht genannt, so bedeutet dies keineswegs, daß es aus irgend einem Grund absichtlich weggelassen wurde! Nur war ein pedantisch überladenes Literaturverzeichnis nicht nach dem Geschmack des Aturos. Man findet ja weitere bibliographische Hinweise in den angegebenen Büchern.

Zum Schluß möchte ich nicht versäumen, all den Kollegen und Freunden, die mir durch Anregungen und Ermutigungen geholfen haben, herzlich zu danken. Besonders zu nennen sind Frau *Ulla Kirch*, durch deren Mitarbeit vieles verbessert wurde (und einige peinliche Fehler rechtzeitig beseitigt werden konnten!), und Frau *Schmickler-Hirzebruch*, die das entstehende Buch vom Verlag aus mit beeindruckendem Engagement betreut hat.

Da der Arbeitsaufwand für dieses Buch fast ausschließlich zu Lasten des freizeitlichen Familienlebens ging, möchte ich in Dankbarkeit für ihr Verständnis und ihre Geduld dieses Buch meiner Frau *Ghislaine* und unseren Kindern *Valerie* und *Sebastian* widmen.

Düsseldorf, im Sommer 1980 *Joseph Maurer*

Hinweise zum Gebrauch

Unter einem Stichwort steht *kursiv* zuerst der englische, dann der französische Ausdruck für das Stichwort (es sei denn, Übersetzungen sind nicht üblich).
Das Zeichen → ist (je nach dem Zusammenhang) zu lesen als „wird erklärt unter dem Stichwort ..." oder „Näheres hierzu noch bei ..." oder „In diesem Zusammenhang sei erinnert an ...". In jedem Fall stehen hinter → Stichwörter, die im Buch erläutert werden.
Im Text sind diejenigen Begriffe *kursiv* gedruckt, die an dieser Stelle erklärt werden (insbesondere also das Stichwort selbst). Wird für die Erklärung eines Stichwortes auf ein anderes verwiesen, wie z.b. bei alternierend → multilineare Abbildung, so steht *alternierend* im Artikel zu „multilineare Abbildung" im Kursivdruck.
Durch das Zeichen ° unmittelbar vor einem Begriff wird angedeutet, daß dazu im Buch ein Stichwortartikel vorhanden ist. (Es kann vorkommen, daß das Stichwort nicht ganz genau denselben Wortlaut hat; so ist z.b. bei °Matrizenrechnung das Stichwort „Matrix" gemeint). Der Benutzer soll dadurch ermutigt werden, bei Bedarf dort nachzuschlagen. In offensichtlichen Fällen (z.B. wenn der Begriff in einem Artikel mehrfach vorkommt) kann das Zeichen ° auch fehlen, obwohl das Stichwort im Buch erklärt ist; ansonsten kann das Fehlen des Zeichens schon auch helfen, vergebliches Nachschlagen zu vermeiden.

A

Abbildung
map, mapping; application

Sind X und Y Mengen, so heißt eine Vorschrift f, die jedem Element $x \in X$ genau ein Element $f(x) \in Y$ zuordnet, eine *Abbildung* von X nach Y, und man schreibt $f: X \to Y$, $x \mapsto f(x)$. Man nennt X den *Definitionsbereich* und Y den *Wertebereich* (oder *Bildbereich*) der Abbildung f. Liegt der Wertebereich in den reellen oder komplexen °Zahlen, so spricht man meist von einer (reell- oder komplexwertigen) *Funktion*; dieser Begriff ist bei manchen Autoren gleichbedeutend mit Abbildung.

Eine Abbildung f ist festgelegt durch ihren *Graphen* $G_f := \{(x, y) \in X \times Y | y = f(x)\} \subset X \times Y$; man kann Abbildungen von X nach Y (zur Präzisierung oder jedenfalls Umschreibung des Wortes „Vorschrift") also auch definieren als Tripel (X, Y, G), wo X, Y Mengen sind und G eine Teilmenge von $X \times Y$ ist derart, daß es zu jedem $x \in X$ genau ein $y \in Y$ gibt mit $(x, y) \in G$.

Spezialfälle: Für jede Menge X bezeichnet $id_X: X \to X$ die *identische Abbildung* (oder *Identität*) auf X; ihr Graph ist die *Diagonale* $\Delta_X := \{(x, x') \in X \times X | x = x'\} \subset X \times X$. Ist $X = \emptyset$ die leere Menge, so gibt es zu jeder Menge Y genau eine Abbildung von X nach Y, die leere Abbildung; hat X genau ein Element, so gibt es zu jeder Menge Y genau so viele Abbildungen von X nach Y, wie Y Elemente hat; hat Y genau ein Element, so gibt es zu jeder Menge X genau eine Abbildung von X nach Y.

Sind $M \subset X$, $N \subset Y$ Teilmengen, so heißt $f(M) = \{y \in Y | $ es gibt $x \in M$ mit $y = f(x)\}$ das *Bild* von M unter f (meist unterscheidet man in der Schreibweise nicht zwischen $f(x), f(\{x\})$ oder $\{f(x)\}$). Bei einer *konstanten Abbildung* besteht das Bild $f(X)$ nur aus einem Punkt. Die Menge $\bar{f}^1(N) = \{x \in X | f(x) \in N\} \subset X$ heißt das *Urbild* von N bei f. Man schreibt $\bar{f}^1(y)$ anstelle von $\bar{f}^1(\{y\})$ und nennt das Urbild von y auch die *Faser* von y bezüglich f. Die *Beschränkung* von f auf M, in Zeichen $f|M: M \to Y$, $x \mapsto f(x)$ ist formal von f zu unterscheiden (falls $M \subsetneq X$); ebenso die Abbildung, die im Fall $f(X) \subset N \subsetneq Y$ aus f durch Einschränkung des Wertebereichs entsteht: $f: X \to N$.

Sind $f: X \to Y$ und $g: Y \to Z$ Abbildungen, so ist die *Komposition* (*Hintereinanderausführung*) $g \circ f: X \to Z$ erklärt durch $x \mapsto g(f(x))$; es gilt $f \circ id_X = id_Y \circ f = f$ und mit einer weiteren Abbildung $h: Z \to W$ auch $h \circ (g \circ f) = (h \circ g) \circ f$ (Assoziativität).

Eine Abbildung $f: X \to Y$ heißt
surjektiv, wenn $f(X) = Y$ ist;
injektiv, wenn aus $x, x' \in X$, $x \neq x'$ folgt: $f(x) \neq f(x')$;
bijektiv, wenn f surjektiv und injektiv ist.

Bei einer bijektiven Abbildung $f: X \to Y$ besteht für jedes $y \in Y$ das Urbild $\bar{f}^1(y)$ aus genau einem Element; die Zuordnung $y \mapsto \bar{f}^1(y)$ definiert eine Abbildung $f^{-1}: Y \to X$, die *Umkehrabbildung* von f. (In der Praxis wird zwischen den Symbolen $\bar{f}^1$ und f^{-1} meist nicht unterschieden). Es gilt:

Abbildung (Forts.)

f surjektiv $\iff$ es gibt eine Abbildung $g\colon Y \to X$ mit $f \circ g = id_Y$
$\iff$ für alle Mengen Z und alle Abbildungen $g, h\colon Y \to Z$ folgt aus $g \circ f = h \circ f$, daß $g = h$ ist.

f injektiv $\iff$ es gibt eine Abbildung $g\colon Y \to X$ mit $g \circ f = id_X$
$\iff$ für alle Mengen W und alle Abbildungen $g, h\colon W \to X$ folgt aus $f \circ g = f \circ h$, daß $g = h$ ist.

f bijektiv $\iff$ es gibt eine Abbildung $g\colon Y \to X$ mit $g \circ f = id_X$ und $f \circ g = id_Y$; hier ist nun $g = f^{-1}$.

Sind X und Y endliche Mengen mit gleich vielen Elementen, so sind für eine Abbildung $f\colon X \to Y$ die Eigenschaften surjektiv, injektiv und bijektiv gleichwertig.

Für eine Menge X bildet die Menge Abb(X, X) aller Abbildungen von X nach X mit der Komposition als Verknüpfung ein °Monoid mit neutralem Element id_X; die Teilmenge $S(X) \subset$ Abb(X, X) der bijektiven Abbildungen bildet eine °Gruppe, die *symmetrische Gruppe* von X. Ist X endlich, so ist $S(X)$ isomorph zur °Permutationsgruppe S_n, wo $n \in \mathbb{N}$ die Anzahl der Elemente von X ist.

---

abelsch
abelian; abélien

Eine °kommutative °Gruppe heißt auch *abelsche* Gruppe (nach dem norwegischen Mathematiker Niels Henrik ABEL, 1802–1829). In abelschen Gruppen wird die Verknüpfung häufig als + (Addition), das neutrale Element als 0 (Null) und das Inverse zu x als $-x$ (Negatives) geschrieben.

Beispiele: $(\mathbb{Z}, +), (\mathbb{R}, +), (\mathbb{R} \setminus \{0\}, \cdot)$ sind abelsch; °zyklische Gruppen sind abelsch; die °Permutationsgruppen S_n sind für $n \geq 3$ nicht abelsch; die multiplikative Gruppe der $n \times n$-Matrizen über einem Körper ist für $n \geq 2$ nicht abelsch.

Abelscher Grenzwertsatz (Abelsches Lemma)
Abel's lemma; lemme d'Abel

Sei $\sum_{n=1}^{\infty} c_n$ eine konvergente °Reihe reeller Zahlen. Dann konvergiert die °Potenzreihe $f(x) = \sum_{n=1}^{\infty} c_n x^n$ für alle $x \in [0, 1]$ und stellt eine °stetige Funktion auf $[0, 1]$ dar.

Allgemeiner ist die folgende Formulierung: Ist $\sum_{n=1}^{\infty} c_n$ konvergent und die Folge $(u_n)_{n \in \mathbb{N}}$ monoton und beschränkt, so konvergiert auch $\sum_{n=1}^{\infty} c_n u_n$.

($\to$ Konvergenzkriterien für Reihen)

abgeschlossen
closed; fermé

In einem °topologischen Raum X heißt eine Teilmenge A *abgeschlossen*, wenn das Komplement $X \setminus A$ offen ist.
Eine °Abbildung zwischen topologischen Räumen heißt *abgeschlossen*, wenn das Bild jeder abgeschlossenen Menge abgeschlossen ist.
($\to$ Intervall, $\to$ Topologie)

abgeschlossene Hülle
closure; l'adhérence

Sei A Teilmenge eines °topologischen Raums X. Die Menge
$\bar{A} :=$ Durchschnitt aller °abgeschlossenen Teilmengen von X, welche A enthalten
$=$ kleinste abgeschlossene Teilmenge von X, welche A enthält
heißt *abgeschlossene Hülle* von A. Es gelten die folgenden Regeln:
$\bar{\emptyset} = \emptyset, \bar{X} = X, A \subset \bar{A}, \bar{\bar{A}} = \bar{A}, A \subset B \Rightarrow \bar{A} \subset \bar{B}, \overline{A \cup B} = \bar{A} \cup \bar{B}, \overline{A \cap B} \subset \bar{A} \cap \bar{B}$ (aber i. allg. nicht „="! Beispiel: $X = \mathbb{R}, A = \mathbb{Q}, B = \mathbb{R} \setminus \mathbb{Q}: A \cap B = \emptyset = \overline{A \cap B}, \bar{A} = \bar{B} = \overline{A \cup B} = \mathbb{R}$).
Die Punkte von $\bar{A}$ heißen °*Berührungspunkte* von A.

abgeschlossenen Graphen (Satz vom)
closed graph theorem; théorème du graphe fermé

Es seien X und Y °Banach-Räume, $T: X \to Y$ eine °lineare °Abbildung. Dann ist T genau dann °stetig, wenn der Graph von T in $X \times Y$ abgeschlossen ist.
Beweis mit dem Satz vom °inversen Operator.

abgeschlossene Zahlengerade
closed real line; droite achevée

Die Menge aller °reellen Zahlen $\mathbb{R}$ zusammen mit der üblichen Ordnung „$\leq$" heißt *Zahlengerade*. Für manche Teile der Analysis ist es zweckmäßig, $\mathbb{R}$ durch Hinzufügen von Elementen $-\infty, +\infty$ „abzuschließen": $\bar{\mathbb{R}} := \mathbb{R} \cup \{-\infty, +\infty\}$ zusammen mit der durch $-\infty < x < +\infty$ (für alle $x \in \mathbb{R}$) auf $\bar{\mathbb{R}}$ fortgesetzten Ordnung heißt dann *abgeschlossene Zahlengerade*. Man vereinbart oft noch Rechenregeln wie $\infty + x = \infty$ für alle $x \in \mathbb{R}, \infty + \infty = \infty, \infty \cdot x = \infty$ für alle $x \in \mathbb{R}, x > 0$ usw. (jedoch kann $\infty - \infty$ oder $0 \cdot \infty$ nicht sinnvoll definiert werden!). Die algebraische Struktur von $\bar{\mathbb{R}}$ ist also unbefriedigend; dafür sind die topologischen Eigenschaften von $\bar{\mathbb{R}}$ (mit der °Ordnungstopologie) einfacher als die von $\mathbb{R}$, weil $\bar{\mathbb{R}}$ °kompakt ist.

A

Ableitung
differential, derivative; dérivée
(→ differenzierbar)

Ableitungsgleichungen
(engl. und frz. Übersetzungen scheinen nicht gebräuchlich zu sein)

Sei $\varphi\colon U \to \mathbb{R}^3$ Parametrisierung einer °Fläche $F \subset \mathbb{R}^3$ (mit Parametern u_1, u_2). In jedem Flächenpunkt $p \in F$ ist dann durch $a_1 := \dfrac{\partial \varphi}{\partial u_1}$, $a_2 := \dfrac{\partial \varphi}{\partial u_2}$ und $n := a_1 \times a_2$
(→ Normalenvektor) ein Dreibein (das *Gaußsche Dreibein*) gegeben, und man sucht Beziehungen zwischen den Ableitungen von a_1, a_2, n (nach u_1 und u_2) und den Vektorfunktionen a_1, a_2, n selbst (so ähnlich wie bei den °Frenetschen Formeln).

Bezüglich der gegebenen Parametrisierung sei $\begin{pmatrix} g_{11} & g_{12} \\ g_{21} & g_{22} \end{pmatrix}$ die Matrix der 1. °Fundamentalform und $\begin{pmatrix} g^{11} & g^{12} \\ g^{21} & g^{22} \end{pmatrix}$ die dazu inverse Matrix, weiter $\begin{pmatrix} L_{11} & L_{12} \\ L_{21} & L_{22} \end{pmatrix}$ die Matrix der 2. Fundamentalform.

Dann gelten die *Ableitungsgleichungen*:

$$\frac{\partial a_i}{\partial u_k} = \Gamma_{ik}^1 a_1 + \Gamma_{ik}^2 a_2 + L_{ik} n \quad \text{(vier Gleichungen für } i, k = 1, 2\text{)}$$

$$\frac{\partial n}{\partial u_k} = - \sum_{i,j=1}^{2} L_{kj} g^{ji} a_i \quad \text{(zwei Gleichungen für } k = 1, 2\text{).}$$

Dabei können die sechs Funktionen Γ_{ik}^j ($i, j, k = 1,2$), die sog. *Christoffelsymbole (2. Art)* durch die Koeffizienten g_{ij} der 1. Fundamentalform und deren Ableitungen ausgedrückt werden. Aus den Bedingungen $\dfrac{\partial^2 \varphi}{\partial u_1 \partial u_2} = \dfrac{\partial a_1}{\partial u_2} = \dfrac{\partial a_2}{\partial u_1} = \dfrac{\partial^2 \varphi}{\partial u_2 \partial u_1}$ und $\dfrac{\partial n}{\partial u_1 \partial u_2} = \dfrac{\partial n}{\partial u_2 \partial u_1}$ erhält man durch Einsetzen Beziehungen zwischen den Γ_{ik}^j und den L_{ik} und deren Ableitungen (die sog. *Integrabilitätsbedingungen von Gauß und Codazzi-Mainardi*), welche schließlich erlauben, die Gaußsche Krümmung K allein durch die g_{ij} und deren 1. und 2. Ableitungen auszudrücken (→ Theorema egregium).

In Analogie zu Raumkurven, die lokal im wesentlichen eindeutig durch Vorgabe der Krümmungs- und Torsionsfunktionen festgelegt sind, gilt der Satz von *Bonnet*: Es seien Funktionen E, F, G und L, M, N auf einer offenen Menge $U \subset \mathbb{R}^2$ vorgegeben mit den Eigenschaften

a) $E > 0$, $G > 0$ und $EG - F^2 > 0$ und

b) die Integrabilitätsbedingungen von Gauß und Codazzi-Mainardi sind für

$$\begin{pmatrix} E & F \\ F & G \end{pmatrix} = \begin{pmatrix} g_{11} & g_{12} \\ g_{21} & g_{22} \end{pmatrix} \text{ und } \begin{pmatrix} L & M \\ M & N \end{pmatrix} = \begin{pmatrix} L_{11} & L_{12} \\ L_{21} & L_{22} \end{pmatrix} \text{ erfüllt.}$$

Dann gibt es für jeden Punkt von U eine Umgebung $V \subset U$ und eine Parametrisierung $\varphi: V \to \mathbb{R}^3$ einer Fläche, deren 1. und 2. Fundamentalformen mit $\begin{pmatrix} E & F \\ F & G \end{pmatrix}$ und $\begin{pmatrix} L & M \\ M & N \end{pmatrix}$ übereinstimmen.

Zum Beweis müssen die Ableitungsgleichungen integriert werden (ein System von 15 partiellen Differentialgleichungen), wobei für die Existenz lokaler Lösungen die Integrabilitätsbedingungen wesentlich sind.

Absolutbetrag
absolute value or *modulus; valeur absolue* ou *module*

Sei A ein Ring mit Einselement. Eine Abbildung $A \to \mathbb{R}$, $x \mapsto |x|$ heißt *Absolutbetrag* (oder *Betragsfunktion*), wenn gilt:
a) $|x| \geqslant 0$ und $|x| = 0 \Leftrightarrow x = 0$
b) $|xy| = |x| \cdot |y|$
c) $|x + y| \leqslant |x| + |y|$ *(Dreiecksungleichung)*
(für alle $x, y \in A$).

Dann ist $d(x, y) := |x - y|$ eine °Metrik auf A, so daß bzgl. der induzierten °Topologie auf A die Addition und Multiplikation stetig sind.
Beispiele: $|x| := \sup \{x, -x\}$ für $x \in \mathbb{R}$, $|z| := \sqrt{z\bar{z}}$ für $z \in \mathbb{C}$.
($\to$ Bewertung)

absolut konvergent
absolutely convergent; absolument convergent

Die °Reihe $\sum_{n=1}^{\infty} a_n$ heißt *absolut konvergent*, wenn die Reihe $\sum_{n=1}^{\infty} |a_n|$ konvergiert.
(Dann konvergiert auch jede Reihe, die man durch Umordnung der Reihen Σa_n oder $\Sigma |a_n|$ erhält).

Die Reihe $\sum_{n=1}^{\infty} (-1)^n \frac{1}{n}$ ist konvergent, aber nicht absolut konvergent.

abzählbar
countable; dénombrable

Eine (nichtleere) Menge M heißt *abzählbar*, wenn es eine surjektive °Abbildung $\mathbb{N} \to M$ gibt, und sonst *überabzählbar*. Die Menge $\mathbb{Q}$ der rationalen °Zahlen ist abzählbar, die Menge $\mathbb{R}$ aller reellen Zahlen ist überabzählbar. Ist $(M_i)_{i \in I}$ eine abzählbare Familie von abzählbaren Mengen M_i, so ist die Vereinigung $\bigcup_{i \in I} M_i$ abzählbar.

abzählbar (Forts.)

Das kartesische Produkt $\prod_{i \in I} M_i$ von abzählbar unendlichen Mengen M_i ist nur dann abzählbar, wenn die Indexmenge endlich ist.

(→ Cantorsches Diagonalverfahren)

abzählbar im Unendlichen
countable at infinity; dénombrable à l'infini

(→ Alexandroff-Kompaktifizierung)

Abzählbarkeitsaxiome
axioms of countability; axiomes de dénombrabilité

Ein °topologischer Raum X erfüllt das

1. Abzählbarkeitsaxiom (A1), wenn gilt: Jeder Punkt von X besitzt eine °abzählbare °Umgebungsbasis; und das

2. Abzählbarkeitsaxiom (A2), wenn gilt: X besitzt eine abzählbare °Basis.

Offenbar gilt (A2) ⇒ (A1), aber nicht umgekehrt (man betrachte eine nicht-abzählbare Menge mit der diskreten Topologie). Der $\mathbb{R}^n$ mit der üblichen Topologie erfüllt (A2); jeder metrische Raum erfüllt (A1).

Addition
addition; addition

Eine Verknüpfung auf einer Menge X, die in der Form $X \times X \to X, (x, y) \mapsto x + y$ notiert wird, heißt *Addition* oder *additiv geschrieben*. Dies bedeutet praktisch immer, daß die Verknüpfung assoziativ und kommutativ ist. Das Element $x + y$ heißt *Summe* von x und y und die Summe über eine endliche Menge $\{x_1, \ldots, x_n\}$ von Elementen von X (wohldefiniert, weil + assoziativ und kommutativ ist!) wird

$$x_1 + \ldots + x_n = \sum_{i=1}^{n} x_i = \sum_{i \in \{1, \ldots, n\}} x_i \text{ geschrieben.}$$

adjungierte Abbildung
adjoint mapping; application adjointe

Seien V und W endlichdimensionale K-°Vektorräume mit nichtausgearteten °Bilinearformen oder °Sesquilinearformen $\rho: V \times V \to K$ und $\sigma: W \times W \to K$. Dann gibt es zu jeder °linearen Abbildung $f: V \to W$ eine lineare Abbildung $f^*: W \to V$ mit $\sigma(f(v), w) = \rho(v, f^*(w))$ für alle $v \in V, w \in W$, und f^* ist durch diese Eigenschaft eindeutig bestimmt. f^* heißt die zu f *adjungierte Abbildung*. Von besonderer Bedeutung ist der Spezialfall, daß $V = W$ mit $\rho = \sigma$ ein °euklidischer oder °unitärer Vektorraum ist; dann heißt ein °Endomorphismus f *selbstadjungiert*, wenn $f = f^*$ ist.

adjungierte Matrix
adjoint matrix, matrice adjointe

a) Sei A eine $n \times n$-°Matrix über $\mathbb{C}$. Die Matrix, die aus A durch Vertauschen von Zeilen und Spalten (→ transponierte Matrix) und komplexer Konjugation der Elemente (→ komplexe Zahlen) entsteht, heißt *adjungierte Matrix* und wird mit $A^* = {}^t\overline{A}$ notiert. Diese Definition ist so getroffen, daß diese adjungierte Matrix mit der Matrix der adjungierten Abbildung übereinstimmt, wenn A (bzgl. einer festen Basis) die Matrix der ursprünglichen Abbildung war.

b) Der Begriff *adjungierte Matrix* wird bei manchen Autoren auch verwendet, um die Matrix $\mathrm{adj}(A) = (\tilde{a}_{ij})$ zu bezeichnen, wo $\tilde{a}_{ij} \cdot (-1)^{i+j}$ die Determinante der $(n-1) \times (n-1)$-Matrix ist, die aus A durch Streichen der j-ten Zeile und i-ten Spalte entsteht (man beachte, daß in $(\tilde{a}_{ij})$ der Zeilenindex i und der Spaltenindex j heißt!). Der °Determinantenentwicklungssatz läßt sich dann in der Form $(\mathrm{adj}(A)) \cdot A = A \cdot (\mathrm{adj}(A)) = \det(A) \cdot E$ schreiben, wo E die $n \times n$-Einheitsmatrix ist. Es folgt: A ist genau dann invertierbar, wenn $\det(A)$ invertierbar ist, und es gilt dann $A^{-1} = (\det(A))^{-1} \cdot \mathrm{adj}(A)$.

Andere Bezeichnungen: *Komplementärmatrix*, transponierte der *Komatrix*.

adjungierter Operator
adjoint operator; opérateur adjoint

Seien X, Y °Hilberträume über $\mathbb{R}$ oder $\mathbb{C}$ und $T: X \to Y$ eine °stetige °lineare Abbildung. Dann wird durch $\langle x, T^*y \rangle = \langle Tx, y \rangle$ für $x \in X, y \in Y$ eine stetige lineare Abbildung $T^*: Y \to X$ definiert. T^* heißt der zu T *adjungierte Operator*.

affine Abbildung
affine map; application affine

(→ affiner Raum)

affiner Raum
affine space; espace affine

Der Begriff des affinen Raums ist nützlich bei allen geometrischen Fragen, wo in einem „Punktraum" eine lineare Struktur (wie in einem °Vektorraum) verwendet wird, die Auszeichnung eines speziellen linearen Koordinatensystems oder auch nur eines „Nullpunkts" aber nicht gewünscht wird. Es gibt verschiedene Möglichkeiten, diesen Begriff axiomatisch zu präzisieren, z.B.:

Die Menge X ist ein *affiner Raum* (über dem °Körper K), wenn es einen K-Vektorraum V und eine °Operation von V auf X gibt (d.h. eine Abbildung $V \times X \to X$, $(t, a) \to a + t$ mit $(a + t) + t' = a + (t + t')$ und $a + 0 = a$ für alle $a \in X, t, t' \in V$) mit folgender Eigenschaft: Für jedes Paar $(a, b) \in X \times X$ gibt es genau ein $t \in V$ mit

A

affiner Raum (Forts.)

$a + t = b$. Der zu $a, b \in X$ eindeutig gegebene Vektor $t \in V$ mit $a + t = b$ wird geschrieben $t = \vec{ab}$ und als *Verbindungsvektor* von a mit b bezeichnet. Für jedes $t \in V$ heißt die Abbildung $X \to X$, $a \mapsto a + t$ *Translation* um den Vektor t; V heißt der *zum affinen Raum X gehörende Vektorraum*. Sind (X, V) und (Y, W) zwei affine Räume, so heißt eine Abbildung $f: X \to Y$ *affin*, wenn es eine lineare Abbildung $u: V \to W$ gibt, so daß für alle $a, b \in X$ gilt: $u(\vec{ab}) = \overrightarrow{u(f(a))\,u(f(b))}$. Eine bijektive affine Abbildung heißt *Affinität*.

Eine Teilmenge $Y \subset X$ heißt *affiner Unterraum*, wenn es einen Punkt $p_0 \in Y$ gibt, so daß $\{\vec{p_0 q} \in V: q \in Y\}$ ein Untervektorraum ist.

affiner Unterraum (eines Vektorraums)
affine subspace; sous-espace affine

Eine Teilmenge X eines K-°Vektorraums V heißt *affiner Unterraum*, wenn sie sich in der Form $X = v + W$ mit einem $v \in V$ und einem Untervektorraum $W \subset V$ darstellen läßt.

Lösungsräume von °linearen Gleichungssystemen sind stets affine Unterräume.

Affinität
affinity; affinité

(→ affiner Raum, → Hauptsatz der affinen Geometrie)

ähnliche Matrizen
similar matrices; matrices semblables

Zwei $n \times n$-°Matrizen A und B über einem °Körper K heißen zueinander *ähnlich*, wenn es eine °invertierbare Matrix $S \in Gl(n, K)$ (→ allgemeine lineare Gruppe) gibt mit $B = SAS^{-1}$. Dies definiert eine °Äquivalenzrelation auf der Menge aller $n \times n$-Matrizen.

Ist $f: V \to V$ ein °Endomorphismus eines n-dimensionalen Vektorraums V, und sind A und B die Matrizen von f bzgl. verschiedener Basen von V, so sind A und B ähnlich. Umgekehrt definieren ähnliche Matrizen bzgl. geeigneter Basen denselben Endomorphismus.

Alexandroff-Kompaktifizierung
one point compactification; compactifié d'Alexandroff

Sei X ein °lokalkompakter Raum. Dann gibt es einen °kompakten Raum X' derart, daß X zu einem Unterraum von X' °homöomorph ist, dessen Komplement nur aus einem Punkt besteht. X' ist bis auf Homöomorphie eindeutig bestimmt und heißt *Alexandroff-Kompaktifizierung* von X.

(Man nimmt $X' = X \cup \{\omega\}$ mit einem $\omega \notin X$ und definiert eine °Topologie auf X', bei der die offenen Mengen entweder offene Mengen in X oder von der Form $X' \setminus K$ mit kompakten Teilmengen $K \subset X$ sind).

X heißt *abzählbar im Unendlichen*, wenn in obigem X' der Punkt ω eine °abzählbare °Umgebungsbasis besitzt, oder äquivalent: wenn es eine abzählbare offene Überdeckung $X = \bigcup_{n \in \mathbb{N}} Q_n$ gibt derart daß für alle $n \in \mathbb{N}$ die abgeschlossene Hülle $\overline{Q_n}$ kompakt und in Q_{n+1} enthalten ist.

Algebra (als mathematische Disziplin)
algebra; algèbre

Ursprünglich war *Algebra* eine Bezeichnung für das „Buchstabenrechnen" in der Arithmetik, und das Ziel bestand im „Auflösen von Gleichungen". Etwa in der Mitte des 19. Jahrhunderts begann die Entwicklung der Algebra zu einem Studium der algebraischen Strukturen schlechthin. Die Bevorzugung gewisser (heute verselbständigter) Spezialgebiete wurde dadurch gefördert, daß sie Hilfsmittel zur Behandlung klassischer Probleme aus Zahlentheorie, Geometrie und Topologie waren und sind. Heute zielen Standardvorlesungen zur Algebra meist auf die °Galois-Theorie (Theorie der °Körpererweiterungen) ab; dazu werden aufbauend auf der °linearen Algebra Grundlagen gelegt zur Gruppentheorie, Ring- und Idealtheorie (mit Betonung der Eigenschaften der Polynomringe). Die *kommutative Algebra* kann weitgehend als Abstraktion der °Algebraischen Geometrie verstanden werden; sie dient ansonsten besonders der algebraischen °Zahlentheorie.

LITERATUR. Fischer G./Sacher R.: Einführung in die Algebra (Teubner 1978). Lang S.: Algebra (Addison Wesley 1965). van der Waerden B. L.: Algebra I, II (Springer 1966/67). Zariski O./Samuel P.: Commutative Algebra I, II (Springer 1975).

Algebra
algebra; algèbre

Sei $A \neq \{0\}$ ein °Vektorraum über einem °Körper K (bzw. ein °Modul über einem °Ring R). A heißt *K-Algebra* (bzw. *R-Algebra*), wenn auf A eine „Multiplikation" $A \times A \to A, (a, b) \mapsto ab$ erklärt ist, welche °assoziativ und °bilinear (als Abbildung von K-Vektorräumen bzw. R-Moduln) ist, und zu der ein °Einselement $1 \in A$ existiert.

Beispiele: $\mathbb{C}$ ist $\mathbb{R}$-Algebra, $\mathbb{H}$ (der °Quaternionenkörper) ist $\mathbb{C}$-Algebra und $\mathbb{R}$-Algebra, die Menge aller $n \times n$-°Matrizen über einem Körper K (oder Ring R) bildet eine K-Algebra (bzw. R-Algebra) mit der Matrizenmultiplikation; Vektorräume von Funktionen mit Werten in einem Körper K bilden K-Algebren; °Polynomringe, °Potenzreihenringe sind Algebren.

A

Algebra (von Mengen)
algebra; tribu

(→ meßbarer Raum)

---

algebraisch abgeschlossen
algebraically closed; algébriquement clos

Ein °Körper K heißt *algebraisch abgeschlossen*, wenn jedes °Polynom $\sum_{i=0}^{n} a_i X^i$ mit Koeffizienten a_i in K eine Nullstelle $x \in K$ hat: $\sum_{i=0}^{n} a_i x^i = 0$.

Beispiele: $\mathbb{C}$ ist algebraisch abgeschlossen („*Fundamentalsatz der Algebra*"), $\mathbb{R}$ nicht (betrachte z.B. das Polynom $1 + x^2$). Ein endlicher Körper ist nie algebraisch abgeschlossen. Zu jedem Körper k kann man eine °Körper-Erweiterung $k \subset K$ mit algebraisch abgeschlossenem K konstruieren (Kronecker-Steinitz; Beweis mit °Zornschem Lemma).

Algebraische Geometrie
algebraic geometry; géométrie algébrique

Aufbauend auf der elementaren °analytischen Geometrie (dem Studium der Nullstellenmengen von linearen und quadratischen Polynomen in mehreren Unbestimmten und in °affinen oder °projektiven Räumen) kann man die *algebraische Geometrie* als Verallgemeinerung auf Nullstellengebilde beliebiger Polynome verstehen. Zur Bewältigung der enormen neuen Schwierigkeiten mußten (insbesondere etwa seit der Jahrhundertwende) umfangreiche und tiefe algebraische Theorien als Hilfsmittel entwickelt werden. Die algebraische Geometrie zählt aber nicht nur deshalb zu den attraktivsten und lebendigsten Zweigen mathematischer Forschung!

LITERATUR: Dieudonné, J.: Cours de Géométrie Algébrique I (Aperçu Historique) (Presses Universitaires de France 1974). Griffiths P./Harris J.: Principles of Algebraic Geometry (Wiley 1978). Hartshorne R.: Algebraic Geometry (Springer 1977). Kunz, E.: Einführung in die kommutative Algebra und algebraische Geometrie (Vieweg 1980).

---

algebraische Körpererweiterung
algebraic field extension; extension algèbrique (de corps)

Eine °Körpererweiterung $k \subset K$ heißt *algebraisch*, wenn jedes Element aus K algebraisch über k ist, d.h. wenn es zu jedem $x \in K$ Elemente $a_0, a_1, \ldots, a_n \in k$ gibt mit $\sum_{i=0}^{n} a_i x^i = 0$. Jede endliche Erweiterung ist algebraisch; eine einfache Erweiterung ist genau dann algebraisch, wenn das °primitive Element algebraisch über k ist (und dann ist die Erweiterung endlich); die Erweiterung $\mathbb{Q} \subset \{x \in \mathbb{R}: x$ ist Nullstelle eines Polynoms mit rationalen Koeffizienten} ist algebraisch, aber nicht endlich; $\mathbb{Q} \subset \mathbb{R}$ ist nicht algebraisch.

algebraische Struktur
algebraic structure; structure algébrique

Eine *algebraische Struktur* auf einer Menge besteht im Vorliegen gewisser (innerer und evtl. äußerer) °Verknüpfungen mit zusätzlichen Eigenschaften (wie z.B. °Assoziativität, °Kommutativität, °Distributivgesetze).

Beispiele: °Gruppe, °Ring, °Körper, °Vektorraum

algebraische Topologie
algebraic topology; topologie algébrique

(→ Topologie)

algebraische Zahl
algebraic number, nombre algébrique

Eine komplexe Zahl $a \in \mathbb{C}$ heißt *algebraisch* (genauer: algebraisch über $\mathbb{Q}$), wenn sie Nullstelle eines Polynoms $P \in \mathbb{Q}[X]$ mit rationalen Koeffizienten ist.

Beispiel: $\sqrt{2}$, $i = \sqrt{-1}$ sind algebraisch; e (°Eulersche Zahl), °π sind nicht algebraisch.

(→ Körpererweiterung)

allgemeine lineare Gruppe
general linear group; groupe linéaire général

Sei V ein K-°Vektorraum. Die Menge der bijektiven °linearen Abbildungen von V nach V bildet mit der Hintereinanderausführung als Verknüpfung eine °Gruppe, die *allgemeine lineare Gruppe*; sie wird mit $GL(V)$ bezeichnet. Ist V n-dimensional, so liefert jede Wahl einer Basis von V einen Gruppenisomorphismus von $GL(V)$ auf die Gruppe $GL(n, K)$ der °invertierbaren $n \times n$-°Matrizen über K. Oft schreibt man auch gleich $GL(V) = GL(n, K)$ in diesem Fall.

(→ klassische Gruppen)

alternierend
alternating; alterné(e)

(→ multilineare Abbildung)

alternierende Gruppe
alternating group; groupe alterné

Die *alternierende Gruppe* A_n besteht aus allen geraden °Permutationen (→ Signum) einer Menge von n Elementen. A_n ist ein °Normalteiler in der symmetrischen Gruppe S_n (weil A_n °Index 2 hat, d.h. gerade halb so viel Elemente, $\frac{n!}{2}$).

A_3 ist die zyklische Gruppe der Ordnung 3 ($\cong \mathbb{Z}/3\,\mathbb{Z}$)
A_5 ist das einfachste Beispiel einer nicht °auflösbaren Gruppe (Ordnung 60).

(→ Galoistheorie)

Analysis
analysis; analyse

Man kann darüber streiten, was alles mit *Analysis* gemeint ist. Dieses Stichwort ist hier nur Anlaß, um einige Etappen der Mathematikgeschichte zu erwähnen und einige Teilgebiete der Mathematik, die zur Analysis gezählt werden, beim Namen zu nennen. Im 17. Jahrhundert ist einerseits die Geometrie „analytisch" geworden durch die Einführung von Koordinaten (Fermat, Descartes), andererseits sind die grundlegenden Ideen für die *Infinitesimalrechnung* (d.h. *Differential-* und *Integralrechnung*) aufgetaucht (Newton, Leibniz). Das 18. Jahrhundert ist das Jahrhundert der Pionierzeit der Analysis, die ihre Aufgabenstellungen zwar aus sich selbst heraus produziert (Studium spezieller Funktionen, Reihenentwicklungen und Grenzwerte von °Reihen, Auswertung von Integralen, auch schon gewöhnliche und partielle °Differentialgleichungen und Variationsrechnung), aber auch viel Geometrie, Zahlentheorie (praktisch ohne Abgrenzung zur Algebra), Wahrscheinlichkeitstheorie usw. einbegreift und sich darüberhinaus vor allem der Mechanik verpflichtet fühlt. Dabei besteht vielfach Interesse an weitgehenden numerischen Resultaten. Einige der wichtigsten Namen sind Euler, Lagrange, die Bernoulli-Familie, Laplace, Legendre.

Im 19. Jahrhundert wird die Analysis geprägt vom Bemühen nach Strenge der Beweisführung und Klärung der Grundbegriffe. Nach Gauß, Bolzano, Cauchy, Fourier, Dirichlet und anderen kulminiert diese Entwicklung in der sprichwörtlichen Weierstraßschen Strenge bei der „Einführung in die Analysis". Etwa gleichzeitig werden die reellen Zahlen als „Problem" entdeckt (Cantor, Dedekind), wobei nicht nur die °Mengenlehre entsteht, sondern sich auch Maßtheorie und mengentheoretische °Topologie auszubilden beginnen. Die °Funktionentheorie hat sich inzwischen von der reellen Analysis etwas abgesetzt; diese tritt genau mit dem Erscheinen des °Lebesgue-Integrals ins 20. Jahrhundert über.

(Siehe Anhang III, Übersicht über die wichtigsten Stichwörter zur Analysis, zur mengentheoretischen Topologie und Funktionalanalysis).

analytische Fortsetzung
analytic continuation; prolongement analytique

Aus dem °Identitätssatz für holomorphe Funktionen folgt die folgende Aussage: Sind $U, V \subset \mathbb{C}$ Gebiete mit $U \cap V \neq \emptyset$ und ist f holomorph auf U, g holomorph auf V, so daß $f|_{U \cap V} = g|_{U \cap V}$, dann ist g die eindeutig bestimmte *analytische Fortsetzung* von f auf $U \cup V$. Ist nun U eine Kreisscheibe um $z_0 \in \mathbb{C}$, $\gamma: [0,1] \to \mathbb{C}$ ein stetiger Weg von z_0 nach z_1, und $0 = a_0 < a_1 < \ldots < a_n = 1$ eine Unterteilung von $[0, 1]$, so daß es zu jedem $i = 1, \ldots, n$ eine Kreisscheibe D_i um $\gamma(a_i)$ und eine holomorphe Funktion f_i auf D_i gibt mit $D_i \cap D_{i-1} \neq \emptyset$ und $f_i|_{D_i \cap D_{i-1}} = f_{i-1}|_{D_i \cap D_{i-1}}$ für alle i, so sagt man: (f_n, D_n) ist durch *analytische Fortsetzung längs* γ (oder: mit dem *Kreiskettenverfahren längs* γ) aus (f, U) hervorgegangen.

(→ Monodromiesatz)

analytische Funktion
analytic function; fonction analytique

Sei $n \in \mathbb{N}$, $n \geq 1$ und U eine offene Menge in $\mathbb{R}^n$ oder $\mathbb{C}^n$. Eine Funktion f auf U mit Werten in $\mathbb{R}$ oder $\mathbb{C}$ (oder in einem Banachraum) heißt *analytisch* in $p \in U$, wenn es eine °konvergente Potenzreihe $\sum_{\nu \in \mathbb{N}^n} a_\nu X^\nu$ gibt, so daß für alle x aus einer Umgebung von p gilt: $f(x) = \sum_{\nu \in \mathbb{N}^n} a_\nu x^\nu$.

(→ Multiindex, → holomorph).

analytische Geometrie
analytic geometry; géométrie analytique

a) In der (elementaren) *analytischen Geometrie* werden die affine und projektive Geometrie unter Verwendung algebraischer Grundstrukturen (°Körper, °Vektorraum usw.) aufgebaut, und die Beweise fast ausschließlich mit algebraischen Methoden geführt. Ein Höhepunkt ist das Studium und die Klassifikation von Quadriken (algebraische Kurven und Flächen zweiter Ordnung), welche schon zur °algebraischen Geometrie überleiten.

b) Etwa um 1960 ist der Begriff *analytische Geometrie* als Bezeichnung für den „geometrischen Teil" der Funktionentheorie in mehreren Veränderlichen gebräuchlich geworden. In Analogie zur algebraischen Geometrie denkt man dabei an geometrischen Eigenschaften der Nullstellengebilde °analytischer Funktionen.

LITERATUR: a) Fischer G.: Analytische Geometrie. Vieweg 1978, und dort angegebene Literatur. b): Fischer G.: Complex analytic geometry. Springer Lecture Notes Nr. 538, 1976, und dort angegebene Literatur.

A

angeordneter Körper
ordered field; corps ordonné

Sei K ein °Körper. K heißt *angeordnet*, wenn in K eine Teilmenge $P = \{x \in K : x > 0\}$ („positive Elemente") ausgezeichnet ist mit folgenden Eigenschaften:
a) für jedes $x \in K$ gilt genau eine der Beziehungen $x > 0$, $x = 0$, $-x > 0$
b) sind $x > 0$ und $y > 0$, so auch $x + y > 0$ und $x \cdot y > 0$.

Man setzt dann $x > y : \Leftrightarrow x - y > 0$; $x \geqslant y \Leftrightarrow x > y$ oder $x = y$ usw. und erhält eine Ordnung auf K, die mit Addition und Multiplikation verträglich ist.

Beispiele: $\mathbb{Q}$ und $\mathbb{R}$ mit der üblichen Ordnungsrelation. Der Körper $\mathbb{C}$ sowie endliche Körper lassen keine Anordnung mit obigen Eigenschaften zu.

(→ Archimedisches Axiom, → Halbordnung)

Annullator
annihilator; annullateur

Ist M ein R-°Modul, so heißt die Menge $\text{Ann}_R M := \{r \in R \mid rx = 0 \text{ für alle } x \in M\}$ der *Annullator* von M in R. Dies ist ein °Ideal in R, und M kann in natürlicher Weise auch als $(R/\text{Ann}_R M)$-Modul aufgefaßt werden.

(→ Restklassenring)

antiholomorph
antiholomorphic; antiholomorphe

(→ Wirtinger-Kalkül)

antisymmetrisch
antisymmetric; antisymétrique

(→ symmetrisch)

Approximationssatz von Stone-Weierstraß
approximation theorem of S.-W.; théorème d'approximation de S.-W.

Sei X ein °kompakter Raum und $\mathcal{H}$ eine Menge °stetiger reellwertiger Funktionen auf X, so daß es zu je zwei Punkten $x \neq y \in X$ ein $f \in \mathcal{H}$ gibt mit $f(x) \neq f(y)$. Dann gibt es zu jeder stetigen reellwertigen Funktion $\varphi : X \to \mathbb{R}$ und zu jedem $\epsilon > 0$ endlich viele $f_1, \ldots, f_r \in \mathcal{H}$ und ein °Polynom $P(Z_1, \ldots, Z_r) \in \mathbb{R}[Z_1, \ldots, Z_r]$ mit $|\varphi(x) - P(f_1(x), \ldots, f_r(x))| < \epsilon$ für alle $x \in X$.

Insbesondere läßt sich auf jeder kompakten Teilmenge des $\mathbb{R}^n$ jede stetige Funktion beliebig genau durch Polynome in den Koordinatenfunktionen gleichmäßig approximieren.

In der Formulierung für komplexwertige Funktionen muß zusätzlich gefordert werden, daß ℋ mit jeder Funktion $f: X \to \mathbb{C}$ auch die komplex-konjugierte Funktion $\bar{f}: X \to \mathbb{C}$ dazu enthält. Damit folgt dann z.b., daß jede komplexwertige periodische Funktion auf $\mathbb{R}$ gleichmäßig durch trigonometrische Polynome (Polynome in $\cos x$ und $\sin x$ mit konstanten komplexen Koeffizienten) approximiert werden kann.

äquivalent (Matrizen)
equivalent matrices; matrices équivalentes

Zwei $m \times n$-°Matrizen $A, B \in K^{(m, n)}$ (K ein °Körper) heißen zueinander *äquivalent*, wenn es invertierbare Matrizen $P \in GL(m, K)$ und $Q \in GL(n, K)$ gibt mit $B = PAQ^{-1}$. Das definiert eine Äquivalenzrelation auf der Menge aller $m \times n$-Matrizen.

(→ Normalformensatz für äquivalente Matrizen, → allgemeine lineare Gruppe)

Äquivalenzklasse
equivalence class; classe d'équivalence

(→ Äquivalenzrelation)

Äquivalenzrelation
equivalence relation; relation d'équivalence

Sei X eine Menge. Eine Teilmenge $R \subset X \times X$ heißt *Äquivalenzrelation*, wenn für alle $x, y, z \in X$ gilt:

$(x, x) \in R$ (*Reflexivität*)
$(x, y) \in R \Rightarrow (y, x) \in R$ (*Symmetrie*)
$(x, y) \in R$ und $(y, z) \in R \Rightarrow (x, z) \in R$ (*Transitivität*).

Anstelle von $(x, y) \in R$ schreibt man auch $x \sim_R y$ oder nur $x \sim y$ und sagt: x und y sind äquivalent (bzgl. R). Für jedes $x \in X$ sei $[x]_R := \{y \in X | x \sim y\}$ die *Äquivalenzklasse* von x bzgl. R; die Menge der Äquivalenzklassen heißt *Quotientenmenge* von X nach R und wird mit X/R („X modulo R") bezeichnet. Die Äquivalenzklassen bilden eine *Zerlegung* (*Partition*) von X, d.h. X ist disjunkte Vereinigung der Äquivalenzklassen. Umgekehrt definiert jede Partition einer Menge eine Äquivalenzrelation.

Jedes Element aus einer Äquivalenzklasse heißt *Repräsentant* dieser Äquivalenzklasse.

Die Abbildung $\pi: X \to X/R$, die jedem $x \in X$ seine Äquivalenzklasse zuordnet, heißt *kanonische Quotientenabbildung* oder *kanonische Projektion*.

archimedisches Axiom
axiom of Archimedes; axiome d'Archimède

Sei K ein °angeordneter Körper. Das *archimedische Axiom* besagt: Zu $x, y \in K$, $x > 0$, $y > 0$ gibt es eine natürliche Zahl $n \in \mathbb{N}$ mit $n \cdot x > y$.

Ist es erfüllt, so heißt der Körper *archimedisch angeordnet*.

Arcusfunktionen
*inverse trigonometric functions; fonctions circulaires inverses (*ou *cyclométriques)*

(→ trigonometrische Funktionen)

Areafunktionen
inverse hyperbolic functions; fonctions hyperboliques inverses

(→ Hyperbelfunktionen)

artinscher Modul
artinian module; module artinien

Ein R-Modul M heißt *artinsch*, wenn jede absteigende Folge von Untermoduln $M_1 \supset M_2 \supset \ldots$ von M stationär wird (d.h. es gibt ein $n \in \mathbb{N}$ mit $M_{n+m} = M_n$ für alle $m \in \mathbb{N}$). Ein Ring R heißt *artinsch*, wenn er als Modul über sich selbst artinsch ist (die Untermoduln sind dann Ideale).

Jede K-Algebra A über einem Körper K, deren Dimension als Vektorraum über K endlich ist, ist (als Ring) artinsch. Jeder artinsche Ring ist °noethersch. Der Ring $\mathbb{Z}$ ist nicht artinsch.

Arzela-Ascoli (Satz von)
theorem of A.-A.; théorème d'A.-A.

Sei E ein °kompakter °topologischer Raum, (X, d) ein °metrischer Raum und $\mathscr{C}(E, X)$ der Raum der stetigen Funktionen von E in X mit der Topologie, die von der Metrik $D(f, g) := \sup_{t \in E} d(f(t), g(t))$ induziert wird.

Dann ist eine Teilmenge $H \subset \mathscr{C}(E, X)$ genau dann relativ-kompakt (d.h. $\bar{H}$ ist kompakt), wenn gilt: H ist gleichgradig stetig und für alle $t \in E$ ist $H(t) = \{f(t) | f \in H\}$ relativ-kompakt in X. Dabei heißt H *gleichgradig stetig*, wenn es für alle $t \in E$ und alle $\epsilon > 0$ eine Umgebung U von t gibt, so daß $d(f(s), f(t)) < \epsilon$ für alle $s \in U$ und alle $f \in H$ ist.

assoziativ
associative; associatif (-ve)

Eine °Verknüpfung $\triangle$ auf einer Menge X heißt *assoziativ*, falls für alle $x, y, z \in X$ gilt: $x \triangle (y \triangle z) = (x \triangle y) \triangle z$.

Beispiele für nicht-assoziative Verknüpfungen: $(a, b) \mapsto a - b$ auf $\mathbb{R}$; $(a, b) \mapsto \frac{a}{b}$ auf $\mathbb{R} \setminus \{0\}$; $(a, b) \mapsto a^b$ auf $\mathbb{R}_+ = \{r \in \mathbb{R} | r > 0\}$.

assoziiert
associated; associé

($\to$ Teilbarkeit in Integritätsringen)

Atlas
atlas; atlas

($\to$ differenzierbare Mannigfaltigkeit)

auflösbar
resolvable; résoluble

Eine °Gruppe G heißt *auflösbar*, wenn es Untergruppen G_i mit

(*) $\quad G = G_0 \supset G_1 \supset \ldots \supset G_n = \{e\}$

gibt, so daß jedes G_{i+1} in G_i °Normalteiler ist (dann nennt man (*) *Normalreihe*) und alle *Faktoren* G_i/G_{i+1} ($i = 0, \ldots, n-1$) °abelsch sind.
Äquivalent dazu ist die folgende Bedingung: Es gibt ein $n \in \mathbb{N}$, so daß die n-fach iterierte °Kommutatorgruppe $K^n(G)$ (induktiv definiert durch $K^0(G) = G$ und $K^r(G) = K(K^{r-1}(G))$) nur aus dem neutralen Element e besteht. (Dann ist $G \supset K(G) \supset K^2(G) \supset \ldots \supset K^n(G)$ Normalreihe mit abelschen Faktoren!).
Beispiele: Die symmetrischen und °alternierenden Gruppen S_n und A_n ($\to$ Permutation) sind für $n \leq 4$ auflösbar, für $n \geq 5$ nicht auflösbar.

äußere Ableitung
exterior derivative; dérivation (ou dérivée) extérieure

Ist $\omega = \sum\limits_{1 \leq i_1 < \ldots < i_r \leq n} c_{i_1 \ldots i_r} dy_{i_1} \wedge \ldots \wedge dy_{i_r}$ eine °Differentialform mit °differenzierbaren Funktionen $c_{i_1 \ldots i_r}$, so ist die *äußere Ableitung* $d\omega$ definiert als $(r+1)$-Differentialform vermöge

$$d\omega := \sum_{j=1}^{n} \sum_{1 \leq i_1 < \ldots < i_r \leq n} \frac{\partial c_{i_1 \ldots i_r}}{\partial y_j} dy_j \wedge dy_{i_1} \wedge \ldots \wedge dy_{i_r}.$$

Man rechnet nach (Rechenregeln der °äußeren Algebra), daß $d \circ d$ stets $= 0$ ist.

äußere Ableitung (Forts.)

Beispiel: Für eine Funktion $f: \mathbb{R}^3 \to \mathbb{R}$ heißt $df = \frac{\partial f}{\partial x} dx + \frac{\partial f}{\partial y} dy + \frac{\partial f}{\partial z} dz$ das *Differential* von f; für eine 1-Form $\alpha = f\,dx + g\,dy + h\,dz$ ist $d\alpha = \left(\frac{\partial h}{\partial y} - \frac{\partial g}{\partial z}\right) dy \wedge dz + \left(\frac{\partial f}{\partial z} - \frac{\partial h}{\partial x}\right) dz \wedge dx + \left(\frac{\partial g}{\partial x} - \frac{\partial f}{\partial y}\right) dx \wedge dy$; und für eine 2-Form $\beta = a\,dy \wedge dz + b\,dz \wedge dx + c\,dx \wedge dy$ ist $d\beta = \left(\frac{\partial a}{\partial x} + \frac{\partial b}{\partial y} + \frac{\partial c}{\partial z}\right) dx \wedge dy \wedge dz$.

($\to$ Vektoranalysis, $\to$ exakt, $\to$ geschlossen, $\to$ Poincaré (Lemma von))

äußere Algebra
exterior algebra; algèbre extérieure

Sei V ein n-dimensionaler K-Vektorraum mit einer Basis $(b_1, \ldots, b_n)$. Für jedes $r \in \mathbb{N}$, $1 \leq r \leq n$ definiert man Vektorräume $\bigwedge^r V$, indem man $\binom{n}{r}$ Basiselemente $b_{i_1} \wedge \ldots \wedge b_{i_r}$ ($1 \leq i_1 < \ldots < i_r \leq n$) angibt und $\bigwedge^r V$ gleich der Menge aller formalen Linearkombinationen über diesen Basisvektoren mit Koeffizienten in K setzt. Offenbar ist $\bigwedge^r V = \{0\}$ für $r > n$. Aus formalen Gründen ist die Vereinbarung $\bigwedge^0 V := K$ zweckmäßig. Dann heißt die direkte Summe $A := A(V) := \bigoplus_{r=0}^{n} \bigwedge^r V$ die *äußere* oder *Graßmann-Algebra* über V, wenn man noch das folgende „Dach-Produkt" (*wedge product; produit extérieur*) $\wedge: A \times A \to A$ erklärt. Es ist festgelegt durch die Regeln:

(i) Für alle $x_1, \ldots, x_r \in V$ und alle Permutationen $\pi \in S_r$ gilt: $x_1 \wedge \ldots \wedge x_r = \varepsilon(\pi) x_{\pi(1)} \wedge \ldots \wedge x_{\pi(r)}$ ($\varepsilon(\pi) = $ Signum von π); insbesondere also $x_1 \wedge x_2 = -x_2 \wedge x_1$ und $x \wedge x = 0$ für alle $x, x_1, x_2 \in V$;

(ii) Für alle $p, q \in \mathbb{N}$ ist $\bigwedge^p V \times \bigwedge^q V \to \bigwedge^{p+q} V$ erklärt durch die Werte auf Paaren von Basisvektoren und lineare Fortsetzung, wobei (i) auszunützen ist:
$(b_{i_1} \wedge \ldots \wedge b_{i_p}) \wedge (b_{j_1} \wedge \ldots \wedge b_{j_q}) := b_{i_1} \wedge \ldots \wedge b_{i_p} \wedge b_{j_1} \wedge \ldots \wedge b_{j_q}$;

(iii) Für $v = \sum_{r=0}^{n} c_r v_r$ und $w = \sum_{s=0}^{n} d_s w_s$ in A definiert man $v \wedge w$ durch Distributivität zu $v \wedge w := \sum_{r,s=0}^{n} c_r d_s (v_r \wedge w_s) \in A$. — Glücklicherweise ist die so erklärte Struktur der Algebra $A(V)$ unabhängig von der Wahl der Basis in V. Jeder Vektorraum $\bigwedge^r V$ ist nämlich charakterisiert durch folgende Eigenschaft:

Zu jedem Vektorraum W und jeder alternierenden r-linearen Abbildung $f: \underbrace{V \times \ldots \times V}_{(r\text{-mal})} \to W$ gibt es genau eine lineare Abbildung $g: \bigwedge^r V \to W$ mit $g(x_1 \wedge \ldots \wedge x_r) = f(x_1, \ldots, x_r)$ für alle $x_1, \ldots, x_r \in V$.

($\to$ äußere Ableitung, $\to$ Differentialformen, $\to$ multilineare Abbildung)

Austauschsatz (von E. Steinitz)
(Übersetzungen scheinen nicht gebräuchlich zu sein)

Sei $(v_1, \ldots, v_n)$ °Basis eines K-°Vektorraums V.

a) Ist $w \in V$, $w = \alpha_1 v_1 + \ldots + \alpha_n v_n$ und $\alpha_k \neq 0$ für ein $k \in \{1, \ldots, n\}$, so ist auch $(v_1, \ldots, v_{k-1}, w, v_{k+1}, \ldots, v_n)$ Basis von V.

b) Sind $w_1, \ldots, w_r \in V$ °linear unabhängig, so ist $r \leq n$ und es gibt Indizes $i_1, \ldots, i_r \in \{1, \ldots, n\}$ derart, daß man nach Austausch von v_{i_ρ} gegen w_ρ für $\rho = 1, \ldots, r$ wieder eine Basis von V erhält.

Auswahlaxiom
axiom of choice; axiome de choix

In der axiomatischen °Mengenlehre fordert das *Auswahlaxiom*, daß das °kartesische Produkt einer (beliebigen) °Familie nichtleerer Mengen nicht leer ist; m.a.W.: man kann aus jeder Menge der Familie („gleichzeitig") ein Element „auswählen". Es ist außerordentlich bemerkenswert, daß dieses Axiom äquivalent zum °Wohlordnungssatz und zum °Zornschen Lemma ist und damit für viele Existenzsätze der Mathematik verantwortlich zeichnet.

Automorphismus
automorphism; automorphisme

Ein °Isomorphismus von einer Menge mit Struktur in sich selbst heißt auch *Automorphismus*. Die Automorphismen bilden mit der Hintereinanderausführung als Verknüpfung eine °Gruppe.

Beispiel: Die °allgemeine lineare Gruppe $GL(V)$ eines °Vektorraums V heißt auch *Automorphismengruppe* von V.

($\to$ innerer Automorphismus einer Gruppe)

B

Bahn
orbit; orbite

($\to$ Operation)

Bairescher Raum
Baire space; espace de Baire

Ein °topologischer Raum X heißt *Bairesch*, wenn er eine der folgenden äquivalenten Bedingungen erfüllt:

a) Der Durchschnitt von abzählbar vielen offenen in X °dichten Mengen ist dicht in X.

b) Die Vereinigung von abzählbar vielen nirgends dichten Teilmengen ist nirgends dicht.

(Dabei heißt $A \subset X$ *nirgends dicht*, wenn die °abgeschlossene Hülle keinen °inneren Punkt besitzt).

Jeder °lokalkompakte und jeder °vollständig °metrisierbare topologische Raum ist ein Bairescher Raum. (Die letzte Aussage ist Inhalt des *Satzes von Baire*).

B*-Algebra
C*-algebra or star algebra; C*-algèbre, algèbre stellaire

Eine kommutative °Banach-Algebra B über $\mathbb{C}$ heißt *B*-Algebra*, wenn auf B eine Involution „*" erklärt ist; nämlich ein $\mathbb{R}$-Algebra-°Automorphismus $*: B \to B,\ b \mapsto b^*$ mit folgenden Eigenschaften:

(i) $(\lambda 1)^* = \bar{\lambda}$ für alle $\lambda \in \mathbb{C}$
(ii) $b^{**} = b$ für alle $b \in B$
(iii) $\|b^*b\| = \|b\|^2$ für alle $b \in B$.

(Daraus folgt $\|b\| = \|b^*\|$ und $\|b^2\| = \|b\|^2$).

Beispiel: Jede Banach-Algebra von komplexwertigen Funktionen wird durch $f^* := \bar{f}$ (konjugiert komplexe Werte) zu einer B^*-Algebra.

Der Satz von *Gelfand-Neumark* besagt: Ist B eine kommutative B^*-Algebra, so ist der kanonische Homomorphismus $\gamma: B \to C(\mathrm{Spec}\, B)$ ($\to$ Spektrum einer Banach-Algebra) ein °isometrischer Isomorphismus von B^*-Algebren.

Banach-Algebra
Banach algebra; algèbre de Banach

Ein °Banach-Raum A über $\mathbb{K} = \mathbb{R}$ oder $\mathbb{C}$ heißt (kommutative) *Banach-Algebra*, wenn eine (kommutative) Multiplikation $A \times A \to A$, $(f, g) \mapsto fg$ erklärt ist, die A zu einer $\mathbb{K}$-°Algebra macht und für die $\|fg\| \leq \|f\| \cdot \|g\|$ gilt. Man fordert üblicherweise zusätzlich, daß A bzgl. der Multiplikation ein Einselement mit Norm 1 besitzt.

Beispiele: Viele Banachräume, deren Elemente Funktionen mit Werten in $\mathbb{R}$ oder $\mathbb{C}$ sind, werden kommutative Banachalgebren, wenn man das Produkt von Funktionen punktweise definiert (d.h. $(fg)(x) := f(x) \cdot g(x)$ für alle x). – Ist B eine Banach-algebra, so wird die Menge $L(B, B)$ aller linearen stetigen Abbildungen $B \to B$ (mit elementweiser Multiplikation der Werte der Abbildungen) wieder eine Banachalgebra. Vermöge des kanonischen injektiven Algebra-Homomorphismus $B \to L(B, B)$, $a \mapsto (x \mapsto ax)$ (der sog. *regulären Darstellung* von B) läßt sich jede kommutative Banach-Algebra B als Algebra von linearen stetigen Operatoren eines Banach-Raums auffassen.

($\to B^*$-Algebra, $\to$ Spektrum, $\to$ Spektralradius)

Banachraum
Banach space; espace de Banach

Ein °vollständiger °normierter Raum heißt *Banachraum*.

Wichtige Beispiele: Der $\mathbb{R}$-Vektorraum $C(X, \mathbb{R})$ aller stetigen Funktionen auf einem kompakten topologischen Raum X mit der Norm $\|f\| := \sup_{x \in B} |f(x)|$. – Alle $°\ell^p$-Räume und $°L^p$-Räume für $p \geqslant 1$ und $p = \infty$. – Alle °Hilberträume mit der vom Skalarprodukt induzierten Norm. – Der Vektorraum $L(X, Y)$ aller stetigen linearen Abbildungen zwischen zwei Banachräumen mit der Norm $\|T\| := \sup_{x \neq 0} \frac{1}{\|x\|} \|T(x)\|$ ($T \in L(X, Y)$). – Ist $Y \subset X$ ein abgeschlossener (!) Untervektorraum des Banachraums X, so wird der Quotientenvektorraum X/Y mit der Norm $\|x + Y\| := \inf_{y \in Y} \|x + y\|$ wieder ein Banachraum.

Banach (Satz von)
theorem of B.; théorème de Banach

($\to$ Prinzip der offenen Abbildung)

Banach-Steinhaus (Satz von)
theorem of B.-S.; théorème de B.-S.

Sei E ein °Fréchet-Raum, F ein °hausdorffscher °lokalkonvexer °topologischer Vektorraum und H eine Teilmenge des Vektorraums aller stetigen linearen Abbildungen von E nach F. Dann sind die folgenden Bedingungen äquivalent:

i) H ist *gleichgradig stetig* (d.h. für alle $x_0 \in E$ und jede Nullumgebung W in F gibt es eine Umgebung V von x_0, so daß $f(x) - f(x_0) \in W$ gilt für alle $x \in V$ und alle $f \in H$).
ii) für alle $x \in E$ ist $\{f(x) | f \in H\}$ °beschränkt in F.
iii) Für alle beschränkten Teilmengen $P \subset E$ ist $\{f(x) | f \in H, x \in P\}$ beschränkt in F.

Anwendungsbeispiel: Ist (f_n) eine Folge stetiger linearer Abbildungen von E nach F, die punktweise gegen eine lineare Abbildung f konvergiert, so ist f stetig.

Basis (einer Topologie)
basis of a topology; base d'une topologie

Sei $\mathscr{B} \neq \emptyset$ ein System von Teilmengen einer Menge X. Dann ist $\mathscr{T}$, bestehend aus allen endlichen Durchschnitten von Elementen von $\mathscr{B}$ und aus beliebigen Vereinigungen solcher endlicher Durchschnitte (zusammen mit $\emptyset$ und X) eine °Topologie auf X, und zwar die gröbste, in der die Mengen von $\mathscr{B}$ °offen sind. Sie heißt die *von $\mathscr{B}$ erzeugte Topologie*, und $\mathscr{B}$ heißt eine *Subbasis* davon. $\mathscr{B}$ heißt eine *Basis*, wenn alle endlichen Durchschnitte schon in $\mathscr{B}$ enthalten sind, d.h. wenn gilt: Jede offene Menge in X ist Vereinigung von Elementen von $\mathscr{B}$.

Beispiele: a) Sei $\mathbb{Q} = \{q_n \mid n \in \mathbb{N}\}$ ($\mathbb{Q}$ ist abzählbar!). Dann ist $\mathscr{B} = \{\,]q_n - \frac{1}{m}, q_n + \frac{1}{m}[\, \mid n, m \in \mathbb{N}, m \geq 1\}$ eine abzählbare Basis der üblichen Topologie auf $\mathbb{R}$ (→ Intervall).

b) Die Menge aller unbeschränkten offenen Intervalle (der Form $]-\infty, a[$ oder $]b, +\infty[$) bildet eine Subbasis der Topologie auf $\mathbb{R}$.

Basis (eines Vektorraums)
basis of a vector space; base d'un espace vectoriel

Sei V ein K-°Vektorraum. Eine Familie $(v_i)_{i \in I}$ von Vektoren aus V heißt *Basis* von V, wenn sie V *erzeugt* und *linear unabhängig* ist; das bedeutet:

a) Zu jedem $v \in V$ gibt es endlich viele $i_1, \ldots, i_n \in I$ und $\alpha_1, \ldots, \alpha_n \in K$ mit $v = \alpha_1 v_{i_1} + \ldots + \alpha_n v_{i_n}$ (oder äquivalent: Ist $U \subset V$ ein °Untervektorraum, der alle $v_i (i \in I)$ enthält, so ist $U = V$).

b) Für je endlich viele $i_1, \ldots, i_n \in I$ gilt

$$\alpha_1 v_{i_1} + \ldots + \alpha_n v_{i_n} = 0 \Rightarrow \alpha_1 = \ldots = \alpha_n = 0$$

(oder äquivalent: Die Darstellung $v = \alpha_1 v_{i_1} + \ldots + \alpha_n v_{i_n}$ in a) ist eindeutig).

V heißt *n-dimensional*, wenn es eine Basis aus n Vektoren gibt; in diesem Fall hat man bei fest gewählter Basis $v_1, \ldots, v_n$ einen K-Vektorraum-Isomorphismus $V \to K^n$, $v = \alpha_1 v_1 + \ldots + \alpha_n v_n \mapsto (\alpha_1, \ldots, \alpha_n) \in K^n$.

Basisauswahlsatz
(Übersetzungen scheinen nicht gebräuchlich zu sein)

Aus jedem Erzeugendensystem eines endlichdimensionalen °Vektorraums läßt sich eine °Basis auswählen (indem man soweit als möglich nacheinander alle Vektoren wegläßt, die als Linearkombinationen der übrigbleibenden dargestellt werden können – oder indem man ein maximales System linear unabhängiger Vektoren auswählt).

Basisergänzungssatz
(wie oben)

Jede °linear unabhängige Familie $(v_i)_{i \in I}$ in einem K-°Vektorraum V läßt sich zu einer °Basis von V ergänzen.

Insbesondere besitzt also jeder Vektorraum eine Basis. (Ist V nicht endlichdimensional, so wird zum Beweis das °Zornsche Lemma benötigt).

Basiswechsel
basis change; changement de base

Ist V ein n-dimensionaler K-°Vektorraum und sind $(v_1, \ldots, v_n)$ und $(w_1, \ldots, w_n)$ °Basen von V, so erhält man dazu zwei K-Vektorraumisomorphismen $\varphi: K^n \to V$,

$$(\alpha_1, \ldots, \alpha_n) \mapsto \sum_{i=1}^{n} \alpha_i v_i \text{ und } \psi: K^n \to V, (\alpha_1, \ldots, \alpha_n) \mapsto \sum_{i=1}^{n} \alpha_i w_i.$$

Die Abbildung $\psi^{-1} \circ \varphi: K^n \to K^n$ bezeichnet man dann als *Basiswechsel* (Übergang von der Darstellung der Vektoren von V bezüglich der Basis $(v_1, \ldots, v_n)$ zur Darstellung bezüglich $(w_1, \ldots, w_n)$) oder als *(lineare) Koordinatentransformation*.

begleitendes Dreibein
moving trihedron; trièdre (repère) mobile

(→ Frenetsches Dreibein)

Beppo Levi (Satz von)
theorem of B.L.; théorème de B.L.

(→ Levi (Satz von Beppo))

Bernoullische Ungleichung
Bernoulli's inequality; inégalité de Bernoulli

Für alle $x \geq -1$ und alle $n \in \mathbb{N}$ gilt: $(1+x)^n \geq 1 + nx$.

Bernoulli-Zahlen
Bernoulli numbers; nombres de Bernoulli

Durch $B_0 = 1$ und $B_0 + \binom{n+1}{1} B_1 + \ldots + \binom{n+1}{n-1} B_{n-1} + \binom{n+1}{n} B_n = 0$ $(n \geq 1)$ sind rekursiv die *Bernoulli-Zahlen* definiert. Sie treten auf in der °Potenzreihenentwicklung

$$\frac{z}{e^z - 1} = \sum_{m=0}^{\infty} \frac{B_m}{m!} z^m$$

und spielen eine wichtige Rolle in der °Zahlentheorie.

Berührungspunkt
accumulation point; point d'adhérence

Ein Punkt x eines °topologischen Raumes X heißt *Berührungspunkt* der Teilmenge $A \subset X$, wenn jede °Umgebung von x Punkte in A enthält. Die Menge der Berührungspunkte von A ist gleich der °abgeschlossenen Hülle $\bar{A}$.

beschränkt
bounded; borné

Eine Teilmenge P einer geordneten Menge M (z.B. $\mathbb{R}$ mit „$\leq$"; → Halbordnung) heißt *beschränkt*, wenn es $a, b \in M$ gibt mit $a \leq x \leq b$ für alle $x \in P$. Eine Teilmenge eines °normierten Vektorraums V (z.B. $\mathbb{R}^n$ mit der °euklidischen Norm) heißt *beschränkt*, wenn sie in einer abgeschlossenen Kugel $\{x \in V | \|x\| \leq r\}$ ($r \in \mathbb{R}$ geeignet) enthalten ist. Eine Teilmenge P eines °topologischen Vektorraums heißt *beschränkt*, wenn es zu jeder Nullumgebung V ein $a \in \mathbb{R}, a > 0$ gibt, so daß P in $a \cdot V = \{ax | x \in U\}$ enthalten ist.

Besselsche Differentialgleichung
Bessel's differential equation; équation différentielle de B.

Die *Besselsche Differentialgleichung* ist für $x \neq 0$ definiert durch $y'' + \frac{1}{x} y' + (1 - \frac{p}{x}) y = 0$ (mit einem Parameter $p \in \mathbb{R}$). Ihre Lösungen heißen *Zylinderfunktionen* der Ordnung p. Ein spezielles Lösungsfundamentalsystem bilden die sog. *Besselfunktionen p-ter Ordnung* J_p zusammen mit den *Neumannschen Funktionen p-ter Ordnung* N_p. (→ Differentialgleichungen (gewöhnliche), Teil d))

Besselsche Ungleichung
Bessel's inequality; inégalité de Bessel

(→ Parsevalsche Gleichung)

Bewertung
valuation; valuation

Sei R ein °Ring mit 1. Eine Abbildung $v: R \to \mathbb{R}^+ \cup \{\infty\}$ heißt *Bewertung* von R, wenn gilt:

a) $v(x) = \infty \Leftrightarrow x = 0$
b) $v(xy) = v(x) + v(y)$ für alle $x, y \in A$
c) $v(x+y) \geq \inf \{v(x), v(y)\}$ für alle $x, y \in A$.

R mit v heißt dann *bewerteter Ring*.
Beispiele: 1) $R = \mathbb{Z}$, p eine Primzahl, $v_p(x) = \sup \{m \in \mathbb{N}: \frac{x}{p^m} \in \mathbb{Z}\}$ 2) $R = K[X]$ (K ein Körper), $v_0(f) = \min \{n \in \mathbb{N}: \text{der Koeffizient von } x^n \text{ in } f \text{ ist } \neq 0\}$. Dieses

v_0 heißt *kanonische Bewertung* des Polynomrings $K[X]$ (oder auch analog des Potenzreihenrings $K[[X]]$).

Ist v eine Bewertung auf R, so ist $|x|_v := \alpha^{-v(x)}$ für jedes $\alpha > 1$ eine *Betragsfunktion* (oder ein °*Absolutbetrag*) und $d(x, y) := |x - y|_v$ eine °Metrik auf R, bzgl. der Addition und Multiplikation stetig sind.

Bidual (eines Moduls)
bidual module; module bidual

Der °duale °Modul eines R-Moduls M wird mit M^* bezeichnet, und der duale Modul von M^* heißt das *Bidual* von M und wird mit $M^{**} = (M^*)^*$ bezeichnet. Man hat einen natürlichen Homomorphismus $\kappa_M: M \to M^{**}$, $x \mapsto \binom{M^* \to R}{\lambda \mapsto \lambda(x)}$, der aber i. allg. nicht injektiv (wie bei Vektorräumen) ist. Zu einem Homomorphismus $\varphi: M \to N$ wird durch $\varphi^{**}(v) := v \circ \varphi^*$ (für $v \in M$) ein Homomorphismus erklärt, der das Diagramm

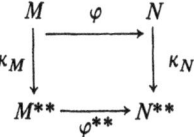

kommutativ, und die Zuordnung „**" zu einem °Funktor macht.

Bidual (eines Vektorraums)
bidual vector space; espace vectoriel bidual

Sei V ein K-Vektorraum, V^* sein Dualraum. Der Dualraum $(V^*)^*$ von V^* heißt *Bidualraum* von V und wird mit V^{**} bezeichnet. Die Abbildung $V \to V^{**}$, $v \mapsto (\lambda \mapsto \lambda(v))$ (für alle $\lambda \in V^*$) ist ein Monomorphismus. Ist V endlichdimensional, so ist sie ein kanonischer Isomorphismus und erlaubt, V mit V^{**} zu identifizieren.

---

biholomorph
biholomorphic; biholomorphe

Eine Abbildung $f: G \to G'$ zwischen °Gebieten $G, G' \subset \mathbb{C}$ heißt *biholomorph*, wenn sie bijektiv ist und sowohl f als auch f^{-1} °holomorph sind.
($\to$ Riemannscher Abbildungssatz)

---

bijektiv
bijective; bijectif (-ve)

($\to$ Abbildung)

Bild
image; image

(→ Abbildung)

---

bilinear
bilinear; bilinéaire

(→ multilineare Abbildung)

Bilinearform
bilinear form; forme bilinéaire

Gegeben seien K-°Vektorräume V und W. Eine °Abbildung s: $V \times W \to K$ heißt *Bilinearform*, wenn für alle $v \in V$ und alle $w \in W$ die Abbildungen $s(v, \ )$: $W \to K$, $w \mapsto s(v, w)$ und $s(\ , w)$: $V \to K$, $v \mapsto s(v, w)$ °linear sind. Die Bilinearform s heißt *nicht ausgeartet* (oder *duale Paarung*), wenn gilt: Ist $v \in V$ und $s(v, w) = 0$ für alle $w \in W$, so ist $v = 0$; ist $w \in W$ und $s(v, w) = 0$ für alle $v \in V$, so ist $w = 0$.

Im Fall $V = W$ heißt eine Bilinearform s: $V \times V \to K$ *symmetrisch*, wenn $s(v, w) = s(w, v)$ ist für alle $v, w \in V$.

Ist dim $V = n < \infty$, so wird bzgl. einer festen °Basis $v_1, \ldots, v_n$ von V eine Bilinearform s festgelegt durch die °Matrix $S = (s(v_i, v_j))_{i, j = 1, \ldots, n}$; s ist symmetrisch, wenn die Matrix S symmetrisch ist; s ist nicht ausgeartet, wenn die Matrix S invertierbar ist.

Binomialkoeffizienten
coefficients of the binomial expansion; coefficients du binôme

Für natürliche Zahlen n und k setzt man $\binom{n}{k} := \frac{n(n-1) \cdot \ldots \cdot (n-k+1)}{1 \cdot 2 \cdot \ldots \cdot k}$, also $\binom{n}{k} = 0$ für $k > n$ und $\binom{n}{k} = \frac{n!}{k!(n-k)!} = \binom{n}{n-k}$ für $0 \leqslant k \leqslant n$ (→ Fakultät).

Die $\binom{n}{k}$ heißen *Binomialkoeffizienten* wegen ihres Auftretens im „binomischen Lehrsatz" $(a + b)^n = \sum_{k=0}^{n} \binom{n}{k} a^k b^{n-k}$ (für alle $a, b \in \mathbb{R}$ oder auch alle a, b aus einem kommutativen Ring). Die Formel $\binom{n}{k} = \binom{n-1}{k-1} + \binom{n-1}{k}$ zeigt, wie man im *Pascalschen Dreieck* die Binomialkoeffizienten für jedes n nacheinander bequem durch einfache Addition erhält:

0. Zeile				1			
1. Zeile			1		1		
2. Zeile		1		2		1	
3. Zeile	1		3		3		1

(In der n-ten Zeile steht an der $(k + 1)$-ten Stelle die Zahl $\binom{n}{k}$)

Grundlegend für die Kombinatorik ist der Umstand, daß $\binom{n}{k}$ genau die Anzahl der verschiedenen k-elementigen Teilmengen einer Menge von n Elementen angibt.

binomischer Lehrsatz
binomial theorem; formule du binôme de Newton

(wird auch gelegentlich dem italienischen Mathematiker C. Binomi, um 1650, zugesprochen)

($\to$ Binomialkoeffizienten)

binomische Reihe
binomial series (or expansion); développement binomiale ou série du binôme

Sei $\alpha \in \mathbb{R}$. Dann gilt für alle $z \in \mathbb{C}$ mit $|z| < 1$ die °Reihenentwicklung ($\to$ Taylor-Reihe)

$$(1+z)^\alpha = \sum_{n=0}^{\infty} \binom{\alpha}{n} z^n, \quad \text{wo } \binom{\alpha}{n} = \prod_{k=1}^{n} \frac{\alpha - k + 1}{k} \text{ ist.}$$

($\to$ Binomialkoeffizienten).

Beispiel: $\alpha = \frac{1}{2}$, $\sqrt{1+z} = 1 + \frac{1}{2} z - \frac{1}{8} z^2 + \frac{1}{16} z^3 \mp \ldots$

(geeignet zur Approximation von $\sqrt{1+z}$ durch Polynome bei genügend kleinem z). Die binomische Reihe konvergiert für $\alpha \geq 0$ absolut und gleichmäßig im Intervall $[-1, +1]$; für $-1 < \alpha < 0$ konvergiert sie für $z = +1$ und divergiert für $z = -1$; im Fall $\alpha \leq -1$ divergiert sie für $z = \pm 1$.

Binormalenvektor
binormal vector; vecteur binormal

($\to$ Krümmung)

birational
birational; birationnel (-le)

($\to$ rationale Abbildung)

Bogenlänge
arc length; longueur d'arc

($\to$ rektifizierbar)

Bolzano-Weierstraß (Satz von)
theorem of B.-W.; théorème de B.-W.

Jede beschränkte °Folge reeller °Zahlen besitzt eine °konvergente Teilfolge.
Allgemeiner: Jede unendliche Teilmenge eines °kompakten °topologischen Raumes besitzt mindestens einen °Häufungspunkt.

Borel (Satz von Emile)
theorem of B.; théorème d'Emile Borel

Sei $(a_n)_{n \in \mathbb{N}}$ eine beliebige °Folge reeller °Zahlen. Dann gibt es eine unendlich oft °differenzierbare Funktion $f: \mathbb{R} \to \mathbb{R}$ mit $f^{(n)}(0) = a_n$ für alle $n \in \mathbb{N}$. (Insbesondere ist die °Taylorreihe einer beliebig vorgegebenen unendlich oft differenzierbaren Funktion i. allg. nicht °konvergent!)

Borel-Algebra, Borel-Menge
Borel algebra, Borel set; algèbre borélienne, ensemble borélien

(→ meßbarer Raum)

Borel-Lebesgue (Satz von)
theorem of B.-L.; théorème de B.-L.

In einem endlichdimensionalen °normierten °Vektorraum (über $\mathbb{R}$ oder $\mathbb{C}$) ist eine Teilmenge genau dann °kompakt, wenn sie °beschränkt und °abgeschlossen ist.

Brianchon (Satz von)
theorem of B.; théorème de B.

Seien p und p' verschiedene Punkte einer projektiven Ebene (→ projektiver Raum) und Z_1, Z_2, Z_3 (bzw. Z_1', Z_2', Z_3') jeweils paarweise verschiedene Geraden durch p (bzw. p'). Dann gehen die Geraden $(Z_1 \cap Z_2') \vee (Z_1' \cap Z_2)$, $(Z_2 \cap Z_3') \vee (Z_2' \cap Z_3)$ und $(Z_3 \cap Z_1') \vee (Z_3' \cap Z_1)$ durch einen Punkt.

Dies ist der duale Satz zum Satz von °Pappos.

(→ Dualität, → Korrelation)

C

Cantorsches Diagonalverfahren
diagonal method; méthode de la diagonale

a) Man kann eine surjektive °Abbildung von der Menge der natürlichen °Zahlen auf die Menge der rationalen Zahlen angeben, indem man die rationalen Zahlen folgendermaßen anschreibt:

$$0 \quad \frac{1}{1} \quad \frac{-1}{1} \quad \frac{2}{1} \quad \frac{-2}{1} \quad \frac{3}{1} \quad \cdots$$

$$\frac{1}{2} \quad \frac{-1}{2} \quad \frac{2}{2} \quad \frac{-2}{2} \quad \frac{3}{2} \quad \cdots$$

$$\frac{1}{3} \quad \frac{-1}{3} \quad \frac{2}{3} \quad \frac{-2}{3} \quad \frac{3}{3} \quad \cdots$$

$$\cdots$$

und z.B. längs eines Weges der Art

abzählt.

b) Zum Beweis, daß die Menge aller Zahlenfolgen $(a_m)_{m \in \mathbb{N}}$ mit $a_m \in \{0, 1\}$ nicht °abzählbar ist, führt man die gegenteilige Annahme zum Widerspruch. Angenommen, die Menge aller derartigen Folgen ist abzählbar. Dann muß jede Folge in einer abzählbaren „Liste" vorkommen:

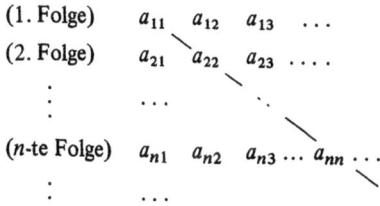

Aber die Folge (b_m), definiert durch $b_m := |a_{mm} - 1|$, kommt darin nicht vor; wenn sie an n-ter Stelle stünde, hätte man $a_{nn} = |a_{nn} - 1|$!

Cantorsches Diskontinuum
triadic Cantor set; ensemble triadique de Cantor

Sei $A_0 := [0,1]$ und (für $n \geq 0$) A_{n+1} diejenige Teilmenge von A_n, die entsteht durch Wegnahme des Inneren jedes mittleren Drittels in den abgeschlossenen Teil-

Cantorsches Diskontinuum (Forts.)

intervallen, deren disjunkte Vereinigung A_n ist. Also: $A_1 = [0, \frac{1}{3}] \cup [\frac{2}{3}, 1]$, $A_2 = [0, \frac{1}{9}] \cup [\frac{2}{9}, \frac{1}{3}] \cup [\frac{2}{3}, \frac{7}{9}] \cup [\frac{8}{9}, 1]$, usw.. Die abgeschlossene Menge $C := \bigcap_{n \in \mathbb{N}} A_n$

heißt *Cantorsches Diskontinuum*. C ist gleich der Menge aller reellen °Zahlen, die sich in der Form $\sum_{n=1}^{\infty} \frac{a_n}{3^n}$ mit $a_n \in \{0, 2\}$ darstellen lassen, also überabzählbar. Andererseits ist C eine Menge vom °Lebesgue-Maß Null.

Casorati-Weierstraß (Satz von)
theorem of C.-W.; théorème de C.-W.

Ist z_0 eine wesentliche °Singularität der auf der punktierten Kreisscheibe $\{z \in \mathbb{C} | 0 < |z - z_0| < r\}$ °holomorphen Funktion f, so ist für jedes $\epsilon > 0$ die Bildmenge $f(\{z \in \mathbb{C}: 0 < |z - z_0| < \epsilon\})$ dicht in $\mathbb{C}$ („f kommt jedem Wert von $\mathbb{C}$ beliebig nahe auf Punkten, die beliebig nahe bei z_0 liegen").

Der *Satz von Picard* besagt darüberhinaus, daß es sogar nur höchstens einen Wert $a \in \mathbb{C}$ gibt, der nicht angenommen wird. Beispiel: $a = 0$ für $f(z) = \exp(1/z)$ und $z_0 = 0$.

Cauchy-Folge
Cauchy sequence; suite de Cauchy

Eine °Folge $(a_n)_{n \in \mathbb{N}}$ reeller (oder komplexer) °Zahlen heißt *Cauchy-Folge*, wenn gilt: Zu jedem $\epsilon > 0$ gibt es ein $N(\epsilon) \in \mathbb{N}$, so daß für alle $n, m \geq N(\epsilon)$ gilt: $|a_n - a_m| < \epsilon$.

Jede °konvergente Folge ist eine Cauchy-Folge. Daß umgekehrt jede Cauchy-Folge gegen einen Punkt konvergiert, ist gleichbedeutend mit der °Vollständigkeit von $\mathbb{R}$ bzw. $\mathbb{C}$.

Der Begriff *Cauchy-Folge* und alle damit zusammenhängenden Aussagen lassen sich sofort verallgemeinern auf Folgen in °metrischen Räumen, wenn man $|a_n - a_m|$ durch $d(a_n, a_m)$ ersetzt.

Cauchy-Kriterium
Cauchy criterion; critère de Cauchy

Eine °Folge (x_n) in $\mathbb{R}$ (oder $\mathbb{R}^n$ oder $\mathbb{C}^n$, $n \geq 1$, oder in einem °vollständigen °metrischen Raum) °konvergiert genau dann, wenn sie eine °Cauchy-Folge ist.

Cauchy-Produkt von Reihen
Cauchy product of series; produit de Cauchy (de deux séries)

Es seien $\sum_{n \in \mathbb{N}} a_n$ und $\sum_{n \in \mathbb{N}} b_n$ absolut °konvergente °Reihen. Dann konvergiert auch die Reihe $\sum_{n \in \mathbb{N}} c_n$ mit $c_n = \sum_{k=0}^{n} a_{n-k} b_k$ absolut und es gilt $\sum_{n \in \mathbb{N}} c_n = \left(\sum_{n \in \mathbb{N}} a_n \right) \cdot \left(\sum_{n \in \mathbb{N}} b_n \right)$.

Cauchysche Integralformel
Cauchy's formula; formule de Cauchy

a) Sei $U \subset \mathbb{C}$ offen und $f: U \to \mathbb{C}$ °komplex differenzierbar. Dann gilt für jede Kreisscheibe $\Delta := \{z \in \mathbb{C} \mid |z - z_0| < r\}$, die ganz in U enthalten ist, und jedes $a \in \Delta$:

$$f(a) = \frac{1}{2\pi i} \int_{\partial \Delta} \frac{f(z)}{z - a} \, dz \qquad (\to \text{Cauchyscher Integralsatz}).$$

(Man leitet daraus die °Potenzreihenentwicklung von f im Punkt a her!).

b) Sei $G \subset \mathbb{C}$ ein °Gebiet, $f: G \to \mathbb{C}$ °holomorph, $\gamma = \sum_{i=1}^{n} n_i \gamma_i$ eine ganzzahlige Linearkombination von geschlossenen Wegen $\gamma_i: [a_i, b_i] \to G$ ($n_i \in \mathbb{Z}$), so daß die °Umlaufszahl $\nu_\gamma(z)$ für jedes $z \in \mathbb{C} \setminus G$ gleich Null ist. Wenn dann $a \in G$ nicht auf dem Bild von γ liegt, so gilt:

$$\nu_\gamma(a) \cdot f(a) = \frac{1}{2\pi i} \int_\gamma \frac{f(z)}{z - a} \, dz.$$

Cauchyscher Integralsatz
Cauchy's theorem; théorème de Cauchy

Sei $U \subset \mathbb{C}$ °offen, $f: U \to \mathbb{C}$ °holomorph und $M \subset U$ eine °kompakte Teilmenge, deren °Rand $\partial M = \overline{M} \setminus \overset{\circ}{M}$ nur aus stückweise stetig °differenzierbaren °Kurven besteht, die mit der „Randorientierung" (M „links vom Rand") versehen sind. Dann gilt

$$\int_{\partial M} f(z) \, dz = 0.$$

Cauchyscher Integralsatz (Forts.)

Dabei ist $\int_{\partial M} f(z)\, dz$ folgendermaßen erklärt: Der orientierte Rand von M sei gegeben durch $\partial M = \bigcup_{i=1}^{n} \gamma_i([a_i, b_i])$ mit stetig differenzierbaren Abbildungen $\gamma_i: [a_i, b_i] \to U$; dann ist $\int_{\partial M} f(z)\, dz := \sum_{i=1}^{n} \int_{a_i}^{b_i} f(\gamma_i(t))\, \dot{\gamma}_i(t)\, dt$.

Bei Verwendung des Begriffs °Umlaufszahl hat man eine andere Version: Für einen *Zykel* (= ganzzahlige Linearkombination von geschlossenen Kurven) in einem Gebiet $G \subset \mathbb{C}$ gilt genau dann $\int_\gamma f(z)\, dz = 0$ für alle holomorphen Funktionen f auf G, wenn γ keinen Punkt von $\mathbb{C} \setminus G$ umläuft.

Cauchy-Schwarzsche Ungleichung
inequality of C.-S.; inégalité de C.-S.

Sei V ein °euklidischer (bzw. °unitärer) °Vektorraum, und seien $v, w \in V$. Dann gilt $|\langle v, w \rangle| \leq \|v\| \cdot \|w\|$. Das Gleichheitszeichen gilt genau dann, wenn v und w °linear abhängig sind.

Cayley-Hamilton (Satz von)
theorem of C.-H.; théorème de C.-H.

Sei V ein endlich-°dimensionaler K-°Vektorraum und $f: V \to V$ ein °Endomorphismus von V mit °charakteristischem Polynom $P_f(T) = \det(f - T \cdot id_V) \in K[T]$. Dann ist $P_f(f) = 0$ (die Nullabbildung). (Andere Formulierung: Das Minimalpolynom eines Endomorphismus ist ein Teiler des charakteristischen Polynoms).
Ist A eine $n \times n$-°Matrix über K, $P_A(T) = \det(A - T \cdot E) \in K[T]$ ($E = n \times n$-Einheitsmatrix), so gilt entsprechend $P_A(A) = 0$.

Charakter
character; caractère

a) Sei G eine °Gruppe (oder auch nur ein °Monoid) und K ein °Körper. Ein °Homomorphismus von G in die multiplikative Gruppe $K^* = K \setminus \{0\}$ heißt *Charakter* von G mit Werten in K.

b) Sei A eine K-°Algebra. Ein Homomorphismus ($\neq 0$) von K-Algebren $A \to K$ heißt *Charakter* von A.

($\to$ Spektrum (einer Banach-Algebra))

Charakteristik (eines Körpers)
characteristic; caractéristique

Sei K ein °Körper. Die *Charakteristik* von K ist definiert als

$\operatorname{char} K = 0$ falls $\underbrace{n \cdot 1 = 1 + 1 + \ldots + 1}_{(n\text{-mal})} \neq 0$ für alle $n \in \mathbb{N}$, und

$= \min \{n \in \mathbb{N} : n \cdot 1 = 0\}$ sonst.

Im zweiten Fall ist $\operatorname{char} K$ stets eine Primzahl.

Beispiele: $\mathbb{Q}$, $\mathbb{R}$ und $\mathbb{C}$ sind Körper der Charakteristik 0. Für jede Primzahl p ist $\mathbb{Z}/p\mathbb{Z}$ ein Körper der Charakteristik p. Der °Quotientenkörper des °Polynomrings $(\mathbb{Z}/2\mathbb{Z})[X]$ hat Charakteristik 2, enthält aber unendlich viele Elemente.

charakteristische Funktion
characteristic function; fonction caractéristique

Sei X eine Menge. Für jede Teilmenge $M \subset X$ heißt $\chi_M : X \to \mathbb{R}$,

$\chi_M(x) = 1$ falls $x \in M$

$\quad\quad\quad = 0$ sonst

die *charakteristische Funktion* von M.

charakteristisches Polynom
characteristic polynomial; polynôme caractéristique

Sei M eine $n \times n$-°Matrix über einem °Körper K. Dann heißt $P_M(T) = \det(M - TE) \in K[T]$ ($E = n \times n$-Einheitsmatrix) das *charakteristische Polynom* von M ($\to$ Determinante).

Ist f ein °Endomorphismus eines n-°dimensionalen K-°Vektorraums V, so heißt $P_f(T) = \det(f - T \operatorname{id}_V) \in K[T]$ das *charakteristische Polynom* von f. Wird f bzgl. einer °Basis von V durch die Matrix M beschrieben, so ist $P_M(T) = P_f(T)$; °ähnliche Matrizen haben also dasselbe charakteristische Polynom.

Die Wurzeln des charakteristischen Polynoms von M bzw. f sind genau die °Eigenwerte von M bzw. f.

Ist $P_M(T) = P_f(T) = a_n T^n + a_{n-1} T^{n-1} + \ldots + a_0$, so ist $a_n = (-1)^n$, $a_{n-1} = -$(Summe der Eigenwerte) und $a_0 = \det M = \det f =$ Produkt der Eigenwerte.

Chinesischer Restsatz
chinese remainder theorem; théorème chinois

Sei R ein °kommutativer °Ring mit °Einselement und seien $I_1, \ldots, I_n$ °Ideale in R, so daß für alle $i, j \in \{1, \ldots, n\}$ mit $i \neq j$ gilt: $I_i + I_j = R$. Dann ist die °Abbildung

$R \to R/I_1 \times \ldots \times R/I_n$, $\quad r \mapsto (r + I_1, \ldots, r + I_n)$

Chinesischer Restsatz (Forts.)

ein surjektiver Ringhomomorphismus mit °Kern $I_1 \cap \ldots \cap I_n = I_1 \cdot \ldots \cdot I_n$ (d.h. die Ringe $R/I_1 \times \ldots \times R/I_n$ und $R/I_1 \cap \ldots \cap I_n = R/I_1 \cdot \ldots \cdot I_n$ sind isomorph. (Man beachte auch, daß i. allg. Durchschnitt und Produkt von Idealen verschieden sind!).

Anwendungsbeispiel: Zu paarweise teilerfremden ganzen °Zahlen $a_1, \ldots, a_n$ und beliebigen ganzen Zahlen $b_1, \ldots, b_n$ gibt es stets $m \in \mathbb{Z}$ mit $m \equiv b_i \pmod{a_i}$ (d.h. $m \in b_i + a_i \cdot \mathbb{Z}$) für alle $i = 1, \ldots, n$ simultan.

(Es heißt, die Chinesen hätten Spezialfälle dieser Aussage benutzt, um die Wahl eines Zeitpunktes mit gewissen periodischen astronomischen Erscheinungen in Einklang zu bringen ...)

Codazzi-Mainardi-Gleichungen
equations of C.-M.; équation de C.-M.

(→ Ableitungsgleichungen)

Cramersche Regel
Cramer's rule; formule de Cramer

Ist im °linearen Gleichungssystem $A \cdot x = b$ mit n Gleichungen und n Unbekannten $x_1, \ldots, x_n$ die $n \times n$-°Matrix A invertierbar (also $\det A \neq 0$), so erhält man die (eindeutig bestimmte) Lösung des Gleichungssystems aus der Formel $x_i = \dfrac{\det B_i}{\det A}$ ($i = 1, \ldots, n$), wo B_i die $n \times n$-Matrix ist, die aus A entsteht, wenn man die i-te Spalte von A durch den Spaltenvektor b ersetzt.

(Beweis mit Hilfe des °Determinantenentwicklungssatzes).

Die Cramersche Regel ist in der theoretischen Mathematik nützlich; für die praktische Berechnung der Lösungen von linearen Gleichungssystemen gibt es jedoch viel kürzere Verfahren.

D

Dedekindscher Schnitt
Dedekind cut; coupure modulaire (ou de Dedekind)

Früher definierte man eine °reelle °Zahl oft als *dedekindschen Schnitt* in der Menge $\mathbb{Q}$ der rationalen Zahlen: Zu $\alpha \in \mathbb{R}$ betrachtet man die disjunkte Zerlegung $]-\infty, \alpha] \cup]\alpha, +\infty[$ von $\mathbb{Q}$ und umgekehrt denkt man sich jede Zerlegung $\mathbb{Q} = A \cup B$ mit $A, B \neq \emptyset$, $A \cap B = \emptyset$ und $a < b$ für alle $a \in A$, $b \in B$ als reelle Zahl (und definiert die üblichen Rechenoperationen für solche *Dedekindsche Schnitte*). – Heute ist man davon abgekommen und erklärt die Vervollständigung von $\mathbb{Q}$ zu $\mathbb{R}$ meist mit Hilfe von °Cauchy-Folgen.

Definitionsbereich
domain of a function (or mapping); ensemble de définition
(→ Abbildung)

Desargues (Satz von)
theorem of D.; théorème de D.

In der projektiven Ebene (→ projektiver Raum) seien paarweise verschiedene Punkte p_1, p_2, p_3 und p'_1, p'_1, p'_3 gegeben derart, daß sich die Verbindungsgeraden $p_1 \vee p'_1$, $p_2 \vee p'_2, p_3 \vee p'_3$ in einem Punkt schneiden (d.h. man hat zwei Dreiecke in „perspektivischer Lage"). Dann liegen die Schnittpunkte $a = (p_1 \vee p_2) \cap (p'_1 \vee p'_2)$, $b = (p_2 \vee p_3) \cap (p'_2 \vee p'_3)$ und $c = (p_3 \vee p_1) \cap (p'_3 \vee p'_1)$ auf einer Geraden.

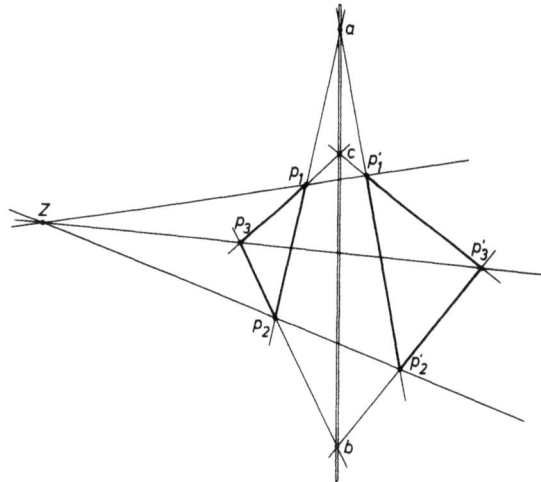

In der synthetischen Geometrie ist der *Satz von Desargues* eine Bedingung, die sicherstellt, daß in der Ebene Koordinaten mit Werten in einem (i. allg. nicht kommutativen) °Körper eingeführt werden können (genauer: Die Bedingung des Satzes von Desargues entspricht der °Assoziativität der Multiplikation im Körper; für die Kommutativität benötigt man die Aussage des Satzes von °Pappos-Pascal).

Determinante
determinant; déterminant

Die *Determinante* einer $n \times n$-°Matrix $A = (a_{ij})$ über einem °Körper K (oder auch nur über einem °kommutativen °Ring) ist definiert als det $A =$
$$\sum_{\pi \in S_n} \text{sgn}(\pi) a_{1\,\pi(1)} \cdot \ldots \cdot a_{n\,\pi(n)}$$ (→ Permutation, → symmetrische Gruppe).

Determinante (Forts.)

Regeln für Determinanten:

(1) Die Determinanten einer Matrix und ihrer °transponierten stimmen überein
(2) Der Wert der Determinante einer Matrix ändert sich nicht, wenn man ein Vielfaches einer Zeile (bzw. Spalte) zu einer anderen Zeile (bzw. Spalte) addiert
(3) Beim Vertauschen zweier Zeilen (bzw. Spalten) ändert die Determinante das Vorzeichen
(4) Die Determinante hat genau dann den Wert 0, wenn die Zeilen (bzw. Spalten) der Matrix °linear abhängig (über dem Körper K) sind.

Ist $f: K^n \to K^n$ der durch A bestimmte °Vektorraum-°Endomorphismus, so spricht man auch von der Determinante von f und schreibt $\det f$ für $\det A$; dies ist sinnvoll, da die Matrix von f bzgl. einer anderen °Basis die Gestalt TAT^{-1} hat und nach dem °Determinantenmultiplikationssatz gilt: $\det A = \det(TAT^{-1})$. Andererseits kann man für einen Endomorphismus $f: V \to V$ eines n-dimensionalen Vektorraums V die Determinante $\det f$ auch einführen, ohne eine Basis von V zu Hilfe zu nehmen (→ äußere Algebra, → multilineare Abbildung).

Determinantenentwicklungssatz (von Laplace)
expansion of a determinant along a row or a column; développement suivant les éléments d'une ligne ou d'une colonne

Sei $A = (a_{ij})$ eine $n \times n$-°Matrix über einem °Körper (oder auch nur einem °kommutativen °Ring). Der *Determinantenentwicklungssatz* führt die Berechnung der Determinante von A auf die Berechnung von Determinanten $(n-1)$-reihiger Untermatrizen von A zurück: Sei A_{rs} die $(n-1) \times (n-1)$-Matrix, die aus A durch Streichen der r-ten Zeile und s-ten Spalte entsteht ($1 \leq r \leq n$, $1 \leq s \leq n$). Dann gilt für jedes $s \in \{1, \ldots, n\}$

$$\det A = \sum_{r=1}^{n} (-1)^{r+s} a_{rs} \cdot \det(A_{rs}) \quad \text{(Entwicklung nach der s-ten Spalte)}$$

und für jedes $r \in \{1, \ldots, n\}$

$$\det A = \sum_{s=1}^{n} (-1)^{r+s} a_{rs} \cdot \det(A_{rs}) \quad \text{(Entwicklung nach der r-ten Zeile)}.$$

(→ adjungierte Matrix, b))

Determinantenmultiplikationssatz
(Übersetzungen scheinen nicht gebräuchlich zu sein)

Die °Determinante eines Produkts zweier $n \times n$-°Matrizen ist gleich dem Produkt der Determinanten der beiden Matrizen: $\det(AB) = (\det A)(\det B) = \det(BA)$.

Folgerungen: Ist die Matrix A invertierbar, so gilt $\det(A^{-1}) = \dfrac{1}{\det A}$; sind A und B °ähnliche Matrizen, so ist $\det A = \det B$.

Diagonale
diagonal; diagonale

Sei X eine Menge. Die Teilmenge $\Delta_X = \{(x, y) \in X \times X \mid x = y\}$ des °kartesischen Produkts heißt *Diagonale* in $X \times X$; die kanonische injektive °Abbildung $X \to X \times X$, $x \mapsto (x, x)$ die *Diagonalabbildung*.

Ist X ein °topologischer Raum, so ist $\Delta_X \subset X \times X$ genau dann °abgeschlossen, wenn X °hausdorffsch ist.

diagonalisierbar
diagonalizable; diagonalisable

Sei V ein endlich-°dimensionaler K-°Vektorraum. Ein °Endomorphismus $f\colon V \to V$ heißt *diagonalisierbar*, wenn es eine aus Eigenvektoren von f bestehende °Basis von V gibt; bzgl. einer solchen Basis ist die °Matrix von f eine °Diagonalmatrix

$$\begin{pmatrix} \lambda_1 & & 0 \\ & \ddots & \\ 0 & & \lambda_n \end{pmatrix},$$ und in der Diagonalen stehen die °Eigenwerte, die zu den entsprechenden Eigenvektoren gehören.

Eine $n \times n$-Matrix A über K heißt *diagonalisierbar*, wenn sie zu einer Diagonalmatrix °ähnlich ist; das bedeutet, daß der durch A gegebene Endomorphismus $A\colon K^n \to K^n$ diagonalisierbar ist.

Diagonalmatrix
diagonal matrix; matrice diagonale

Sei $A = (a_{ij})$ eine $n \times n$-°Matrix. Die Elemente mit gleichen Indizes $i = j$ heißen *Diagonalelemente*, die Folge $(a_{ii})_{i=1,\ldots,n}$ heißt *Hauptdiagonale*, und A heißt *Diagonalmatrix*, wenn alle Elemente außerhalb der Hauptdiagonalen gleich Null sind.

Im °Ring aller $n \times n$-Matrizen über einem °Körper K bilden die Diagonalmatrizen einen Unterring.

dicht
dense; dense

Sei X ein °topologischer Raum. Eine Teilmenge $U \subset X$ heißt *dicht* in X, wenn $\overline{U} = X$ gilt ($\to$ abgeschlossene Hülle).

Beispiel: Sowohl die Menge der rationalen °Zahlen als auch die Menge der irrationalen Zahlen ist dicht in $\mathbb{R}$: $\overline{\mathbb{Q}} = \overline{\mathbb{R} \setminus \mathbb{Q}} = \mathbb{R}$.

Diffeomorphismus
diffeomorphism; difféomorphisme

Eine °Abbildung $f: M \to N$ zwischen °differenzierbaren Mannigfaltigkeiten heißt *Diffeomorphismus*, wenn sie bijektiv und in beiden Richtungen differenzierbar ist.

Differential
differential; différentielle

(→ differenzierbar II, → äußere Ableitung)

Differentialformen (im $\mathbb{R}^n$)
differential forms; formes différentielles

Sind $x_1, \ldots, x_n$ Koordinatenfunktionen im $\mathbb{R}^n$, so läßt sich eine *Differentialform* (auch: eine *r-Form* für $0 \leq r \leq n$) darstellen in der Form

$$\sum_{1 \leq i_1 < \ldots < i_r \leq n} c_{i_1 \ldots i_r}(p) \, dx_{i_1} \wedge \ldots \wedge dx_{i_r},$$

wo die Koeffizienten $c_{i_1 \ldots i_r}$ vom Punkt $p \in \mathbb{R}^n$ abhängen (meist °differenzierbar), und die Summe über alle r-Tupel $(i_1, \ldots, i_r)$ mit der angegebenen Einschränkung läuft. Man rechnet damit gemäß den Regeln der °äußeren Algebra.

Zu einer besseren Erklärung (die auf die Verallgemeinerung auf °differenzierbare Mannigfaltigkeiten zielt) muß man etwas weiter ausholen. Ein n-Tupel $(y_1, \ldots, y_n)$ von (unendlich oft) differenzierbaren Funktionen $y_i: U \to \mathbb{R}$ ($U \subset \mathbb{R}^n$ eine offene Menge) heißt *lokales Koordinatensystem* bei $p \in U$, wenn die °Funktionalmatrix $\left(\dfrac{\partial y_i}{\partial x_j}\right)$ im Punkt p invertierbar ist. (Nach dem Satz über die °Umkehrabbildung ist $(y_1, \ldots, y_n)$ dann auch lokales Koordinatensystem bei jedem Punkt aus einer Umgebung von p). Ein *Tangentialvektor* ξ in p ist eine °Linearform auf dem $\mathbb{R}$-°Vektorraum aller in irgendeiner Umgebung von p definierten differenzierbaren Funktionen (wobei die Addition erklärt ist nach Beschränkung auf den gemeinsamen Definitionsbereich) mit der Zusatzeigenschaft $\xi(fg) = f(p) \cdot \xi(g) + \xi(f) \cdot g(p)$ (*Produktregel*). Man zeigt: Die Tangentialvektoren in p bilden einen n-dimensionalen Vektorraum $T_p U$, und für jedes lokale Koordinatensystem $(y_1, \ldots, y_n)$ bei p bilden die Tangentialvektoren $\left.\dfrac{\partial}{\partial y_i}\right|_p : f \mapsto \dfrac{\partial f}{\partial y_i}(p)$ ($i = 1, \ldots, n$) eine Basis von $T_p U$. Die dazu °duale Basis im °Dualraum $T_p^* U$ wird mit $(dy_1, \ldots, dy_n)$ bezeichnet (den Punkt p lassen wir zur Erleichterung weg). Die Elemente von $T_p^* U$ heißen *Pfaffsche Formen* und allgemein heißen (für $r \in \mathbb{N}$) die alternierenden r-Linearformen (→ multilineare Abbildungen) auf $T_p U$ (das sind also antisymmetrische °Tensoren in $T_p^* \otimes \ldots \otimes T_p^*$ (r-mal)) *r-dimensionale alternierende (äußere) Differentialformen*.

Für jedes lokale Koordinatensystem $(y_1, \ldots, y_n)$ besitzt eine r-Differentialform eine Darstellung wie am Anfang angegeben. Der Vorteil von Differentialformen besteht jedoch gerade darin, daß man für den Kalkül keine Koordinaten auszeichnen braucht und die explizite Darstellung weitgehend vermeiden kann.

Differentialformen (auf Mannigfaltigkeiten)
differential forms on manifolds; formes différentielles sur des variétés différentiables

Sei M eine °differenzierbare Mannigfaltigkeit, und T_pM für jedes $p \in M$ der °Tangentialraum an M im Punkt p. Ist für jedes $p \in M$ eine alternierende r-Linearform $\omega_p: T_pM \times \ldots \times T_pM \to \mathbb{R}$ (→ multilineare Aubildungen) gegeben, so daß bzgl. der lokalen Koordinaten $y_1, \ldots, y_n$ einer Karte um p in der Darstellung $\omega_p = \Sigma\, c_{i_1 \ldots i_r}(p)\, dy_{i_1} \wedge \ldots \wedge dy_{i_r}$ die Koeffizienten $c_{i_1 \ldots i_r}(p)$ differenzierbare Funktionen in der Umgebung von p sind, so heißt $\omega = (\omega_p)_{p \in M}$ eine (differenzierbare) *r-dimensionale Differentialform* auf M.

Differentialgeometrie
differential geometry; géométrie différentielle

Nachdem im 17. Jahrhundert einerseits durch Descartes die „Koordinatengeometrie" (→ analytische Geometrie) und andererseits durch Leibniz und Newton die Infinitesimalrechnung (→ Analysis) eingeführt worden war, konnten zunächst die Krümmungseigenschaften von ebenen Kurven und danach auch von Raumkurven und Flächen (Euler, Frenet) zielstrebig untersucht werden. Durch die systematische Verwendung krummliniger Koordinaten auf Flächen hat Gauß (etwa ab 1827) der Differentialgeometrie neue Wege gewiesen: Er begründete die *innere Geometrie* einer Fläche (→ Theorema egregium) und stellte (wie auch Bonnet) Beziehungen zwischen Krümmung und globalen Eigenschaften her (→ Gauß-Bonnet, Formel von). Er erlebte noch mit, wie Riemann diese Ideen abstrakt für n-dimensionale Mannigfaltigkeiten weitergeführt hat. Zur Jahrhundertwende standen dann mit der Tensorrechnung (→ Tensoren) auch mathematische Methoden zum Rechnen in der Riemannschen Geometrie bereit (gerade rechtzeitig für Einsteins Relativitätstheorie!). E. Cartan lenkte schließlich das Interesse der Differentialgeometer auf Liesche Gruppen und den von Levi-Civita entdeckten Begriff der *Parallelverschiebung* (→ Zusammenhang).

LITERATUR: Do Carmo, M. P.: Differential geometry of curves and surfaces (Prentice Hall 1976). Klingenberg, W.: Eine Vorlesung über Differentialgeometrie (Springer 1973). Spivak, M.: Differential geometry, vol. I–V (Publish or Perish 1970–75).

Differentialgleichungen (gewöhnliche)
ordinary differential equations; équations différentielles ordinaires

I) Sei $G \subset \mathbb{R}^2$ °offen und $f: G \to \mathbb{R}$ °stetig. Dann nennt man $y' = f(x, y)$ eine *Differentialgleichung 1. Ordnung*. Eine °differenzierbare Funktion $\varphi: I \to \mathbb{R}$ ($I \subset \mathbb{R}$ ein °Intervall) heißt *Lösung* von $y' = f(x, y)$, wenn für alle $x \in I$ der Punkt $(x, \varphi(x))$ in G enthalten ist und $\varphi'(x) = f(x, \varphi(x))$ erfüllt ist. Geometrisch interpretiert man $y' = f(x, y)$ als *Richtungsfeld* auf $G \subset \mathbb{R}^2$ (dem Punkt $(x, y) \in G$ wird die „Steigung" $\tan \alpha = y' = f(x, y)$ zugeordnet) und eine Lösung φ als *Integralkurve* des Richtungsfeldes: Der Graph von φ hat in jedem Punkt $(x, \varphi(x)) \in G$ die geforderte Steigung $\varphi'(x) = f(x, \varphi(x))$.

II) Sei $G \subset \mathbb{R} \times \mathbb{R}^n$ offen (Koordinaten $x \in \mathbb{R}, y = (y_1, \ldots, y_n) \in \mathbb{R}^n$) und $f: G \to \mathbb{R}^n$ eine stetige Abbildung. Dann stellt $y' = f(x, y)$ ein *System von n Differentialgleichungen 1. Ordnung* dar. Eine differenzierbare Abbildung $\varphi: I \to \mathbb{R}^n$ ($I \subset \mathbb{R}$ ein Intervall) heißt *Lösung* des Differentialgleichungssystems, wenn der Graph von φ in G enthalten ist und für alle $x \in I$ gilt: $\varphi'(x) = f(x, \varphi(x))$.

(Hier ist $y' = f(x, y)$ zu lesen als $y'_1 = f_1(x, y_1, \ldots, y_n)$
$$\vdots$$
$y'_n = f_n(x, y_1, \ldots, y_n)).$

III) Sei $G \subset \mathbb{R} \times \mathbb{R}^n$ offen und $f: G \to \mathbb{R}$ eine stetige Funktion. Dann heißt $y^{(n)} = f(x, y, y', \ldots, y^{(n-1)})$ eine *Differentialgleichung n-ter Ordnung*. Eine n-mal differenzierbare Funktion $\varphi: I \to \mathbb{R}$ ($I \subset \mathbb{R}$ ein Intervall) heißt *Lösung*, wenn gilt: Die Menge $\{(x, \varphi(x), \varphi'(x), \ldots, \varphi^{(n-1)}(x)) \in I \times \mathbb{R}^n | x \in I\}$ ist in G enthalten, und für alle $x \in I$ gilt $\varphi^{(n)}(x) = f(x, \varphi(x), \varphi'(x), \ldots, \varphi^{(n-1)}(x))$. Indem man setzt $y_0 := y, \ y_1 := y', \ \ldots, \ y_{n-1} := y^{(n-1)}$ sowie

$$Y = \begin{pmatrix} y_0 \\ \vdots \\ y_{n-1} \end{pmatrix} \text{ und } F(x, Y) := \begin{pmatrix} y_1 \\ \vdots \\ y_{n-1} \\ f(x, y_0, y_1, \ldots, y_{n-1}) \end{pmatrix}, \text{ führt man die Differential-}$$

gleichung n-ter Ordnung in ein System von n Differentialgleichung 1. Ordnung $Y' = F(x, Y)$ über. Für die allgemeine Theorie gewöhnlicher Differentialgleichungen genügt es also, den Fall II) zu behandeln.

IV) Ist $A: I \to M(n \times n, \mathbb{R})$ eine stetige Abbildung von einem Intervall $I \subset \mathbb{R}$ in den Raum der $n \times n$-°Matrizen $M(n \times n, \mathbb{R}) \cong \mathbb{R}^{n^2}$, und $b: I \to \mathbb{R}^n$ eine stetige Abbildung, so heißt $y' = A(x) y$ ein *homogenes* und $y' = A(x) y + b(x)$ ein *inhomogenes lineares Differentialgleichungssystem*. In einem solchen *linearen* System ist jede Lösung auf ganz I definiert (im Gegensatz zum allgemeinen Fall, → Existenz- und Eindeutigkeitssatz); die Gesamtheit aller Lösungen des homogenen Systems bildet einen n-dimensionalen reellen °Vektorraum und man erhält die Lösungsgesamtheit des inhomogenen Systems in der Form (spezielle Lösung des inhomogenen Systems)

+ (Lösungsgesamtheit des homogenen Systems). Jede °Basis des Vektorraums der Lösungen des homogenen Systems heißt *Lösungs-Fundamentalsystem*. (→ Wronski-Determinante).

V) Im Spezialfall von IV), daß A und b konstant sind, spricht man von einem (homogenen bzw. inhomogenen) *linearen Differentialgleichungssystem mit konstanten Koeffizienten*. Mit Hilfe der °Jordanschen Normalform von A lassen sich hier (wenigstens prinzipiell) die Lösungen explizit angeben; im homogenen Fall sind es Linearkombinationen von Funktionen der Gestalt $t^k e^{at} \cos(bt)$ und $t^l e^{at} \sin(bt)$, wo $\lambda := a + ib \in \mathbb{C}$ °Eigenwerte von A sind und $k, l \in \mathbb{N}$ höchstens gleich der Zeilenanzahl der °Jordanmatrix zum Eigenwert λ sind.

LITERATUR: Braun, M.: Differential Equations and Their Applications (Springer 1975). Hirsch M. W./Smale S.: Differential Equations, Dynamical Systems, and Linear Algebra (Academic Press 1974). Knobloch H. W./Kappel F.: Gewöhnliche Differentialgleichungen (Teubner 1974). Schäfke F. W./Schmidt D.: Gewöhnliche Differentialgleichungen (Springer 1973).

Differentialrechnung
differential calculus; calcul différentiel

(→ Analysis)

differenzierbar
differentiable; différentiable

I) Sei $D \subset \mathbb{R}$ °offen und $f: D \to \mathbb{R}$ eine Funktion. f heißt in $p \in D$ *differenzierbar*, wenn für alle °Folgen $(x_n)_{n \in \mathbb{N}}$ in D mit $x_n \to p$, $x_n \neq p$ der Limes (→ konvergente Folge)

$$f'(p) := \lim_{n \to \infty} \frac{f(x_n) - f(p)}{x_n - p} \text{ existiert.}$$

$f'(p)$ heißt *Differentialquotient* oder *Ableitung* von f im Punkt p. Die Funktion f heißt *differenzierbar* in D, falls f in jedem Punkt von D differenzierbar ist.

II) Seien E und F °Banach-Räume über $\mathbb{R}$ oder $\mathbb{C}$ (z.B. $E = \mathbb{R}^n$, $F = \mathbb{R}^m$ mit der °euklidischen °Norm) und $U \subset E$ offen. Eine Abbildung $f: U \to F$ heißt *differenzierbar* in $p \in U$, wenn es eine °lineare Abbildung $g: E \to F$ gibt mit

$$\lim_{\substack{x \to p \\ x \neq p}} \frac{1}{\|x - p\|} \|f(x) - f(p) - g(x - p)\| = 0.$$

Die lineare Abbildung g ist dann eindeutig bestimmt; sie heißt *Ableitung* oder *Differential* von f in p und wird mit $D_p f$, $d_p(f)$, $df(p)$ oder ähnlich bezeichnet. Anstelle von differenzierbar kann man auch sagen *linear approximierbar*. Ist $E = \mathbb{R}^n$, $F = \mathbb{R}^m$, so wird $D_p f$ als lineare Abbildung $\mathbb{R}^n \to \mathbb{R}^m$ gerade durch die Funktionalmatrix $\left(\dfrac{\partial f_i}{\partial x_j}(p) \right)$ gegeben.

(→ total differenzierbar)

differenzierbare Mannigfaltigkeit
differentiable manifold; variété différentiable

Ein °topologischer Raum M heißt (n-dimensionale) *differenzierbare Mannigfaltigkeit*, wenn gilt:

(i) M ist °hausdorffsch.

(ii) Zu jedem $p \in M$ gibt es eine °Umgebung $U \subset M$ und einen °Homöomorphismus $\varphi: U \to G$ auf ein °Gebiet $G \subset \mathbb{R}^n$ (φ heißt *Karte* auf M oder *lokales Koordinatensystem bei p*).

(iii) Je zwei Karten $\varphi: U \to G$ und $\varphi': U' \to G'$ sind *differenzierbar verträglich*, d.h. die Abbildung $\varphi' \circ \varphi^{-1} | \varphi(U \cap U') \to \varphi'(U \cap U')$ ist differenzierbar (als Abbildung zwischen offenen Teilmengen des $\mathbb{R}^n$).

Ersetzt man in dieser Definition $\mathbb{R}^n$ durch $\mathbb{C}^n$ und differenzierbar durch °holomorph, so erhält man den Begriff der (n-dimensionalen) *komplexen Mannigfaltigkeit*.

Die Gesamtheit aller Karten heißt *Atlas* auf M. Nimmt man noch alle Karten hinzu, die mit den vorhandenen verträglich (im Sinne von (iii) sind, so erhält man einen *maximalen Atlas* und einen solchen nennt man eine *differenzierbare Struktur* (bzw. bei komplexen Mannigfaltigkeiten *komplexe Struktur*).

LITERATUR: Bröcker T./Jänich J.: Einführung in die Differentialtopologie (Springer 1973).

Dimension (eines Vektorraums)
dimension; dimension

Sei V ein K-°Vektorraum. Aus dem °Austauschsatz folgt, daß je zwei endliche °Basen von V aus gleich vielen Elementen bestehen. Man definiert die *Dimension* von V über K als

$$\dim_K V = \begin{cases} \infty & \text{falls } V \text{ keine Basis aus endlich vielen Elementen besitzt} \\ n & \text{falls } V \text{ eine Basis aus } n \text{ Elementen besitzt } (0 \leqslant n < \infty). \end{cases}$$

Beispiel: Die Menge $\mathbb{C}$ der komplexen Zahlen bildet einen $\mathbb{R}$-Vektorraum und natürlich auch einen $\mathbb{C}$-Vektorraum. Es gilt: $\dim_\mathbb{R} \mathbb{C} = 2$, $\dim_\mathbb{C} \mathbb{C} = 1$. Die $\mathbb{R}$-Vektorräume aller Polynome (z.B. in einer Unbestimmten) mit reellen Koeffizienten oder aller reellwertigen Funktionen $\mathbb{R} \to \mathbb{R}$ sind Beispiele unendlichdimensionaler Vektorräume.

Dimensionsformel
dimension formula; formule de dimension

Sind W, W' Untervektorräume eines endlich-dimensionalen K-Vektorraums V, so gilt

$$\dim(W + W') = \dim W + \dim W' - \dim(W \cap W').$$

(Hier ist $W + W' = \{w + w' \mid w \in W, w' \in W'\}$ der *Summenraum* von W und W', d.h. der kleinste Untervektorraum von V, der W und W' enthält).

Dini (Satz von)
Dini's theorem; théorème de Dini

Sei (f_n) eine °Folge von °stetigen Funktionen (mit Werten in $\mathbb{R}$ oder $\mathbb{C}$) auf einem °kompakten Raum X, die punktweise gegen eine beschränkte Funktion f konvergiert. Ist dann die Folge (f_n) steigend und f stetig, so konvergiert (f_n) gleichmäßig gegen f.

($\to$ Konvergenz von Funktionenfolgen)

Dirac-Maß (Diracsches Funktional)
Dirac measure; mesure de Dirac

In der mathematischen Physik tauchte schon vor der Jahrhundertwende der Wunsch nach einer „Funktion" $\delta: \mathbb{R} \to \mathbb{R}$ mit den Eigenschaften $\delta(x) = 0$ für alle $x \neq 0$ und $\int_{\mathbb{R}} \delta(x)\, dx = 1$ auf. Da es eine solche Funktion nicht gibt, kann man stattdessen für beliebig kleine $\epsilon > 0$ an Funktionen δ_ϵ mit $\delta_\epsilon(x) \geq 0$ für alle $x \in \mathbb{R}$, $\delta_\epsilon(x) = 0$ für $|x| > \epsilon$ und $\int_{\mathbb{R}} \delta_\epsilon(x)\, dx = 1$ denken (solche gibt es, sogar unendlich oft differenzierbar) und schließlich $\epsilon \to 0$ gehen lassen (sobald dies unproblematisch wird). Auf diese Weise kann man alle Rechenregeln des (früher sogenannten) *symbolischen Kalküls* begründen, wie z.B. $\int_{\mathbb{R}} \delta(x) f(x)\, dx = f(0)$ für alle stetigen Funktionen $f: \mathbb{R} \to \mathbb{R}$.

Vorteilhafter ist es, sich gleich etwas an °Distributionen zu gewöhnen und δ als °Linearform auf dem Vektorraum $\mathscr{C}(\mathbb{R})$ aller stetigen Funktionen auf $\mathbb{R}$ aufzufassen: $\delta: \mathscr{C}(\mathbb{R}) \to \mathbb{R}, f \mapsto \delta(f) = \langle \delta, f \rangle = f(0)$.

direkte Summe
direct sum; somme directe

Ein K-°Vektorraum V heißt *direkte Summe* der Untervektorräume W und W', in Zeichen $V = W \oplus W'$, falls gilt:
(i) $V = W + W' = \{w + w' \mid w \in W, w' \in W'\}$ und
(ii) $W \cap W' = \{0\}$.

Äquivalent: Jedes $v \in V$ läßt sich eindeutig darstellen in der Form $v = w + w'$ mit $w \in W, w' \in W'$.

direkte Summe (Forts.)

Ist V endlich-dimensional, so ist nach der °Dimensionsformel hierzu auch äquivalent: $\dim V = \dim W + \dim W' = \dim(W + W')$.

---

disjunkt
disjoint; disjoint

Zwei Teilmengen A und B einer Menge X heißen *disjunkt*, wenn sie elementfremd sind, d.h. wenn ihr Durchschnitt leer ist: $A \cap B = \emptyset$.

Distanz
distance; distance

(→ Metrik)

Distribution
distribution; distribution

Sei $\mathcal{D}$ der $\mathbb{C}$-Vektorraum aller unendlich oft °differenzierbaren Funktionen auf dem $\mathbb{R}^n$ mit °kompaktem °Träger (*Testfunktionen*). Man versieht $\mathcal{D}$ mit einer °Topologie, in der eine Folge (φ_n) genau dann gegen 0 °konvergiert, wenn es eine kompakte Menge gibt, die für jedes n den Träger von φ_n enthält, und wenn darauf alle partiellen Ableitungen (beliebiger Ordnung) der Folge (φ_n) gleichmäßig gegen Null konvergieren für $n \to \infty$. Damit wird $\mathcal{D}$ zu einem °topologischen Vektorraum. Eine *Distribution* T auf $\mathbb{R}^n$ ist nun eine °stetige °Linearform auf $\mathcal{D}$, also $T: \mathcal{D} \to \mathbb{C}$, $\varphi \mapsto T(\varphi) =: \langle T, \varphi \rangle$.

Beispiele: Jede °lokal-integrierbare Funktion f (→ Lebesgue-Integral) kann vermöge

$$\langle f, \varphi \rangle := \int_{\mathbb{R}^n} f \varphi \, dv$$ als Distribution aufgefaßt werden.

Das °Dirac-Funktional $\delta_a: \mathcal{D} \to \mathbb{R}, \varphi \mapsto \varphi(a)$ (für ein $a \in \mathbb{R}^n$) ist eine Distribution.

Distributionen sind beliebig oft differenzierbar; für $n = 1$ ist z.B. die r-te Ableitung von δ_a definiert durch $D^r \delta_a: \mathcal{D} \to \mathbb{R}, \varphi \mapsto (-1)^r \dfrac{d^r \varphi}{dt^r}(a)$.

Distributionen sind von großer Bedeutung für die Analysis (°partielle Differentialgleichungen, °Fourier- und Laplace-Transformationen, mathematische Methoden der Physik).

LITERATUR: Schwartz, L.: Mathematische Methoden der Physik I (Bibliographisches Institut 1974; französische Originalausgabe Hermann 1965). Jantscher, L.: Distributionen (De Gruyter 1971).

distributiv
distributive; distributif

Sei M eine Menge mit zwei °Verknüpfungen $\perp: M \times M \to M$ und $\triangle: M \times M \to M$. Man sagt, $\triangle$ ist *distributiv* bzgl. $\perp$, wenn für alle $x, y, z \in M$ gilt:

$$x \triangle (y \perp z) = (x \triangle y) \perp (x \triangle z) \quad \text{und}$$
$$(x \perp y) \triangle z = (x \triangle z) \perp (y \triangle z)$$

(ist $\triangle$ °kommutativ, so genügt eine dieser Bedingungen).

Beispiele: In $M := \mathscr{P}(X)$ (Potenzmenge der Menge X) sind die Verknüpfungen $\cap$ und $\cup$ ($\to$ Mengenlehre) gegenseitig distributiv. In $M := \mathbb{N}$ ist die Multiplikation distributiv bzgl. der Addition, aber nicht umgekehrt; ebenso in einem °Körper. Distributivität wird analog für äußere Verknüpfungen definiert: So ist z.B. in einem °Vektorraum die Multiplikation mit Skalaren distributiv bzgl. der Addition von Vektoren.

---

divergent
divergent; divergent

($\to$ konvergent)

Divergenz
divergence; divergence

($\to$ Vektoranalysis)

Division mit Rest
division with remainder; division avec reste

($\to$ euklidischer Algorithmus)

Divisionsalgebra
division algebra; algèbre à division

Eine K-Algebra (über einem Körper K) heißt *Divisionsalgebra*, wenn jedes von 0 verschiedene Element invertierbar ist (d.h. wenn sie ein — i. allg. nicht-kommutativer — Körper ist).

($\to$ Frobenius (Satz von))

Doppelverhältnis
(double) cross ratio; birapport

Sind $p_k = (\lambda_k : \mu_k) \in \mathbb{P}_1(K)$ ($k = 0, 1, 2, 3$) vier Punkte des 1-dimensionalen °projektiven Raums über einem °Körper K, wobei p_0, p_1, p_2 und p_3 paarweise verschieden sind, so wird durch

$$DV(p_0, p_1, p_2, p_3) := \left(\frac{\det \begin{pmatrix} \lambda_3 & \lambda_1 \\ \mu_3 & \mu_1 \end{pmatrix}}{\det \begin{pmatrix} \lambda_3 & \lambda_0 \\ \mu_3 & \mu_0 \end{pmatrix}} : \frac{\det \begin{pmatrix} \lambda_2 & \lambda_1 \\ \mu_2 & \mu_1 \end{pmatrix}}{\det \begin{pmatrix} \lambda_2 & \lambda_0 \\ \mu_2 & \mu_0 \end{pmatrix}} \right) \in \mathbb{P}_1(K)$$

das *Doppelverhältnis* der vier Punkte p_0, p_1, p_2, p_3 definiert. Eine bijektive °Abbildung $\mathbb{P}_1(K) \to \mathbb{P}_1(K)$ ist genau dann eine °Projektivität, wenn sie Doppelverhältnisse invariant läßt.

Drehstreckung
similarity transformation; similitude directe

Eine °lineare Abbildung $f: \mathbb{R}^n \to \mathbb{R}^n$ heißt *Drehstreckung*, wenn sie in der Form $f = g \circ h$ geschrieben werden kann mit einer °Drehung h und einer Homothetie (Streckung) g. Die °Matrix von f bzgl. einer °Orthonormalbasis hat dann die Gestalt $r \cdot A$ mit $r \in \mathbb{R}_+^*$ und $A \in SO(n)$.

Identifiziert man für $n = 2$ die komplexe Zahlenebene $\mathbb{C}$ mit $\mathbb{R}^2$, $z = x + iy \leftrightarrow (x, y)$, so sind die $\mathbb{R}$-linearen Abbildungen $\mathbb{C} \to \mathbb{C}$ genau dann Drehstreckungen, wenn sie der Multiplikation mit einer °komplexen Zahl $\neq 0$ entsprechen. Die Matrix der linearen Abbildungen hat dann die Gestalt $r \cdot \begin{pmatrix} \cos\alpha & -\sin\alpha \\ \sin\alpha & \cos\alpha \end{pmatrix}$, wo r, α die °Polarkoordinaten der komplexen Zahl sind.

Drehung
rotation; rotation

Eine Drehung der Ebene $\mathbb{R}^2$ (Koordinaten x, y) um den Winkel α (entgegen dem Uhrzeigersinn) wird beschrieben durch

$$\begin{pmatrix} x \\ y \end{pmatrix} \mapsto \begin{pmatrix} \cos\alpha & -\sin\alpha \\ \sin\alpha & \cos\alpha \end{pmatrix} \begin{pmatrix} x \\ y \end{pmatrix} = \begin{pmatrix} x\cos\alpha - y\sin\alpha \\ y\sin\alpha + x\cos\alpha \end{pmatrix}.$$

In der Schreibweise mit °komplexen Zahlen $z = x + iy$ erhält man dieselbe Drehung durch Multiplikation mit der komplexen Zahl $e^{i\alpha} = \cos\alpha + i\sin\alpha$; insbesondere ist die *Drehgruppe* $SO(2)$ der reellen Ebene isomorph zur multiplikativen Gruppe der komplexen Zahlen vom Betrag 1, das ist die Menge $S^1 := \{z \in \mathbb{C} : |z|^2 = z\bar{z} = 1\} = \{(x, y) \in \mathbb{R}^2 : x^2 + y^2 = 1\}$.

Dreiecksmatrix
triangular matrix; matrice triangulaire

Eine $n \times n$-°Matrix $A = (a_{ij})$ über einem °Körper K (oder auch nur einem °Ring) heißt *obere (bzw. untere) Dreiecksmatrix*, wenn gilt: $a_{ij} = 0$ für alle (i, j) mit $i > j$ (bzw. $i < j$).
Dreiecksmatrizen sind besonders von Bedeutung bei der Lösung von °linearen Gleichungssystemen.

Dreiecksungleichung
triangle inequality; inégalité du triangle

(→ Metrik)

duale Basis
dual basis; base duale

(→ dualer Vektorraum)

dualer Modul
dual module; module dual

Sei M ein R-°Modul. Der R-Modul $M^* := \text{Hom}_R (M, R)$ heißt der zu M *duale Modul*.
Beispiele: Bei einem °Vektorraum V ist der °duale Vektorraum V^* stets isomorph zu V. Für den $\mathbb{Z}$-Modul $\mathbb{Q}$ besteht der duale Modul $\text{Hom}_{\mathbb{Z}}(\mathbb{Q}, \mathbb{Z})$ jedoch nur aus der Nullabbildung!

Ist $f: M \to N$ ein R-Modulhomomorphismus, so gewinnt man vermöge $f^*(\lambda) := \lambda \circ f$ (für alle $\lambda \in N$) einen R-Modulhomomorphismus $f^*: N^* \to M^*$, den zu f *dualen Homomorphismus*.

Es gilt:

f Epimorphismus $\Rightarrow f^*$ Monomorphismus
f Isomorphismus $\Rightarrow f^*$ Isomorphismus
und $(f^*)^{-1} = (f^{-1})^*$.

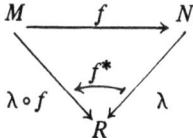

dualer Vektorraum
dual vector space; espace vectoriel dual

Sei V ein K-°Vektorraum. Die Menge $V^* = \text{Hom}_K (V, K)$ der °Linearformen auf V bildet mit der Addition (definiert durch $(f + g)(v) := f(v) + g(v)$) und der Multiplikation mit Skalaren $(\alpha f)(v) := \alpha \cdot f(v)$ $(f, g \in V, \alpha \in K)$ wieder einen Vektorraum, den *dualen Vektorraum* (oder *Dualraum*) zu V.

dualer Vektorraum (Forts.)

Ist V endlich-dimensional, so auch V^*, und es ist dim V = dim V^*. Man erhält zu einer °Basis $v_1, \ldots, v_n$ von V die dazu *duale Basis* $v_1^*, \ldots, v_n^*$ von V^* durch $v_i^*(v_j) = \delta_{ij} = \begin{cases} 1 & \text{für } i = j \\ 0 & \text{für } i \neq j \end{cases}$. Der so gewonnene Isomorphismus $V \to V^*$ hängt aber von der Wahl einer Basis ab und ist nicht °kanonisch. (Dagegen ist der bei °euklidischen oder °unitären Vektorräumen durch das Skalarprodukt vermittelte Isomorphismus $V \to V^*, x \mapsto (y \mapsto \langle x, y \rangle)$ kanonisch!). Ist V unendlich-dimensional, so auch V^*, aber V und V^* sind in diesem Fall i. allg. nicht isomorph. Beispiel: Sei $V := \mathbb{R}^{(\mathbb{N})}$ der $\mathbb{R}$-Vektorraum aller Folgen $x = (x_i)$ reeller Zahlen, bei denen nur endlich viele verschieden von Null sind. Der Dualraum V^* enthält aber sicher den Vektorraum $\mathbb{R}^\mathbb{N}$ aller Folgen $\lambda = (\lambda_i)$, mit $\lambda(x) := \Sigma \lambda_i x_i$.

($\to$ Bidualraum)

Dualitätsprinzip
principle of duality; principe de dualité

Jeder geometrischen Konfiguration (bestehend aus gewissen projektiven Unterräumen eines °projektiven Raumes) wird durch Anwendung einer °Korrelation eine neue, die dazu *duale* Konfiguration zugeordnet. Hat man nun einen Satz der projektiven Geometrie, der sich an einer Konfiguration mit Hilfe von „⊂, ∩, ∨, dim" ausdrücken läßt, so kann man dazu einen *dualen Satz* formulieren, indem man die dem Satz zugrundeliegende Konfiguration durch die dazu duale ersetzt, sowie alle Inklusionen umdreht und Durchschnitt mit Verbindung vertauscht. Das *Dualitätsprinzip* besagt sodann: Ein Satz der projektiven Geometrie ist genau dann richtig, wenn der duale Satz richtig ist. Beispiel: Satz von °Pappos, Satz von °Brianchon.

Dualraum (eines topologischen Vektorraumes)
dual space; espace dual

Sei X ein °topologischer Vektorraum über $\mathbb{K}$ ($= \mathbb{R}$ oder $\mathbb{C}$). Der *Dualraum* (*topologisches Dual*) besteht dann (im Gegensatz zum algebraischen Dualraum X^*) nur aus den *stetigen* Linearformen $X \to \mathbb{K}$, und wird mit X' bezeichnet.

($\to$ schwache Topologie, $\to$ schwach-∗-Topologie, $\to$ Normtopologie)

Durchschnitt
intersection; intersection

($\to$ Mengenlehre)

E

Ebene
plane; plan

In einem °Vektorraum oder °affinen Raum heißt ein 2-dimensionaler (linearer) Teilraum eine *Ebene*. Ebenen in einem n-dimensionalen K-Vektorraum V können dargestellt werden durch eine Parameterdarstellung $u_0 + K \cdot u_1 + K \cdot u_2 = \{u_0 + \alpha \cdot u_1 + \beta \cdot u_2 \mid \alpha, \beta \in K\}$, wo $u_0, u_1, u_2 \in V$ und u_1, u_2 °linear unabhängig sind; oder als Urbilder von Punkten bei einer °linearen Abbildung $f\colon V \to W$ vom °Rang $n - 2$ (z.B. mit einer surjektiven linearen Abbildung auf einen Raum W der Dimension $n - 2$). Für Ebenen im $\mathbb{R}^3$ z.B. hat man also eine Darstellung $\{(x, y, z) \in \mathbb{R}^3 \mid ax + by + cz = d\}$ mit $(a, b, c) \in \mathbb{R}^3 \setminus \{(0, 0, 0)\}$, $d \in \mathbb{R}$; dies kann mit dem kanonischen °Skalarprodukt geschrieben werden in der *Hesseschen Normalform* $\{u \in \mathbb{R}^3 \mid \langle s, u - u_0 \rangle = 0\}$ mit $u = (x, y, z)$, $s = (a^2 + b^2 + c^2)^{-1/2} \cdot (a, b, c)$ und irgendeinem Punkt $u_0 = (x_0, y_0, z_0)$ auf der Ebene (s ist der Normalenvektor an die Ebene, $\langle s, u_0 \rangle$ der Abstand der Ebene vom Ursprung).

effektiv
effective; effectif (-ve)

($\to$ Operation)

Eigenraum
eigenspace; sous-espace propre

($\to$ Eigenwert)

eigentliche Abbildung
proper map; application propre

Eine °stetige Abbildung zwischen °lokalkompakten °topologischen Räumen heißt *eigentlich*, wenn das Urbild jeder °kompakten Menge kompakt ist.

Eigenvektor
eigenvector, vecteur propre

($\to$ Eigenwert)

Eigenwert
eigenvalue; valeur propre

Sei f ein °Endomorphismus des K-°Vektorraums V. Ein $\lambda \in K$ heißt *Eigenwert* von f, wenn es einen Vektor $v \in V$, $v \neq 0$ gibt mit $f(v) = \lambda v$. Ein derartiger Vektor heißt

Eigenwert (Forts.)

Eigenvektor von f zum Eigenwert λ. Die Menge aller Eigenvektoren zum Eigenwert λ bildet einen Untervektorraum von V, den *Eigenraum* zum Eigenwert λ. Wird f bzgl. einer °Basis von V durch eine °Matrix beschrieben, so spricht man auch von Eigenwert, Eigenvektor, Eigenraum der Matrix. Ist V endlich-dimensional, so sind die Eigenwerte genau die Nullstellen des °charakteristischen Polynoms $P_f(T) = \det(f - T \cdot id_V) = \det(A - T \cdot E)$, wo A die darstellende Matrix von f bzgl. einer Basis von V und E die Einheitsmatrix ist. Die Eigenvektoren x zu einem Eigenwert λ lassen sich berechnen aus dem °linearen Gleichungssystem $Ax = \lambda x$ oder $(A - \lambda E)x = 0$ ($x \in K^n \cong V$).

($\rightarrow$ Spektrum)

---

einfach (Gruppe)
simple group; groupe simple

Eine Gruppe G heißt *einfach*, wenn sie nicht nur aus dem neutralen Element besteht und keine Untergruppen außer den trivialen Untergruppen $\{e\}$ und G selbst enthält.

($\rightarrow$ Jordan-Hölder (Satz von))

---

einfach (Körpererweiterung)
simple field extension; extension simple

($\rightarrow$ Körper-Adjunktion)

---

einfach (Modul)
simple module; module simple

Ein R-°Modul M ($\neq 0$) heißt *einfach*, wenn er nur die Untermoduln 0 und M besitzt, oder äquivalent: wenn er von jedem Element $x \neq 0$ in M erzeugt wird: $M = R \cdot x$. Der Modul M ist dann isomorph zum °Restklassenmodul $R/\text{Ann } M$ ($\rightarrow$ Annullator), und der Endomorphismenring $\text{End}_R M \cong R/\text{Ann } M$ ist ein °Körper. Beispiele. Jeder 1-dimensionale K-Vektorraum ist als K-Modul einfach. Ein Restklassenmodul $\mathbb{Z}/n\mathbb{Z}$ ist als $\mathbb{Z}$-Modul genau dann einfach, wenn n eine °Primzahl ist.

---

einfach zusammenhängend
simply connected; simplement connexe

Ein °topologischer Raum X heißt *einfach zusammenhängend*, wenn eine der folgenden äquivalenten Bedingungen erfüllt ist:

1) Die °Homotopiegruppe besteht nur aus dem neutralen Element.
2) Jeder geschlossene °Weg ist °homotop zu einem Punktweg.
3) Jede °stetige Abbildung $S^1 \to X$ läßt sich zu einer stetigen Abbildung der Kreisscheibe $D \to X$ fortsetzen.

Beispiele: Für jedes $n \in \mathbb{N}$ ist der $\mathbb{R}^n$ einfach zusammenhängend; für jedes $n \geq 2$ ist $S^n = \{x \in \mathbb{R}^{n+1} : \|x\| = 1\}$ einfach zusammenhängend; die Kreislinie S^1 ist nicht einfach zusammenhängend.

Einheit
unit; unité (élément inversible)

Sei R ein °Ring mit von 0 verschiedenem Einselement 1. Ein Element $a \in R$ heißt *Einheit* von R, wenn es *invertierbar* ist, d.h. wenn es ein $b \in R$ gibt mit $ab = ba = 1$. Die Menge der Einheiten von R wird oft mit R^* bezeichnet. Mit der Multiplikation ist R^* stets eine Gruppe.

Beispiele: $\mathbb{Z}^* = \{+1, -1\}$, $\mathbb{Q}^* = \mathbb{Q}\setminus\{0\}$; in einem °Polynomring $K[X]$ über einem °Körper K sind nur die Konstanten $\neq 0$ Einheiten; in einem °Potenzreihenring $K[[X]]$ ist $f = \Sigma\, a_n X^n$ genau dann Einheit, wenn $a_0 \neq 0$ ist.

Einheitsmatrix
unit matrix; matrice unité

($\to$ Matrix)

Einheitswurzel
root of unity; racine d'unité

Sei K ein °Körper und n eine positive ganze °Zahl. Ein Element $a \in K$ heißt *n-te Einheitswurzel* in K, wenn $a^n = 1$ ist, d.h. wenn a Nullstelle des °Polynoms $X^n - 1 \in K[X]$ ist. Für $K = \mathbb{C}$ sind die n-ten Einheitswurzeln gegeben durch $\{\exp(2\pi i \frac{\nu}{n}) \mid \nu = 0, 1, \ldots, n-1\}$. Ist p eine Primzahl und K ein Körper mit p^n Elementen, so ist jedes Element von $K \setminus \{0\}$ eine $(p^n - 1)$-te Einheitswurzel in K. Für einen beliebigen Körper der Charakteristik $p > 0$ stimmen für jedes $m \in \mathbb{N} \setminus \{0\}$ die m-ten und mp-ten Einheitswurzeln überein.

($\to$ Kreisteilungspolynom, $\to$ Eulersche φ-Funktion)

Einselement
unit element; élément unité

($\to$ Ring)

Eisensteinsches Irreduzibilitätskriterium
E.'s criterion for irreducibility; critère d'irréducibilité d'E.

Sei R ein °Integritätsring und $f = \sum_{i=0}^{n} a_i X^i$ ein primitives °Polynom (d.h. mit teilerfremden Koeffizienten) aus $R[X]$ vom Grad $n > 0$. Gibt es dann ein Primelement p von R mit $p \mid a_i$ für $i = 0, \ldots, n-1$, $p \nmid a_n$ und $p^2 \nmid a_0$, so ist f irreduzibel in $R[X]$.

Ist R zusätzlich °faktoriell und K sein Quotientenkörper, so ist mit denselben Bedingungen das Polynom f sogar irreduzibel in $K[X]$.

Beispiel: Ist p eine °Primzahl, so ist für jedes $n \in \mathbb{N} \setminus \{0\}$ das Polynom $X^n - p$ irreduzibel in $\mathbb{Q}[X]$ und in $\mathbb{Z}[X]$; insbesondere ist die reelle °Zahl $\sqrt[n]{p}$ für jedes $n \in \mathbb{N}$, $n > 1$ irrational.

(→ Teilbarkeit in Integritätsringen)

Elementarmatrix
(Übersetzungen scheinen nicht gebräuchlich zu sein)

Sei E_i^j die $n \times n$-°Matrix über einem °Körper K, welche nur an der Stelle „i-te Zeile, j-te Spalte" eine 1 hat und sonst lauter Nullen; E sei die $n \times n$-Einheitsmatrix, und $\alpha \in K \setminus \{0\}$. Dann heißen Matrizen der Gestalt $S_i(\alpha) := E + (\alpha - 1)E_i^i$, $Q_i^j(\alpha) := E + \alpha E_i^j$, $P_i^j := E - E_i^i - E_j^j + E_j^i$ *Elementarmatrizen*. Multipliziert man sie von links (bzw. von rechts) an eine $n \times n$-Matrix A über K, so leisten sie *elementare Umformungen*, nämlich (in der obigen Reihenfolge):
— Multiplikation der i-ten Zeile (bzw. Spalte) mit α
— Addition des α-fachen der j-ten Zeile (bzw. Spalte) zur i-ten Zeile (bzw. Spalte)
— Vertauschung der i-ten und j-ten Zeile (bzw. Spalte).

Alle Elementarmatrizen sind invertierbar, und es ist $(S_i(\alpha))^{-1} = S_i(1/\alpha)$, $Q_i^j(\alpha)^{-1} = Q_i^j(-\alpha)$, $(P_i^j)^{-1} = (P_i^j)$.

Jede invertierbare $n \times n$-Matrix A ist Produkt von Elementarmatrizen (d.h. die Elementarmatrizen erzeugen $GL(n, K)$); zum Beweis führt man A durch elementare Umformungen in die Einheitsmatrix über. Dies ist allein durch elementare Zeilen- bzw. allein durch elementare Spaltenumformungen möglich.

Ellipse
ellipse; ellipse

(→ Kegelschnitt)

---

elliptische Funktion
elliptic function; fonction elliptique

(→ periodisch)

endlich erzeugt
finitely generated; de type fini

1) Eine °Gruppe G heißt *endlich erzeugt*, wenn es endlich viele $g_1, \ldots, g_n \in G$ gibt, so daß es außer G selbst keine Untergruppe von G gibt, welche $g_1, \ldots, g_n$ enthält.

2) Ein °Vektorraum V heißt *endlich erzeugt*, wenn es endlich viele $v_1, \ldots, v_n \in V$ gibt, so daß sich jedes $v \in V$ als Linearkombination $v = \alpha_1 v_1 + \ldots + \alpha_n v_n$ (mit $\alpha_1, \ldots, \alpha_n \in K$) darstellen läßt. (Analoge Definition für °Moduln über einem Ring R).

3) Ein °Ideal I in einem Ring R heißt *endlich erzeugt*, wenn I als R-Modul endlich erzeugt ist.

4) Eine R-°Algebra A heißt *endlich erzeugt (als Algebra!)*, wenn es endlich viele $a_1, \ldots, a_n \in A$ gibt, so daß der R-Algebrenhomomorphismus $R[X_1, \ldots, X_n] \to A$, $X_i \mapsto a_i$ ($i = 1, \ldots, n$) surjektiv ist.

Endomorphismus
endomorphism; endomorphisme

Ein °Homomorphismus einer °Gruppe (eines °Rings, °Körpers, °Vektorraums, °Moduls usw.) in sich heißt *Endomorphismus*. Besonders im Fall von Vektorräumen oder R-Moduln ist es vorteilhaft, die Endomorphismen selbst als Ring zu sehen (mit der Hintereinanderausführung als Multiplikation) und den Vektorraum bzw. R-Modul M auch als Modul über dem Endomorphismenring $\text{End}_R(M)$ aufzufassen. Ist V ein n-dimensionaler K-Vektorraum, so ist der Endomorphismenring $\text{End}_K(V)$ isomorph zum Ring der $n \times n$-Matrizen mit Koeffizienten aus K.

Epimorphismus
epimorphism; épimorphisme

Ein K-°Vektorraum-°Homomorphismus $f: V \to W$ heißt *Epimorphismus*, wenn er surjektiv ist, oder äquivalent, wenn für alle Vektorraum-Homomorphismen $g, h: W \to Z$ gilt: $gf = hf \Rightarrow g = h$. Diese letzte Eigenschaft läßt die Übertragung des Begriffs Epimorphismus auf Pfeile in beliebigen °Kategorien zu; dann sind allerdings epimorphe Abbildungen (in gewissen Kategorien) nicht notwendig surjektiv.

Ergodensatz
ergodic theorem; théorème ergodique

Sei X ein °reflexiver °Banach-Raum und $T: X \to X$ eine °stetige °lineare Abbildung. Es gebe ein $C \in \mathbb{R}$, so daß die °Norm von T und aller Iterierten $T^n = T \circ \ldots \circ T$ (n-mal) durch C beschränkt ist. Dann ist die Folge $(x_n)_{n \in \mathbb{N}}$ mit $x_n = \frac{1}{n} \cdot (Tx + T^2 x + \ldots + T^n x)$ in X bezüglich der °Normtopologie °konvergent.

euklidischer Algorithmus
euclidean division algorithm; division euclidienne

1) Seien $a, b \in \mathbb{Z}$, $b > 0$. Dann gibt es eindeutig bestimmte $q, r \in \mathbb{Z}$ mit $a = bq + r$ und $0 \leqslant r < b$.

2) Seien $F, G \in K[X]$ zwei °Polynome (K ein °kommutativer.°Körper), $G \neq 0$. Dann gibt es eindeutig bestimmte Polynome $Q, R \in K[X]$ mit $F = GQ + R$ und $\text{Grad}(R) < \text{Grad}(G)$.

3) In einem °euklidischen Ring R kann man mit Hilfe des *euklidischen Algorithmus* zu je zwei Elementen $a, b \in R \setminus \{0\}$ folgendermaßen einen größten gemeinsamen Teiler t und $x, y \in R$ mit $xa + yb = t$ berechnen:

Man schreibt $a = q_1 b + r_1$ mit $r_1 \neq 0$ und $d(r_1) < d(b)$
$b = q_2 r_1 + r_2$ mit $r_2 \neq 0$ und $d(r_2) < d(r_1)$
$r_1 = q_3 r_2 + r_3$ mit $r_3 \neq 0$ und $d(r_3) < d(r_2)$
$\vdots$
$r_{n-1} = q_{n+1} r_n$ (ohne Rest).

Dann ist r_n der größte gemeinsame Teiler von a und b, und durch Einsetzen von $r_1 = a - q_1 b$ in die 2. Gleichung, $r_2 = $ Linearkombination von a und b in die 3. Gleichung usw. erhält man $r_n = t$ in der Form $xa + yb$.

---

euklidische Metrik
euclidean metric; métrique euclidienne

(→ euklidische Norm, → Metrik)

---

euklidische Norm
euclidean norm; norme euclidienne

Die Abbildung $\mathbb{R}^n \to \mathbb{R}$, $x = (x_1, \ldots, x_n) \mapsto (x_1^2 + \ldots + x_n^2)^{1/2} =: \|x\|$ heißt *euklidische Norm*. Sie induziert die euklidische Metrik vermöge $d(x, y) := \|x - y\|$. Für $n \leqslant 3$ entspricht sie dem anschaulichen Abstandsbegriff.

---

euklidischer Ring
euclidean ring; anneau euclidien

Ein °Integritätsring R heißt *euklidisch*, wenn es eine Abbildung $d: R \setminus \{0\} \to \mathbb{N}$ gibt und zu je zwei Elementen $a, b \in R \setminus \{0\}$ eine Darstellung $a = qb + r$ mit $q, r \in R$ und $d(b) \leqslant d(a)$ falls $r = 0$ oder $d(r) < d(b)$ falls $r \neq 0$.

Beispiele: a) $R = \mathbb{Z}$, $d(n) = |n|$
b) $R = K[X]$, $d(f) = $ Grad des Polynoms f
c) $\mathbb{Z}[i] = \{m + in \in \mathbb{C} \mid m, n \in \mathbb{Z}\}$ mit $i^2 = -1$, $d(m + in) = m^2 + n^2$ (Ring der ganzen Gaußschen Zahlen).

Euklidische Ringe sind stets °Hauptidealringe und °faktoriell.

euklidischer Vektorraum
euclidean space; espace vectoriel euclidien

Ein *euklidischer Vektorraum* ist ein reeller °Vektorraum V mit einem *Skalarprodukt*, d.h. einer Abbildung $V \times V \to \mathbb{R}, (v, w) \mapsto \langle v, w \rangle$ mit den Eigenschaften:

$\langle v, w \rangle = \langle w, v \rangle$
$\langle v + v', w \rangle = \langle v, w \rangle + \langle v', w \rangle$ symmetrisch und bilinear,
$\langle v, v \rangle > 0$, falls $v \neq 0$ positiv definit.

Der reelle Vektorraum $\mathbb{R}^n$ ist euklidisch mit dem *kanonischen Skalarprodukt* $\langle v, w \rangle = v \cdot w = v_1 w_1 + \ldots + v_n w_n$ $(v = (v_1, \ldots, v_n), w = (w_1, \ldots, w_n))$.

Euler-Charakteristik
Euler characteristic; caractéristique d'Euler-Poincaré

($\to$ Gauß-Bonnet (Satz von))

Eulersche Formel
Euler's formula; formule d'Euler

Die Beziehung $e^{ix} = \cos x + i \sin x$ wird oft *Eulersche Formel* genannt ($\to$ Exponentialreihe). Die komplexe Zahl e^{ix} liegt also in der komplexen Zahlenebene auf dem Einheitskreis, und $\cos x$ bzw. $\sin x$ sind die Projektionen dieses Punktes auf die reelle bzw. imaginäre Achse ($\to$ komplexe Zahlen).

Eulersche φ-Funktion
Euler function; fonction d'Euler

Die Abbildung $\varphi: \mathbb{N} \setminus \{0\} \to \mathbb{N}$, definiert durch $\varphi(n) :=$ Anzahl der natürlichen Zahlen m mit $1 \leq m \leq n$, die zu n teilerfremd sind, heißt *Eulersche φ-Funktion*. Für alle teilerfremden $m, n \in \mathbb{N} \setminus \{0\}$ gilt $\varphi(mn) = \varphi(m) \varphi(n)$. Ist $n \in \mathbb{N}, n \geq 2$, und $n = p_1^{r_1} \cdot \ldots \cdot p_k^{r_k}$ die Primfaktorzerlegung von n, so gilt $\varphi(n) = n \cdot (1 - \frac{1}{p_1}) \cdot \ldots \cdot (1 - \frac{1}{p_k})$.

Eulersche Zahl
Euler number; nombre de Neper

($\to$ Exponentialreihe)

exakte Differentialform
exact differential form; forme différentielle exacte

Eine °Differentialform ω heißt *exakt*, wenn es eine Differentialform Ω gibt, deren °äußere Ableitung $d\Omega = \omega$ ist. Jede exakte Differentialform ist °geschlossen (in der °Vektoranalysis entsprechen dem die Gleichungen rot grad $f = 0$ und div rot $v = 0$).

exakte Differentialform (Forts.)

Im Lemma von °Poincaré wird erklärt, unter welchen Voraussetzungen die Umkehrung gilt.

---

exakte Sequenz
exact sequence; suite exacte

Eine Folge von R-°Modul-°Homomorphismen (oder von °abelschen °Gruppen) der Art

(*) $\quad \ldots \xrightarrow{f_{i-1}} M_{i-1} \xrightarrow{f_i} M_i \xrightarrow{f_{i+1}} M_{i+1} \to \ldots$

heißt *Sequenz*; die Sequenz (*) heißt *exakt*, wenn für alle i gilt: $\operatorname{Ker} f_{i+1} = \operatorname{Im} f_i$.

Sehr oft begegnet man *kurzen exakten Sequenzen*

(**) $\quad 0 \to M' \xrightarrow{f} M \xrightarrow{g} M'' \to 0;$

darin ist f injektiv, g surjektiv und $\operatorname{Im} f = \operatorname{Ker} g$.

Die Sprechweise von „exakten Sequenzen" ist auch in elementaren Situationen manchmal bequem; sie ist jedoch erst in der *homologischen Algebra* wesentlich. Dort hat man mit *Komplexen*, das sind Sequenzen (*) mit $f_{i+1} \circ f_i = 0$, d.h. $\operatorname{Im} f_i \subset \operatorname{Ker} f_{i+1}$ (für alle i) zu tun, und es interessieren die Gruppen $\operatorname{Ker} f_{i+1}/\operatorname{Im} f_i$, welche „messen", wie weit der Komplex davon entfernt ist, exakt zu sein.

Diese (*Homologie-* bzw. *Kohomologie-*)Theorie ist entwickelt worden vorwiegend als Hilfsmittel zur Behandlung von Problemen der algebraischen Topologie, algebraischen Geometrie und komplex-analytischen Geometrie.

Existenz- und Eindeutigkeitssatz für Differentialgleichungen (von Picard-Lindelöf)
existence and uniqueness theorem for differential equations; théorème d'existence et d'unicité pour les equations différentielles

Sei $G \subset \mathbb{R} \times \mathbb{R}^n$ °offen und $f: G \to \mathbb{R}^n$ eine °stetige Abbildung, die lokal einer °Lipschitz-Bedingung genügt. Dann gibt es zu jedem $(a, c) \in G$ ein $\epsilon > 0$ und genau eine Lösung $\varphi: [a - \epsilon, a + \epsilon] \to \mathbb{R}^n$ der °Differentialgleichung $y' = f(x, y)$ mit der Anfangsbedingung $\varphi(a) = c$.

Der Beweis beruht auf dem *Iterationsverfahren von Picard-Lindelöf*: Man definiert eine Folge von Abbildungen $\varphi_k : I \to \mathbb{R}^n$ (I ein genügend kleines Intervall um a) durch $\varphi_0 \equiv c$ und $\varphi_{k+1}(x) := c + \int_a^x f(t, \varphi_k(t))\, dt$. Es läßt sich zeigen, daß die Folge (φ_k) in einer Umgebung von a gleichmäßig gegen eine Lösung der Integralgleichung

$\varphi(x) = c + \int_a^x f(t, \varphi(t))\, dt$ konvergiert ($\to$ Konvergenz von Funktionenfolgen).

Dabei ist $\varphi(a) = c$ und Differentiation der Integralgleichung ergibt $\varphi'(x) = f(x, \varphi(x))$, also ist φ die gesuchte Lösung von $y' = f(x, y)$.

Exponentialfunktion
exponential function; exponentielle

Für jede °reelle °Zahl $a > 0$ gibt es genau einen monotonen Gruppenhomomorphismus von $(\mathbb{R}, +)$ nach $(\mathbb{R}_+^*, \cdot)$, der 1 auf a abbildet. Er heißt *Exponentialfunktion zur Basis* a und wird $x \mapsto \exp_a(x) = a^x$ geschrieben. („Gruppenhomomorphismus" ist eine vornehme Ausdrucksweise für die Rechenregeln $a^{x+y} = a^x \cdot a^y$ und $a^0 = 1$). Die Beschränkung auf natürliche Zahlen n stimmt überein mit der üblichen Potenz $a^n = a \cdot \ldots \cdot a$ (n-mal).

Ist a gleich der Eulerschen Zahl e ($\to$ Exponentialreihe), so schreibt man einfach $\exp(x)$ für e^x; dafür gilt $\frac{d}{dx}(e^x) = e^x$ und somit errechnet sich wegen $a^x = e^{x \log a}$ für beliebiges $a > 0$ die Ableitung $\frac{d}{dx}(a^x) = (\log a) a^x$.
($\to$ Logarithmus)

Exponentialreihe
exponential series; série exponentielle

Die *Exponentialreihe* $\exp(x) = \sum_{n=0}^{\infty} \frac{x^n}{x!}$ ist für jedes $x \in \mathbb{R}$ (oder jedes $x \in \mathbb{C}$ oder jedes x aus einer °Banach-Algebra) absolut konvergent; es ist $\exp(0) = 1$ und
$\exp(1) = \sum_{n=0}^{\infty} \frac{1}{n!} = e = 2{,}718281828459\ldots$ (*Eulersche Zahl*).

Extremum (lokales)
extremum; extrême

(I) (Eine Variable). Sei $I \subset \mathbb{R}$ ein °Intervall und $f: I \to \mathbb{R}$ eine Funktion. Ein Punkt $x \in I$ heißt *lokales Maximum (bzw. lokales Minimum)* von f, wenn es eine °Umgebung $U \subset I$ von x gibt mit $f(x) \geq f(y)$ (bzw. $f(x) \leq f(y)$) für alle $y \in U$, und *striktes* Extremum, wenn an jeder Stelle die strengen Ungleichungen stehen. Ist f °differenzierbar, so ist für das Bestehen eines Extremums in x die Bedingung $f'(x) = 0$ notwendig. Hinreichend ist folgende Bedingung: Es gibt ein $k \in \mathbb{N}_+$, so daß f noch $2k$-mal stetig differenzierbar ist, alle Ableitungen $f^{(m)}(x)$ für $m = 1, \ldots, 2k-1$ verschwinden, und $f^{(2k)}(x) \neq 0$ ist. Dabei liegt ein Minimum vor bei $f^{(2k)}(x) > 0$ und ein Maximum bei $f^{(2k)}(x) < 0$.

(II) Für eine Funktion $f: G \to \mathbb{R}$ auf einer °offenen Teilmenge $G \subset \mathbb{R}^n$ gelten die analogen Definitionen; statt „striktes Extremum" sagt man hier *isoliertes Maximum bzw. Minimum*. Eine notwendige Bedingung für das Vorliegen eines relativen Extre-

Extremum (lokales) (Forts.)

mums einer partiell differenzierbaren Funktion f in $x \in G$ ist grad $f(x) = 0$
($\rightarrow$ Gradient).

Hinreichend für ein isoliertes Maximum (bzw. Minimum) einer zweimal stetig differenzierbaren Funktion ist grad $f(x) = 0$ und die negative (bzw. positive) Definitheit der Hesseschen Matrix von f im Punkt x. ($\rightarrow$ positiv definit, $\rightarrow$ Hurwitz (Satz von)).

Ist die Hessesche Matrix von f in einem Punkt indefinit, so besitzt f in diesem Punkt kein lokales Extremum.

Extremum mit Nebenbedingungen
extreme with auxiliary conditions; extrême lié d'une fonction de plusieurs variables

Sei $B \subset \mathbb{R}^n$ offen und $f: B \rightarrow \mathbb{R}$ stetig differenzierbar. Weiter seien $\varphi_1, \ldots, \varphi_k: B \rightarrow \mathbb{R}$ stetig differenzierbare Funktionen derart, daß der Rang von $\left(\dfrac{\partial \varphi_i}{\partial x_j}(x) \right)$ auf B konstant gleich $k < n$ ist. Dann gilt:

Besitzt f in $p \in B$ ein lokales Extremum unter den Nebenbedingungen $\varphi_1 = \ldots = \varphi_k = 0$ (d.h. p liegt auf der durch $\varphi_1 = \ldots = \varphi_k = 0$ definierten $(n-k)$-dimensionalen Untermannigfaltigkeit M und die Beschränkung von f auf M besitzt in p ein lokales Extremum), so gibt es eindeutig bestimmte reelle Zahlen $c_1, \ldots, c_k$, so daß gilt:

$$\begin{pmatrix} \dfrac{\partial f}{\partial x_1} \\ \vdots \\ \dfrac{\partial f}{\partial x_n} \end{pmatrix} = c_1 \cdot \begin{pmatrix} \dfrac{\partial \varphi_1}{\partial x_1} \\ \vdots \\ \dfrac{\partial \varphi_1}{\partial x_n} \end{pmatrix} + \ldots + c_k \cdot \begin{pmatrix} \dfrac{\partial \varphi_k}{\partial x_1} \\ \vdots \\ \dfrac{\partial \varphi_k}{\partial x_n} \end{pmatrix}.$$

Die Zahlen $c_1, \ldots, c_k$ heißen *Lagrangesche Multiplikatoren*.

Um konkret Extrema unter Nebenbedingungen aufzusuchen, löst man die $n + k$ Gleichungen $\varphi_i(p) = 0$ ($i = 1, \ldots, k$) und $\dfrac{\partial}{\partial x_j} \left(f - \sum_{i=1}^{k} c_i \varphi_i \right)(p) = 0$ ($j = 1, \ldots, n$) nach den $n + k$ Unbekannten $p = (p_1, \ldots, p_n)$ und $c_1, \ldots, c_k$ auf. Man muß dann durch zusätzliche Überlegungen entscheiden, in welchen der so gefundenen Punkte p tatsächlich Extrema vorliegen.

F

Fahne
flag; drapeau

Sei V ein K-°Vektorraum der °Dimension $n < \infty$. Eine aufsteigende Folge von Untervektorräumen $\{0\} = V_0 \subset V_1 \subset \ldots \subset V_{n-1} = V$ heißt *Fahne*, wenn dim $V_i = i$ gilt für alle $i = 0, 1, \ldots, n$.
Ist f ein °Endomorphismus von V, so heißt die Fahne *f-invariant*, wenn $f(V_i) \subset V_i$ gilt für alle $i = 0, 1, \ldots, n$. Der sog. *Fahnensatz* besagt, daß folgende Aussagen äquivalent sind:

(i) Es gibt eine f-invariante Fahne.

(ii) Es gibt eine °Basis, bzgl. der f durch eine (obere) °Dreiecksmatrix dargestellt wird.

(iii) Das °charakteristische Polynom von f zerfällt über K in Linearfaktoren, d.h. es gibt (nicht notwendig verschiedene) $a_1, \ldots, a_n \in K$, so daß $P_f = \prod_{i=1}^{n} (X - a_i)$ ist.

Faktorgruppe
factor group; groupe quotient

Sei G eine °Gruppe, $N \subset G$ ein °Normalteiler von G, und G/N die Menge der °Nebenklassen von G nach N mit der kanonischen Abbildung $p: G \to G/N$, $a \mapsto aN$. Dann wird durch $(aN)(bN) := (ab)N$ eindeutig eine Verknüpfung auf G/N definiert, die G/N zu einer Gruppe, der *Faktorgruppe* von G nach N (auch: modulo N) macht, so daß $p: G \to G/N$ ein Gruppenhomomorphismus ist.

Beispiel: $G = \mathbb{Z}$ mit der Addition, $N = 2\mathbb{Z}$ (gerade Zahlen), $G/N = \{\underline{0}, \underline{1}\}$, wo $\underline{0} = 2\mathbb{Z}$ und $\underline{1} = 1 + 2\mathbb{Z}$. Es ist $\underline{1} + \underline{1} = \underline{0}$.

faktorieller Ring
unique factorisation domain (UFD); anneau factoriel

Ein Integritätsring R heißt *faktoriell* (oder *ZPE-Ring*), wenn sich jedes $a \in R \setminus \{0\}$ im wesentlichen eindeutig als Produkt von irreduziblen Elementen schreiben läßt. „Im wesentlichen eindeutig" bedeutet: Ist $a = q_1 \cdot \ldots \cdot q_r = q'_1 \cdot \ldots \cdot q'_s$ mit irreduziblen q_i, q'_j, so ist $r = s$ und es gibt eine Permutation $\pi \in S_r$, so daß q_i und $q'_{\pi(i)}$ für jedes $i = 1, \ldots, r$ assoziiert sind. In einem faktoriellen Ring ist jedes irreduzible Element Primelement. Jeder Hauptidealring ist faktoriell, jeder Polynomring über einem faktoriellen Ring ist faktoriell. Der Ring $\mathbb{Z}[\sqrt{-5}]$ ist nicht faktoriell: $9 = 3 \cdot 3 = (2 + \sqrt{-5})(2 - \sqrt{-5})$. Der Faktorring $\mathbb{C}[X, Y]/(X^3 - Y^2)$ ist nicht faktoriell: $[X + (X^3 - Y^2)]^3 = [Y + (X^3 - Y^2)]^2$.

($\to$ Teilbarkeit in Integritätsringen)

Faktorring
factor ring; anneau quotient

(→ Restklassenring)

Fakultät
factorial; factorielle

Zur Abkürzung für $1 \cdot 2 \cdot 3 \cdot \ldots \cdot n$ schreibt man $n! = \prod_{k=1}^{n} k$, gelesen: n Fakultät. Für $n = 0$ vereinbart man $0! = 1$.

Die Anzahl der möglichen Anordnungen einer n-elementigen Menge (d.h. die Anzahl aller bijektiven Abbildungen einer n-elementigen Menge auf sich) ist $n!$.

(→ Permutationen).

---

fallend
decreasing; décroissant

(→ steigend)

Familie
family; famille

Seien I und X Mengen. Unter einer *Familie* von Elementen aus X versteht man eine Abbildung $I \to X$, $i \mapsto x_i$, schreibt sie aber in der Form $(x_i)_{i \in I}$ oder nur (x_i), und nennt I die *Indexmenge* der Familie. Im Falle, daß I die Menge der natürlichen Zahlen ist, spricht man von einer *Folge* $(x_i)_{i \in \mathbb{N}}$ von Elementen aus X. Ist I endlich, etwa $I = \{1, \ldots, n\}$, so schreibt man meist $(x_1, \ldots, x_n)$ für $(x_i)_{i \in I}$.

(Will man eine Familie $(X_i)_{i \in I}$ von Mengen X_i erklären, so ist bei dieser Definition also eine Menge $\mathscr{X}$ erforderlich, die alle X_i als Elemente enthält. In der Praxis ist dies kein Problem).

Faser
fiber; fibre

Ist $f: X \to Y$ eine Abbildung, so wird das Urbild eines Punktes $y \in Y$ gelegentlich *Faser* genannt.

Fatou (Lemma von)
Fatou's lemma; lemme de Fatou

Sei $(f_i)_{i \in \mathbb{N}}$ eine Folge von summierbaren (→ Lebesgue-Integral) Funktionen $\mathbb{R}^n \to \mathbb{R}$, die außerhalb einer Menge vom Maß Null gegen eine Funktion f konvergiert.

Es gelte $\int f_i dv \leq A$ für alle $i \in \mathbb{N}$ ($A \in \mathbb{R}$ eine Konstante). Dann ist f summierbar, und es gilt $\int f dv \leq A$.

Fermat (kleiner Fermatscher Satz)
(Übersetzungen scheinen nicht gebräuchlich zu sein)

Ist G eine endliche Gruppe mit n Elementen und $a \in G$, so ist $a^n = e$ (= neutrales Element).

Fermatsche Zahl
Fermat number; nombre de Fermat

Für jedes $n \in \mathbb{N}$ heißt $F_n := 2^{2^n} + 1$ die n-te *Fermatsche Zahl*. Der Reihe nach sind dies 3, 5, 17, 257, 65537, 4294967297, ... Fermat vermutete, daß alle diese Zahlen Primzahlen sind, doch hat man bisher unter den Fermatschen Zahlen keine weiteren Primzahlen außer $F_0, ..., F_4$ gefunden, und F_5 ist durch 641 teilbar.

($\to$ regelmäßige n-Ecke (Konstruierbarkeit mit Zirkel und Lineal))

Fibonacci-Zahlen
Fibonacci numbers; nombres de Fibonacci

Die durch $a_1 = a_2 = 1$, $a_n = a_{n-1} + a_{n-2}$ ($n \geq 3$) rekursiv definierte Folge (1, 1, 2, 3, 5, 8, 13, ...) heißt *Fibonacci-Folge*. Schon die Formel

$$a_n = \frac{\left(\frac{1+\sqrt{5}}{2}\right)^n - \left(\frac{1-\sqrt{5}}{2}\right)^n}{\sqrt{5}} \quad \text{(für alle } n \geq 1\text{)}$$

ist bemerkenswert; darüberhinaus hat die Fibonacci-Folge so viele faszinierende Eigenschaften, daß die Fibonacci Association (USA) keine Mühe hat, seit 1963 ihre Zeitschrift „The Fibonacci Quarterly" damit zu füllen (die Zeitschrift wird an fast allen Institutsbibliotheken gehalten).

Filter
filter; filtre

Ein nicht-leeres System $\mathscr{F}$ von Teilmengen einer Menge X heißt *Filter* (auf X), wenn es folgenden Bedingungen genügt:

(1) Ist $A \in \mathscr{F}$ und $B \supset A$, so ist auch $B \in \mathscr{F}$.
(2) Sind $A, B \in \mathscr{F}$, so ist auch $A \cap B \in \mathscr{F}$.
(3) Die leere Menge gehört nicht zu $\mathscr{F}$.

Beispiel: Die °Umgebungen eines Punktes p in einem °topologischen Raum bilden einen Filter, den *Umgebungsfilter* des Punktes. Die Obermengen einer nicht-leeren

Filter (Forts.)

Teilmenge $A \subset X$ bilden einen Filter. Jede °Filterbasis $\mathscr{B}$ auf X bestimmt einen Filter, der aus allen Obermengen der Mengen von $\mathscr{B}$ besteht. –
Filter werden benötigt, um einen vernünftigen Begriff von Konvergenz in allgemeinen topologischen Räumen (in denen das 1. °Abzählbarkeitsaxiom nicht gilt) herzustellen. (→ konvergent).

Sind $\mathscr{F}_1$ und $\mathscr{F}_2$ zwei Filter auf X, so heißt $\mathscr{F}_1$ *feiner* als $\mathscr{F}_2$ (und $\mathscr{F}_2$ *gröber* als $\mathscr{F}_1$), wenn jede Menge von $\mathscr{F}_2$ auch zu $\mathscr{F}_1$ gehört. Ein Filter *konvergiert* gegen einen Punkt $p \in X$, wenn er feiner als der Umgebungsfilter von p ist.

Filterbasis
filter basis; base d'un filtre

Ein nichtleeres System $\mathscr{B}$ von Teilmengen der Menge X heißt *Filterbasis* (auf X), wenn gilt:
(1) Zu je zwei Mengen $A, B \in \mathscr{B}$ gibt es ein $C \in \mathscr{B}$ mit $C \subset A \cap B$.
(2) Die leere Menge gehört nicht zu $\mathscr{B}$.

Beispiele: a) Ist $(x_n)_{n \in \mathbb{N}}$ eine °Folge in X, und $A_k = \{x_i \mid i \geq k\}$ für alle $k \in \mathbb{N}$, so ist $\mathscr{B} := \{A_k \mid k \in \mathbb{N}\}$ eine Filterbasis auf X.
b) Jede °Umgebungsbasis eines Punktes in einem °topologischen Raum ist eine Filterbasis.
c) Ist X eine unendliche Menge, so bilden die Komplemente der endlichen Teilmengen eine Filterbasis.

Finaltopologie
inductively generated topology; topologie finale

Sei $(X_i)_{i \in I}$ eine °Familie °topologischer Räume mit Abbildungen $f_i: X_i \to Y$ in eine Menge Y. Dann ist $\mathscr{T} := \bigcap_{i \in I} \mathscr{M}_i$ mit $\mathscr{M}_i = \{V \subset Y \mid f_i^{-1}(V)$ °offen in X_i für alle $i \in I\}$ die feinste °Topologie auf Y, bei der alle f_i °stetig sind. Sie ist charakterisiert durch die Eigenschaft: Eine Abbildung $g: Y \to Z$ (in einen topologischen Raum Z) ist genau dann stetig, wenn alle $g \circ f_i: X_i \to Z$ stetig sind.
(→ Quotiententopologie)

Fixpunktsatz (von Banach)
fixed point theorem; théorème du point fixe

Sei X ein °vollständiger °metrischer Raum und $f: X \to X$ eine *kontrahierende* Abbildung (d.h. es gilt $d(f(x), f(x')) \leq k \cdot d(x, x')$ für alle $x, x' \in X$ mit einer Konstanten $k < 1$). Dann gibt es genau einen *Fixpunkt* $a \in X$ von f, d.h. $f(a) = a$, und es gilt: Für jedes $x_0 \in X$ °konvergiert die °Folge (x_n), definiert rekursiv durch $x_n = f(x_{n-1})$, gegen a.

Wegen der großen praktischen Bedeutung zur numerischen Berechnung von Lösungen sind zahlreiche Varianten und Verallgemeinerungen des Fixpunktsatzes entwickelt worden.

Fläche
surface; surface

Ähnlich wie der Begriff °Kurve wird auch der Begriff *Fläche* in verschiedenen Teilgebieten der Mathematik verschieden definiert.

In der elementaren °Differentialgeometrie kann man mit folgender Definition arbeiten:

Eine Teilmenge $F \subset \mathbb{R}^3$ heißt *(reguläre) Fläche*, wenn es zu jedem Punkt $p \in F$ eine °differenzierbare Abbildung $\varphi: U \to V$ eines °Gebietes $U \subset \mathbb{R}^2$ in eine °Umgebung V von p in $\mathbb{R}^3$ gibt, so daß die °Jacobimatrix von φ in jedem Punkt von U maximalen °Rang 2 hat, und φ einen °Homöomorphismus von U auf $F \cap V$ induziert („differenzierbar" wird meist verstanden im Sinne von „unendlich oft differenzierbar"). Die Abbildung φ heißt *Parametrisierung* (oder *lokales Koordinatensystem*) von F in der Umgebung von p. Eine Fläche kann natürlich immer auf viele verschiedene Weisen parametrisiert werden.

Schreibt man u, v für die Koordinaten von $U \subset \mathbb{R}^2$ und $\varphi = (\varphi_1, \varphi_2, \varphi_3)$, so spannen die Vektoren $\frac{\partial \varphi}{\partial u} = \left(\frac{\partial \varphi_1}{\partial u}, \frac{\partial \varphi_2}{\partial u}, \frac{\partial \varphi_3}{\partial u} \right)$ und $\frac{\partial \varphi}{\partial v} = \left(\frac{\partial \varphi_1}{\partial v}, \frac{\partial \varphi_2}{\partial v}, \frac{\partial \varphi_3}{\partial v} \right)$ für jeden Punkt (u, v) von U die *Tangentialebene* an F im Punkt $p = \varphi(u, v) \in F$ auf, und der darauf senkrecht stehende auf Länge 1 normierte Vektor $\left(\left\| \frac{\partial \varphi}{\partial u} \times \frac{\partial \varphi}{\partial v} \right\| \right)^{-1} \cdot \frac{\partial \varphi}{\partial u} \times \frac{\partial \varphi}{\partial v}$ heißt *Normalenvektor* an F.

(Er ändert sein Vorzeichen, wenn man die Parameter u, v vertauscht). Oft ist es nützlich, durch geeignete Wahl der Koordinaten u, v und x, y, z eine lokale Parametrisierung anzustreben in der Form $\varphi(u, v) = (u, v, \varphi_3(u, v))$.

In der Praxis wird eine Fläche $F \subset \mathbb{R}^3$ oft gegeben als Nullstellenmenge einer differenzierbaren Funktion $f: \mathbb{R}^3 \to \mathbb{R}$ mit $\text{grad} f = \left(\frac{\partial f}{\partial x}, \frac{\partial f}{\partial y}, \frac{\partial f}{\partial z} \right) \neq 0$ in jedem Punkt von $f^{-1}(0)$. Dabei ist dann $(\|\text{grad} f\|)^{-1} \cdot \text{grad} f$ ein Normalenvektor und die Tangentialebene an F in einem Punkt (x, y, z) ist gerade der Kern der linearen Abbildung $Df(x, y, z): \mathbb{R}^3 \to \mathbb{R}, (\xi, \eta, \zeta) \mapsto \frac{\partial f}{\partial x} \cdot \xi + \frac{\partial f}{\partial y} \cdot \eta + \frac{\partial f}{\partial z} \cdot \zeta$ $\left(\text{wobei } \frac{\partial f}{\partial x}, \frac{\partial f}{\partial y}, \frac{\partial f}{\partial z} \text{ an der Stelle } (x, y, z) \text{ genommen sind} \right)$.

Beispiele: $S^2 = \{(x, y, z) \in \mathbb{R}^3 : x^2 + y^2 + z^2 = 1\}$ und $\mathbb{T}_2 = \{(x, y, z) \in \mathbb{R}^3 : z^2 + (\sqrt{x^2 + y^2} - 2)^2 = 1\}$ ($\to$ Torus) sind Flächen.

Flächenintegral
surface integral; intégrale sur une surface

Sei $n \in \mathbb{N}$ und $1 \leq r \leq n$. Eine Teilmenge $F \subset \mathbb{R}^n$ heißt (*parametrisiertes*) *r-dimensionales differenzierbares Flächenstück*, wenn ein °Gebiet $G \subset \mathbb{R}^r$ und eine injektive °differenzierbare Abbildung $f = (f_1, \ldots, f_n) \colon G \to \mathbb{R}^n$ gegeben sind, so daß die °Funktionalmatrix von f auf ganz G den maximalen Rang $n - r$ hat und die Umkehrabbildung $f^{-1} | F \to G$ stetig ist (die letzte Bedingung könnte man durch mutwillige Konstruktion mißliebiger Beispiele verletzen).

Ist dann $\omega = \sum_{1 \leq i_1 < \ldots < i_r \leq n} c_{i_1 \ldots i_r} dy_{i_1} \wedge \ldots \wedge dy_{i_r}$ eine in einer Umgebung von F definierte r-Form ($\to$ Differentialform), so erklärt man $\int_F \omega$ durch

$$\int_G \omega \circ f = \sum \int_G c_{i_1 \ldots i_r}(f(x))\, df_{i_1} \wedge \ldots \wedge df_{i_r},$$

wo $df_j = \sum_{k=1}^n \frac{\partial f_j}{\partial x_k} dx_k$ ist und die Rechenregeln der °äußeren Algebra zu beachten sind. Das Integral über G kann in der Praxis dann (prinzipiell) mit dem Satz von °Fubini ausgewertet werden. Bei Integralen über allgemeine Flächen muß die Fläche in parametrisierte Flächenstücke zerlegt werden; dabei ist stets die Orientierung der Parametrisierung zu beachten.

($\to$ Stokes (Satz von))

Folge
sequence; suite

Sei M eine Menge. Eine Abbildung $\mathbb{N} \to M$ heißt *Folge* mit Werten in M; man schreibt dafür meist $(a_i)_{i \in \mathbb{N}}$ (mit $a_i \in M$ für alle i) oder $(a_0, a_1, \ldots)$.

($\to$ Familie, $\to$ Konvergenz, $\to$ Reihe)

formale Potenzreihe
formal power series; série formelle

($\to$ Potenzreihe)

Fourier-Reihe
Fourier series; série de Fourier

Sei $f \colon \mathbb{R} \to \mathbb{C}$ eine periodische Funktion mit der Periode 2π (d.h. $f(x) = f(x + 2\pi)$ für alle $x \in \mathbb{R}$). Die Funktion f sei über $[0, 2\pi]$ °integrierbar. Dann heißen die Zahlen

$$c_k := \frac{1}{2\pi} \int_0^{2\pi} f(x) e^{-ikx} dx \quad (k \in \mathbb{Z})$$

die *Fourier-Koeffizienten* von f und die Reihe $\sum_{k=-\infty}^{\infty} c_k e^{ikx}$ heißt *Fourier-Reihe* von f.

Die Fourier-Reihe konvergiert im quadratischen Mittel gegen f, aber im allg. nicht punktweise. *Konvergenz im quadratischen Mittel* bedeutet: Zu jedem $\epsilon > 0$ gibt es ein $N = N(\epsilon) \in \mathbb{N}$ mit

$$\frac{1}{2\pi} \int_0^{2\pi} \left| \left(\sum_{k=-N}^{N} c_k e^{ikx} \right) - f(x) \right|^2 dx < \epsilon.$$

Ist f stetig und stückweise stetig differenzierbar, so konvergiert die Fourier-Reihe gleichmäßig gegen f.

Fourier-Transformation
Fourier transformation; transformation de Fourier

Sei $f: \mathbb{R}^n \to \mathbb{C}$ °Lebesgue-integrierbar. Dann ist für jedes $u \in \mathbb{R}^n$ auch die Funktion $x \mapsto f(x) e^{-2\pi i u x}$ Lebesgue-integrierbar ($ux = u_1 x_1 + \ldots + u_n x_n$), und die Funktion $\hat{f}: \mathbb{R}^n \to \mathbb{C}$, definiert durch

$$\hat{f}(u) = \int_{\mathbb{R}^n} f(x) e^{-2\pi i u x} dx$$

heißt *Fourier-Transformierte* von f.

Die Fourier-Transformierte einer °Konvolution $f * g$ von zwei Funktionen ist das gewöhnliche (punktweise) Produkt ihrer Fourier-Transformierten: $\widehat{f * g} = \hat{f} \cdot \hat{g}$. Dies ist einer der Gründe für die große Bedeutung der Fourier-Transformation in der Analysis (besonders in der Theorie der °partiellen Differentialgleichungen).

Fréchet-Raum
Fréchet space; espace de Fréchet

Ein °topologischer Vektorraum heißt *Fréchet-Raum*, wenn er °metrisierbar, °vollständig und °lokalkonvex ist.

Beispiel: Ist $U \subset \mathbb{R}^n$ °offen, so ist der Raum aller °stetigen Funktionen auf U mit der Topologie der °kompakten Konvergenz ein Fréchet-Raum (ebenso für $U \subset \mathbb{C}$ der Raum aller °holomorphen Funktionen mit der kompakten Konvergenz). Ist

Fréchet-Raum (Forts.)

$U = \bigcup_{i \in \mathbb{N}} K_i$ eine (abzählbare) Ausschöpfung von U durch °kompakte Mengen K_i und $\|f\|_{K_i} = \sup_{x \in K_i} \frac{|f(x)|}{1+|f(x)|}$, so ist $d(f, g) := \sum_{i \in \mathbb{N}} \frac{1}{2^i} \|f-g\|_{K_i}$ eine geeignete °Metrik.

Fredholm-Operator
Fredholm operator; opérateur de Fredholm

Seien X, Y °Banach-Räume. Eine °stetige °lineare Abbildung $F: X \to Y$ heißt *Fredholm-Operator*, wenn gilt:

(i) $\operatorname{Ker} F = F^{-1}(0)$ ist endlich-dimensional
(ii) $\operatorname{Im}(F) = F(X)$ ist °abgeschlossen
(iii) Der °Quotientenraum $Y/F(X)$ ist endlich-dimensional.

Die ganze Zahl $\operatorname{ind}(F) := \dim F^{-1}(0) - \dim Y/F(X)$ heißt *Index* von F.

Die Menge aller Fredholm-Operatoren ist offen in $\operatorname{Hom}(X, Y)$. Ist $A: X \to X$ ein kompakter Operator, so ist $id_X - A$ Fredholmsch mit Index 0.

Für einen Fredholm-Operator $F: X \to X$ mit Index $\operatorname{ind}(F) = 0$ gilt die *Fredholm-Alternative*:

Entweder ist die Gleichung $Fx = y$ für alle y lösbar (d.h. F ist surjektiv, also wegen $\operatorname{ind}(F) = 0$ auch injektiv und die Lösungen sind eindeutig)

oder sie ist nicht für alle y lösbar; ist sie dann für y_0 lösbar, so bilden die Lösungen einen endlich-dimensionalen affinen Unterraum.

---

frei
free; libre

($\to$ linear unabhängig)

---

frei-abelsche Gruppe
free abelian group; groupe abélien libre

Sei X eine Menge und $FA(X) = \{\Phi: X \to \mathbb{Z} \mid \Phi(x) \neq 0 \text{ nur für endlich viele } x\}$. Mit elementweiser Addition $(\Phi + \Phi')(x) := \Phi(x) + \Phi'(x)$ wird $FA(X)$ eine °abelsche Gruppe, die von X erzeugte *frei-abelsche Gruppe*. Durch $x \mapsto \Phi_x$, $\Phi_x(y) = 1$ für $x = y$ und $= 0$ sonst, wird eine injektive Abbildung $i: X \to FA(X)$ erklärt. Die Gruppe $FA(X)$ zusammen mit $i: X \to FA(X)$ ist durch folgende Eigenschaft charakterisiert: Zu jeder Abbildung $f: X \to G$ von X in eine abelsche Gruppe G gibt es genau einen Homomorphismus $\varphi: FA(X) \to G$ mit $\varphi \circ i = f$.

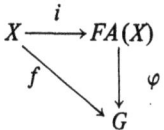

Allgemein heißt eine Gruppe G *frei abelsch*, wenn es eine Teilmenge X von G gibt, so daß die Abbildung $FA(X) \to G$, $m_1 \Phi_{x_1} + \ldots + m_n \Phi_{x_n} \mapsto m_1 x_1 + \ldots + m_n x_n$ ein Isomorphismus ist.

freie Gruppe
free group; groupe libre

Eine °Gruppe F heißt *frei über* einer Teilmenge X von F, wenn es zu jeder Gruppe G' und zu jeder Abbildung $f: X \to G'$ genau einen Gruppenhomomorphismus $g: F \to G'$ mit $g|_X = f$ gibt. Die Gruppe F heißt *frei*, wenn es eine Teilmenge $X \subset F$ gibt, so daß F frei über X ist.

Zu jeder Gruppe G gibt es eine freie Gruppe F und einen surjektiven Gruppenhomomorphismus $F \to G$.

Zu einer beliebigen Menge X gibt es stets eine Gruppe $F(X)$ und eine injektive Abbildung $i: X \to F(X)$, so daß $F(X)$ frei über $i(X)$ ist. $F(X)$ heißt die *von X erzeugte freie Gruppe*. Sie ist nur dann abelsch, wenn X leer ist oder nur ein Element enthält.

($\to$ Nielsen-Schreier (Satz von))

freier Modul
free module; module libre

Ein R-°Modul M heißt *frei*, wenn er eine *Basis* besitzt, d.h. wenn eine °Familie $(x_i)_{i \in I}$ von Elementen von M existiert, die °*linear unabhängig* ist und M *erzeugt*. Äquivalente Bedingung: Jedes Element $m \in M$ läßt sich *eindeutig* als °Linearkombination $m = \sum_{i \in I} r_i x_i$ (nur endlich viele $r_i \in R$ sind $\neq 0$) darstellen.

Beispiel: Jeder R-Modul R^n ($n \geq 1$) ist frei; allgemein ist ein R-Modul genau dann frei, wenn er °direkte Summe von (evt. unendlich vielen) zu R isomorphen Moduln ist. Für jedes $n \in \mathbb{N}$, $n \geq 2$ ist der $\mathbb{Z}$-Modul $\mathbb{Z}/n\mathbb{Z}$ nicht frei.

Frenetsches Dreibein
Frenet trihedron; trièdre de Frenet

Sei $\gamma: I \to \mathbb{R}^3$ eine durch die °Bogenlänge parametrisierte (am besten unendlich oft) differenzierbare °Kurve. Dann bilden in jedem Kurvenpunkt $\gamma(s)$ der *Tangentialvektor* $\gamma'(s) =: t(s)$, der *Normalenvektor* $n(s)$ (definiert durch $t'(s) = \kappa(s) \cdot n(s)$ mit

Frenetsches Dreibein (Forts.)

der °*Krümmung* κ) und der *Binormalenvektor* $b(s) := t(s) \times n(s)$ ein orthonormiertes Dreibein (*begleitendes Dreibein*). Die von

t und n aufgespannte Ebene heißt *Schmiegebene*, die von
t und b aufgespannte Ebene heißt *rektifizierende Ebene*, und die von
n und b aufgespannte Ebene heißt *Normalenebene*.

Frenetsche Formeln
Frenet formulas; formules de Frenet

Für eine durch die °Bogenlänge parametrisierte °Kurve $\gamma: I \to \mathbb{R}^3$ mit Tangentialvektor $t(s) = \gamma'(s)$ und $t'(s) = \gamma''(s) \neq 0$ (für alle $s \in I$) gelten zwischen den drei Vektoren t, n, b des °Frenetschen Dreibeins und ihren Ableitungen die (unabhängig von Frenet und Serret um 1850 gefundenen) Beziehungen:

$$\begin{aligned} t' &= \kappa n \\ n' &= -\kappa t + \tau b \\ b' &= -\tau n \end{aligned} \quad \text{(Frenetsche Formeln)}.$$

Dabei ist κ die °Krümmung und τ die °Torsion der Kurve γ (als Funktion der Bogenlänge s).

Mit Hilfe des °Existenz- und Eindeutigkeitssatzes für Differentialgleichungen folgt daraus, daß umgekehrt durch Vorgabe der differenzierbaren Funktionen $\kappa(s) \neq 0$ und $\tau(s)$, $s \in I$, die Kurve γ bis auf eine euklidische Bewegung eindeutig bestimmt ist.

Frobenius-Homomorphismus
Frobenius homomorphism; morphisme de Frobenius

Ist K ein °Körper der °Charakteristik $p > 0$, so ist die Abbildung $\varphi: K \to K, x \mapsto x^p$ ein Monomorphismus, der sog. *Frobenius-Homomorphismus*.

Ist K endlich, so ist φ ein °Automorphismus; für $K = \mathbb{Z}/p\mathbb{Z}$ (p eine Primzahl) ist φ stets die Identität. Ein Körper K der Charakteristik $p > 0$ ist genau dann vollkommen ($\to$ separabel), wenn sein Frobenius-Homomorphismus surjektiv ist.

Frobenius (Satz von)
theorem of F.; théorème de F.

Jede endlich-dimensionale $\mathbb{R}$-°Divisionsalgebra ist isomorph zu $\mathbb{R}$, $\mathbb{C}$ oder $\mathbb{H}$ ($\to$ Quaternionen).

Fubini (Satz von)
Fubini's theorem; théorème de Fubini

Sei $\mathbb{R}^n = \mathbb{R}^p \times \mathbb{R}^q$; die °Lebesgue-Maße auf $\mathbb{R}^n$, $\mathbb{R}^p$, $\mathbb{R}^q$ seien mit v, v_1, v_2 bezeichnet. Dann gilt für eine summierbare Funktion ($\to$ Lebesgue-Integral) $f: \mathbb{R}^n \to \mathbb{R}$:

(i) Für alle x außerhalb einer Nullmenge N in $\mathbb{R}^p$ ist die Funktion $f_x: \mathbb{R}^q \to \mathbb{R}$, $y \mapsto f(x, y)$, summierbar.

(ii) Die Funktion $F: \mathbb{R}^p \to \mathbb{R}$, $x \mapsto \int_{\mathbb{R}^q} f_x dv_2$ ist summierbar.

(iii) Es gilt $\int_{\mathbb{R}^p} F dv_1 = \int_{\mathbb{R}^n} f dv$.

(Dafür schreibt man $\int_{\mathbb{R}^p} \left(\int_{\mathbb{R}^q} f(x, y) dv_2 \right) dv_1 = \int_{\mathbb{R}^n} f(x, y) dv = \int_{\mathbb{R}^q} \left(\int_{\mathbb{R}^p} f(x, y) dv_1 \right) dv_2$).

Fundamentalform (erste)
first fundamental form; première forme fondamentale

Ist $F \subset \mathbb{R}^3$ eine °Fläche, $p \in F$ und T_pF die Tangentialebene an F im Punkt p (aufgefaßt als Untervektorraum $T_pF \subset \mathbb{R}^3$), so wird durch Beschränkung des üblichen °euklidischen °Skalarprodukts im $\mathbb{R}^3$ auf T_pF ein Skalarprodukt definiert. Die davon induzierte °quadratische Form auf T_pF heißt *1. Fundamentalform*. Ist F bei p gegeben durch eine Parametrisierung $\varphi(u, v) = (\varphi_1, \varphi_2, \varphi_3)(u, v)$, so bilden $\frac{\partial \varphi}{\partial u} = \left(\frac{\partial \varphi_1}{\partial u}, \frac{\partial \varphi_2}{\partial u}, \frac{\partial \varphi_3}{\partial u} \right)$ und $\frac{\partial \varphi}{\partial v} = \left(\frac{\partial \varphi_1}{\partial v}, \frac{\partial \varphi_2}{\partial v}, \frac{\partial \varphi_3}{\partial v} \right)$ (genommen im Punkt (u_0, v_0) mit $\varphi(u_0, v_0) = p$) eine °Basis von T_pF, und bezüglich dieser Basis ist die 1. Fundamentalform gegeben durch die Matrix $g = \begin{pmatrix} g_{11} & g_{12} \\ g_{21} & g_{22} \end{pmatrix}$ (oder klassisch: $\begin{pmatrix} E & F \\ F & G \end{pmatrix}$) mit $g_{11} = E = \left\langle \frac{\partial \varphi}{\partial u}, \frac{\partial \varphi}{\partial u} \right\rangle$, $g_{12} = g_{21} = F = \left\langle \frac{\partial \varphi}{\partial u}, \frac{\partial \varphi}{\partial v} \right\rangle$ und $g_{22} = G = \left\langle \frac{\partial \varphi}{\partial v}, \frac{\partial \varphi}{\partial v} \right\rangle$ (jeweils genommen an der Stelle (u_0, v_0)).

Die 1. Fundamentalform erlaubt, auf der Fläche F Bogenlängen von Kurven, Winkel zwischen Tangentialvektoren, Flächeninhalte zu berechnen, ohne die Einbettung der Fläche F in den $\mathbb{R}^3$ explizit zu verwenden.
($\to$ innere Geometrie)

Fundamentalform (zweite)
second fundamental form; deuxième forme fondamentale

(→ Gauß-Abbildung)

Fundamentalgruppe
fundamental group; groupe fondamental

(→ Homotopiegruppe)

Fundamentalsatz der Algebra
fundamental theorem of algebra; théorème de d'Alembert-Gauß

Jedes nichtkonstante °Polynom $P \in \mathbb{C}[T]$ hat in $\mathbb{C}$ mindestens eine Nullstelle. Es folgt: P zerfällt über $\mathbb{C}$ in Linearfaktoren, d.h. es gibt $x_1, \ldots, x_n \in \mathbb{C}$ mit

$$a_0 + a_1 T + \ldots + a_n T^n = a_n \cdot (T - x_1) \cdot \ldots \cdot (T - x_n),$$

wo $a_0, \ldots, a_n \in \mathbb{C}$, $n \geq 1$ und $a_n \neq 0$ ist.

Am einfachsten beweist man den *Fundamentalsatz der Algebra* heute in der °Funktionentheorie mit dem Satz von °Liouville.

Fundamentalsatz der Differential- und Integralrechnung
fundamental theorem of calculus; formule fondamentale du calcul intégral

Sei $f: I \to \mathbb{R}$ eine °stetige Funktion auf einem Intervall I, und $a \in I$. Man nennt die Funktion $F: I \to \mathbb{R}$, $F(x) := \int_a^x f(t)\, dt$ *unbestimmtes Integral* von f.

Eine Funktion $G: I \to \mathbb{R}$ heißt *Stammfunktion* von f, wenn G differenzierbar ist und $G' = f$ gilt. Der *Fundamentalsatz der Differential- und Integralrechnung* besagt: Eine Stammfunktion von f unterscheidet sich von einem unbestimmten Integral von f nur durch eine additive Konstante. Insbesondere gilt $\int_a^b f(t)\, dt = F(b) - F(a)$ mit einer beliebigen Stammfunktion F von f.

Fundamentalsystem von Lösungen eines linearen Differentialgleichungssystems
fundamental system of solutions; système fondamental de solutions

(→ Differentialgleichungen (gewöhnliche), (IV))

Funktion
function; fonction

(→ Abbildung)

Funktional
functional; fonctionnelle

Eine °Linearform auf einem °Vektorraum wird manchmal (lineares) *Funktional* genannt, insbesondere, wenn der Vektorraum ein (unendlichdimensionaler) Raum von Funktionen ist.

(→ Funktionalanalysis)

Funktionalanalysis
functional analysis; analyse fonctionnelle

Viele Probleme der Analysis im 18. und 19. Jahrhundert führten auf Gleichungen, deren Unbekannte nicht mehr Zahlengrößen, sondern Funktionen waren: °Differentialgleichungen (gewöhnliche und °partielle), Integralgleichungen und andere sog. Funktionalgleichungen. Kurz vor der Jahrhundertwende begannen die Versuche, zur Lösung solcher Gleichungen eine neue Art von Analysis zu schaffen, bei der „Funktionen von unendlich vielen Variablen" betrachtet würden. Nach Fortschritten u.a. von Volterra und Fredholm brachte Hilbert den entscheidenden Durchbruch (→ Hilbertraum). Etwa gleichzeitig (aber unabhängig davon) wurden die Begriffe der allgemeinen °Topologie bereitgestellt, die zum systematischen Aufbau einer Analysis auf unendlichdimensionalen Funktionenräumen (→ Banachraum, → Fréchetraum, → topologischer Vektorraum)„der *Funktionalanalysis*, benötigt wurden. Als eigene mathematische Disziplin erscheint die Funktionalanalysis etwa seit den dreißiger Jahren (Banach, Fréchet, Riesz, Sobolev, Gelfand u.a.).

LITERATUR: Hirzebruch F./Scharlau W.: Einführung in die Funktionalanalysis (Bibliographisches Institut 1971).

Funktionalmatrix
jacobian; matrice jacobienne

(→ Jacobimatrix, → total differenzierbar)

Funktionentheorie
complex analysis; théorie des fonctions analytiques d'une variable (complexe)

Traditionellerweise ist mit *Funktionentheorie* im deutschen Sprachgebrauch immer nur die Theorie der °holomorphen Funktionen gemeint. Sie wurde im wesentlichen kurz vor 1850 von Cauchy begründet und von Weierstraß und Riemann entscheidend

Funktionentheorie (Forts.)

ausgebaut. Die Einsichten in die Eigenschaften der °analytischen oder °holomorphen Funktionen im Komplexen (→ komplexe Zahlen) sind auch für die reelle Analysis notwendig und gehören im übrigen wegen ihrer Bedeutung für die gesamte Mathematik und ihrer Anwendungen zu den wesentlichsten Inhalten eines Mathematikstudiums. (→ Anhang III: Verzeichnis der wichtigsten in diesem Buch erklärten Stichwörter zur Funktionentheorie).

LITERATUR: (Siehe Verzeichnis am Ende des Buches)

Funktionskeim
germ of a function; germe de fonction

Für lokale Betrachtungen in einer °Umgebung eines Punktes (wobei die „Größe" der Umgebung belanglos ist), verwendet man vorteilhaft den Begriff des *Keims*. Zur Definition von Funktionskeimen in einem Punkt einer Teilmenge $G \subset \mathbb{R}^n$ (zum Beispiel) nimmt man die Menge aller Funktionen, die auf irgendeiner Umgebung von p erklärt sind, und führt auf dieser Menge $\{f | f: U \to \mathbb{R}, U \text{ Umgebung von } p \text{ in } G\}$ folgende Äquivalenzrelation ein: $f \sim g :\Leftrightarrow$ es gibt eine Umgebung V von p in G, so daß $f|_V = g|_V$.

Eine Äquivalenzklasse bzgl. dieser Relation heißt *Funktionskeim* in p.

Beispiel: Funktionskeime holomorpher Funktionen im Punkt $0 \in \mathbb{C}$ entsprechen genau den konvergenten Potenzreihen.

Die Menge aller Funktionskeime in einem Punkt p bildet (mit der auf Repräsentanten punktweise erklärten Addition und Multiplikation) einen °Ring mit genau einem °maximalen °Ideal $\{f | f(p) = 0\}$ (→ lokaler Ring).

Funktor
functor; foncteur

Seien $\mathscr{K}$ und $\mathscr{K}'$ °Kategorien. Ein *(kovarianter) Funktor* F ordnet jedem Objekt X von $\mathscr{K}$ ein Objekt $F(X)$ von $\mathscr{K}'$ und jedem Morphismus $\varphi: X \to Y$ von $\mathscr{K}$ einen Morphismus $F(\varphi): F(X) \to F(Y)$ zu, so daß die folgenden Bedingungen erfüllt sind:

- $F(id_X) = id_{F(X)}$ für alle $X \in \text{Ob}(\mathscr{K})$
- $F(\psi \circ \varphi) = F(\psi) \circ F(\varphi)$ für alle $\varphi \in \text{Hom}(X, Y)$ und $\psi \in \text{Hom}(Y, Z)$.

Ein *kontravarianter Funktor* G unterscheidet sich von einem kovarianten nur dadurch, daß „alle Pfeile umgedreht" werden: Für $\varphi: X \to Y$ ist dann $G(\varphi): G(Y) \to G(X)$ und für φ, ψ wie oben ist $G(\psi \circ \varphi) = G(\varphi) \circ G(\psi)$.

Beispiele: Ist $\mathscr{K}$ die Kategorie der R-°Moduln, so ist der durch $M \mapsto M^*, (\varphi: M \to N) \mapsto (\varphi^*: N^* \to M^*)$ (→ dualer Modul) definierte Funktor kontravariant, der durch $M \mapsto M^{**}, (\varphi: M \to N) \mapsto (\varphi^{**}: M^{**} \to N^{**})$ (→ Bidual) definierte Funktor kovariant.

G

Galoisgruppe (eines Polynoms)
galois group of a polynomial; groupe de Galois d'un polynôme

Sei k ein °Körper und $f \in k[X]$ ein °Polynom. Ist K der °Zerfällungskörper von f über k, so heißt $\mathrm{Gal}(f, k) := \mathrm{Aut}(K/k) = \{\sigma \in \mathrm{Aut}\,K \mid \sigma|_k = id_k\}$ die *Galoisgruppe des Polynoms f*. Ist der Grad des Polynoms gleich n, und hat es r ($\leq n$) paarweise verschiedene Nullstellen, so ist $\mathrm{Aut}(K/k)$ isomorph zu einer Untergruppe von S_r (→ symmetrische Gruppe; Permutationen der Nullstellen!).

Das *allgemeine Polynom* $X^n + u_{n-1} X^{n-1} + \ldots + u_1 X + u_0 \in k(u_0, \ldots, u_{n-1})[X]$ ($u_0, \ldots, u_{n-1}$ unabhängige Variable) ist irreduzibel und separabel über $k(u_0, \ldots, u_{n-1})$, und seine Galoisgruppe ist isomorph zu S_n. Andere Beispiele:

- Der Zerfällungskörper $\mathbb{Q}(\epsilon)$ von $X^n - 1 \in \mathbb{Q}[X]$ ist endlich-galoissch über $\mathbb{Q}$ und die Galoisgruppe ist kommutativ.
- Jede endliche Erweiterung über einem endlichen Körper k ist endlich-galoissch und die Galoisgruppe ist zyklisch.
- Ist $f = X^3 + b_1 X^2 + b_2 X + b_3 \in \mathbb{Q}[X]$ irreduzibel mit Nullstellen x_1, x_2, x_3, so ist $\mathrm{Gal}(f, \mathbb{Q}) = A_3$ (→ alternierende Gruppe), falls $(x_1 - x_2)(x_1 - x_3)(x_2 - x_3) \in \mathbb{Q}$, und $= S_3$ sonst.

(→ Galois-Theorie (Hauptsatz))

Galois-Theorie (Hauptsatz)
Galois theory (main theorem); théorie de Galois (théorème fondamental des extensions galoisiennes)

Sei $k \subset K$ eine °Körpererweiterung. Man betrachtet die *Galois-Gruppe* $\mathrm{Aut}(K/k)$ der relativen Körper-Automorphismen von K über k (d.h. Körperautomorphismen $\sigma: K \to K$, deren Beschränkung $\sigma|_k$ gleich der Identität auf k ist). Ist $\mathrm{grad}(K/k) = n < \infty$ und ist $k = \{x \in K \mid \sigma(x) = x$ für alle $\sigma \in \mathrm{Aut}(K/k)\}$, so heißt die Erweiterung $k \subset K$ *endlich-galoissch* (dies ist gleichbedeutend damit, daß K Zerfällungskörper eines über k °separablen Polynoms ist). In diesem Fall gilt der sog. *Hauptsatz der Galois-Theorie*:

1) K ist auch endlich-galoissch über jedem Zwischenkörper L ($k \subset L \subset K$) mit der Galoisgruppe $\mathrm{Aut}(K/L)$ (d.h. $L = \{x \in K \mid \sigma(x) = x$ für alle $\sigma \in \mathrm{Aut}(K/L)\}$).

2) Jede Untergruppe U von $\mathrm{Aut}(K/k)$ ist Galoisgruppe zum Zwischenkörper $\mathrm{Fix}\,U := \{x \in K \mid \sigma(x) = x$ für alle $\sigma \in U\}$.

3) Für alle Körper L mit $k \subset L \subset K$ gilt: $\mathrm{ord}\,\mathrm{Aut}(K/L) = \mathrm{grad}(K/L)$.

Insbesondere ist die in (2) gegebene Abbildung $U \mapsto \mathrm{Fix}\,U$ von der Menge aller Untergruppen von $\mathrm{Aut}(K/k)$ in die Menge der Zwischenkörper von $k \subset K$ bijektiv, und wegen 3) gibt es in einer endlich-galoisschen Erweiterung nur endlich viele Zwischenkörper.

Galois-Theorie (Hauptsatz) (Forts.)

Die Galois-Theorie ist entsprungen aus dem Problem, eine Gleichung $f(x) = 0$ (mit einem Polynom $f \in k[x]$) „aufzulösen", d. h. „Ausdrücke" für ihre Wurzeln anzugeben. Im 16. Jahrhundert waren Formeln für die Gleichungen bis zum Grad vier bekannt (Cartano/Tartaglia, Ferrari), und jahrhundertelang suchten die Mathematiker nach Auflösungen für Gleichungen höheren Grades. Im 19. Jahrhundert erkannten Niels Hendrik Abel und Evariste Galois die Nicht-Auflösbarkeit für allgemeine Polynome vom Grad $n \geq 5$; sie wird heute bewiesen durch Anwendung des Hauptsatzes auf °Radikalerweiterungen.

Andere Anwendungen der Galois-Theorie sind Aussagen über *Konstruierbarkeit mit Zirkel und Lineal*: Fast auf einen Schlag werden damit die klassischen Probleme der *Quadratur des Kreises* (Konstruierbarkeit von °π), der *Verdoppelung des Würfels* (*Delisches Problem*: Konstruierbarkeit der Kantenlänge eines Würfels von doppeltem Volumen des Einheitswürfels) und der *Winkeldreiteilung* erledigt (mit dem Beweis der Unmöglichkeit); des weiteren erhält man den *Satz von Gauß* über die Konstruierbarkeit des regelmäßigen n-Ecks für Zahlen n von der Gestalt $n = 2^m p_1 \cdot \ldots \cdot p_r$, mit $m \geq 0$ und paarweise verschiedenen °Fermatschen Primzahlen $p_1, \ldots, p_r$.

Gamma-Funktion
gamma function; fonction gamma

Für $x > 0$ konvergiert das °uneigentliche Integral $\int_0^\infty t^{x-1} e^{-t} dt$ und definiert die *Gamma-Funktion* $\Gamma(x)$.

Es gilt:
a) $\Gamma(1) = 1$
b) $\Gamma(x+1) = x \Gamma(x)$ für alle $x > 0$
c) Γ ist logarithmisch konvex, d. h. $\ln \Gamma$ ist eine °konvexe Funktion, und diese drei Eigenschaften charakterisieren die Γ-Funktion eindeutig. Aus a) und b) folgt insbesondere $\Gamma(n+1) = n!$ für alle $n \in \mathbb{N}$.
Weiter gilt z. B. $\Gamma(x) = \lim_{n \to \infty} \dfrac{n! \, n^x}{x(x+1) \ldots (x+n)}$, $\Gamma(\tfrac{1}{2}) = \sqrt{\pi}$.

---

ganze Funktion
entire function; fonction entière

Eine auf ganz $\mathbb{C}$ definierte °holomorphe Funktion heißt *ganze Funktion* (im Gegensatz zu „gebrochenen", nämlich °meromorphen Funktionen).

---

ganze Zahlen
integers; nombres entiers

Das sind diejenigen, die (nach Kronecker) der liebe Gott gemacht hat.
($\to$ Zahlen)

Gauß (Integralsatz von)
theorem of Gauß; théorème de Gauß

(→ Stokes (Satz von))

Gauß (Satz von)
theorem of G.; théorème de Gauß

Jeder °Polynomring in endlich vielen Unbestimmten über einem °faktoriellen Ring ist faktoriell.

Gauß-Abbildung
Gauß map; (eine französische Übersetzung scheint nicht üblich zu sein)

Sei $\varphi: U \to \mathbb{R}^3$ Parametrisierung einer °Fläche $F \subset \mathbb{R}^3$. Die Abbildung $n: F \to S^2 \subset \mathbb{R}^3$, die jedem Flächenpunkt $p = \varphi(u, v)$ den Normalenvektor

$$n(p) = \frac{\frac{\partial \varphi}{\partial u} \times \frac{\partial \varphi}{\partial v}}{\left\| \frac{\partial \varphi}{\partial u} \times \frac{\partial \varphi}{\partial v} \right\|}$$

(u, v) zuordnet, heißt *sphärische Abbildung* oder *Normalenabbildung* oder *Gauß-Abbildung*. In der Praxis wird n meist als Abbildung $U \to S^2$ aufgefaßt.

Die Tangentialebenen $T_p F$ an F im Punkt p und an S^2 im Punkt $n(p)$ (aufgefaßt als Unterräume des $\mathbb{R}^3$) stimmen überein; also kann das Differential $dn(p)$ als lineare Abbildung von $T_p F$ in $T_p F$ aufgefaßt werden. Es ist günstig, die lineare Abbildung $L_p := -dn(p)$ (die sog. *Weingarten-Abbildung*) zu betrachten. Sie ist °selbstadjungiert (d.h. ihre Matrix ist symmetrisch; nach Gauß schreibt man sie oft in der Form $\begin{pmatrix} L & M \\ M & N \end{pmatrix}$) und definiert vermöge $(X, Y) \mapsto \langle L_p X, Y \rangle$ eine symmetrische °Bilinearform auf $T_p F$, die *2. Fundamentalform* (oft ebenfalls mit L oder L_p bezeichnet). Die °Eigenwerte von L_p sind die *Hauptkrümmungen* von F im Punkt p, und die zugehörigen Eigenräume die *Hauptkrümmungsrichtungen* (die natürlich nur für verschiedene Hauptkrümmungen als zwei verschiedene Richtungen erscheinen und dann aufeinander senkrecht stehen. Stimmen die beiden Hauptkrümmungen überein, so spricht man von einem *Nabelpunkt*).

Gauß-Bonnet (Satz von)
theorem of Gauß-Bonnet; théorème de Gauß-Bonnet

Sei M eine °kompakte (unberandete) °Fläche im $\mathbb{R}^3$. Dann ist das Integral der Gaußschen °Krümmung über M ein ganzzahliges Vielfaches von 2π:

$$\iint_M K \, dM = 2\pi \cdot \chi(M),$$

Gauß-Bonnet (Satz von) (Forts.)

wo $\chi(M)$ eine topologische Invariante (→ Topologie) von M ist, nämlich die *Euler-Charakteristik*: Zerlegt man M in (krummlinig begrenzte) Polygone (unter Beachtung einiger plausibler Regeln), so daß e Ecken, k Kanten und m Flächen auftreten, so ist $\chi(M) = m - k + e$ (unabhängig von der gewählten Zerlegung).

Neben dieser elementarsten Form gibt es noch zahlreiche Verallgemeinerungen.

Gauß-Gleichungen
Gauß formulas or equations of compatibility; équations de Gauß

(→ Ableitungsgleichungen)

Gaußsches Dreibein
gaussian trihedron; repère de Darboux

(→ Ableitungsgleichungen)

Gaußsches Eliminationsverfahren
gaussian elimination method; méthode de Gauß

(→ lineares Gleichungssystem)

Gaußsche Krümmung
Gauss curvature; courbure de Gauß

(→ Krümmung (einer Fläche))

Gaußsche Zahl
gaussian integer; entier de Gauß

Eine °komplexe Zahl der Gestalt $a + ib$ mit °ganzen Zahlen $a, b \in \mathbb{Z}$ heißt *Gaußsche Zahl*. Die Gaußschen Zahlen bilden einen Ring $\mathbb{Z}[i]$, der für zahlentheoretische Untersuchungen von Bedeutung ist.

(→ euklidischer Ring)

Gebiet
domain; domaine

Eine Teilmenge des $\mathbb{R}^n$ oder $\mathbb{C}^n$ heißt *Gebiet*, wenn sie °offen und °zusammenhängend ist. Diese Voraussetzungen sind insbesondere in der Analysis und Funktionentheorie sinnvoll (und oft notwendig) für Definitionsbereiche von Funktionen.

gebrochen lineare Transformationen
fractional linear transformations; transformations homographiques

(→ Riemannsche Zahlenkugel)

Gelfand-Neumark (Satz von)
theorem of G.-N.; théorème de G.-N.

(→ B^*-Algebra)

general nonsense
general nonsense; „general nonsense"

(→ Kategorie)

Geodätische
geodesic; géodésique

Eine °Kurve $\gamma = \gamma(t)$ auf einer °Fläche $F \subset \mathbb{R}^3$ heißt *Geodätische*, wenn für das durch $X(t) := \gamma'(t)$ längs γ bestimmte °Vektorfeld gilt: $\nabla_X(X) \equiv 0$ (→ kovariante Ableitung).

Äquivalent damit ist die Bedingung: In jedem Punkt der Kurve stimmt die °Krümmung der Kurve mit der Normalkrümmung überein (→ Krümmung von Kurven, von Flächen).

Anschaulich begreift man eine *Geodätische* als kürzeste Verbindungskurve auf einer Fläche zwischen zwei Punkten; mit einiger Vorsicht in der Formulierung kann man Geodätische „im Kleinen" durch diese Eigenschaft auch charakterisieren (man denke an Großkreise auf der Kugel).

Geometrie
geometry; géométrie

(→ analytische G., → synthetische G., → Differentialgeometrie, → Algebraische G.)

geometrische Reihe
geometric series; série géométrique

Für jedes $q \neq 1$ und jede natürliche Zahl n gilt $1 + q + q^2 + \ldots + q^n = \sum_{k=0}^{n} q^k = \frac{1-q^{n+1}}{1-q}$; ist $|q| < 1$, so konvergiert die *geometrische Reihe* $\sum_{k=0}^{\infty} q^k$ gegen $\frac{1}{1-q}$.

geordnete Menge
ordered set; ensemble ordonné

(→ Halbordnung)

gerade (Funktion)
even function; fonction paire

Eine Funktion f auf $\mathbb{R}$ heißt *gerade*, wenn für alle $x \in \mathbb{R}$ gilt $f(x) = f(-x)$ (und *ungerade*, wenn $f(x) = -f(-x)$ ist).

Beispiel: $f(x) = \frac{x}{2} + \frac{x}{e^x - 1}$ ist eine gerade Funktion (→ Bernoulli-Zahlen).

gerade (Permutation)
even permutation; permutation paire

(→ Signum)

Gerade
line; droite

Ein 1-dimensionaler linearer Unterraum eines °Vektorraums oder °affinen Raums oder °projektiven Raums heißt *Gerade*. In diesem Sinn ist z.B. eine Gerade in einem Vektorraum oder affinen Raum über dem °Körper der °komplexen Zahlen zu identifizieren mit der reellen Ebene ...

(→ projektiver Raum)

Geradengleichung
equation of a line; équation d'une droite

Sei V ein K-Vektorraum (V kann auch als °affiner Raum aufgefaßt werden). Eine Gerade $G \subset V$ durch zwei Punkte $p, q \in V$ kann dargestellt werden durch

$$G = \{x \mid x = p + \alpha(q - p) \text{ mit } \alpha \in K\} = p + K \cdot (q - p) \text{ \textit{(Parameterdarstellung)}},$$

oder, falls dim $V = n$ ist, als Durchschnitt von $n - 1$ °Hyperebenen: $G = \{x \mid Ax = b\}$, wo $Ax = b$ ein °lineares Gleichungssystem ist mit einer $(n - 1) \times n$-°Matrix vom °Rang $n - 1$ und einem Vektor $b \in K^{n-1}$ ($b = 0$ genau dann, wenn G durch den Ursprung $0 \in V$ geht, d.h. ein Untervektorraum ist).

geschlossen (Differentialform)
closed; fermé(e)

Eine °Differentialform ω heißt *geschlossen*, wenn ihre °äußere Ableitung $d\omega$ identisch verschwindet.

Beispiel: Für ein °Vektorfeld $v = (v_1, v_2, v_3)$ im $\mathbb{R}^3$, geschrieben als Differentialform $\omega = v_1 dx + v_2 dy + v_3 dz$, ist diese Bedingung gleichwertig mit der *Integrabilitätsbedingung* $\operatorname{rot} v = \left(\dfrac{\partial v_3}{\partial y} - \dfrac{\partial v_2}{\partial z}, \dfrac{\partial v_1}{\partial z} - \dfrac{\partial v_3}{\partial x}, \dfrac{\partial v_2}{\partial x} - \dfrac{\partial v_1}{\partial y} \right) = 0$.

(→ Poincaré (Lemma von); → exakt (Differentialform))

Gitter
lattice; réseau

(→ Torus)

gleichgradig stetig
equicontinuous; équicontinu

(→ Arzela-Ascoli, → Banach-Steinhaus)

gleichmächtig
(equivalent); équipotent

Zwei Mengen heißen *gleichmächtig*, wenn es eine bijektive °Abbildung zwischen ihnen gibt.

(→ Kardinalzahl)

gleichmäßige Konvergenz
uniform convergence; convergence uniforme

Es gelten folgende Sätze:
- Eine gleichmäßig konvergente Folge stetiger Funktionen konvergiert gegen eine *stetige* Funktion.
- Für eine gleichmäßig konvergente Folge (f_n) stetiger Funktionen auf einem Intervall $[a, b]$ gilt

$$\int_a^b (\lim_{n \to \infty} f_n(x)) \, dx = \lim_{n \to \infty} \left(\int_a^b f_n(x) \, dx \right).$$

- Konvergiert die Folge (f'_n) der Ableitungen einer Folge (f_n) stetig differenzierbarer Funktionen auf $[a, b]$ gleichmäßig und konvergiert (f_n) punktweise, so ist $\lim f_n$ differenzierbar und es gilt $(\lim f_n)' = \lim (f'_n)$.

(→ Konvergenz von Funktionenfolgen)

gleichmäßig stetig
uniformly continuous; uniformement continu(e)

Sei $D \subset \mathbb{R}$. Eine Funktion $f: D \to \mathbb{R}$ heißt in D *gleichmäßig stetig,* wenn gilt: Für alle $\epsilon > 0$ gibt es ein $\delta > 0$, so daß

$$|f(x) - f(x')| < \epsilon \text{ für alle } x, x' \in D \text{ mit } |x - x'| < \delta.$$

Jede auf einem °abgeschlossenen °beschränkten °Intervall °stetige Funktion ist dort gleichmäßig stetig; die Funktion $\mathbb{R} \to \mathbb{R}$, $x \mapsto x^2$ ist nicht gleichmäßig stetig.

Dieselbe Definition gilt allgemeiner für Funktionen auf °metrischen Räumen, wenn $|x - x'|$ durch $d(x, x')$ ersetzt wird; dann ist jede stetige Funktion auf einer °kompakten Menge gleichmäßig stetig.

Grad (einer Körpererweiterung)
degree; degré

(→ Körpererweiterung)

Grad eines Polynoms
degree of a polynomial; degré d'un polynôme

Ist $f \in K[X]$ ein °Polynom in einer Unbestimmten mit Koeffizienten in einem °Körper K, also $f = \sum_{i \in \mathbb{N}} a_i X^i$ (nur endlich viele $a_i \neq 0$), so heißt

$$\deg f := \max \{i \in \mathbb{N} : a_i \neq 0\}$$

der *Grad* von f.

Dem Nullpolynom ordnet man meist den Grad $-\infty$ zu. Für je zwei Polynome $f, g \in K[X]$ gilt: $\deg(fg) = \deg f + \deg g$ und $\deg(f + g) \leq \max\{\deg f, \deg g\}$.

Ist $F \in K[X_1, \ldots, X_n]$ ein Polynom in mehreren Unbestimmten, $F = \Sigma a_{i_1 \ldots i_n} X^{i_1} \ldots X^{i_n}$, so bezeichnet man den Grad von $\Sigma a_{i_1 \ldots i_n} T^{i_1 + \ldots + i_n}$ als *Totalgrad* (oder einfach auch als *Grad*) von F.

Gradient
gradient; gradient

Sei $U \subset \mathbb{R}^n$ offen und $f: U \to \mathbb{R}$ °partiell differenzierbar. Dann heißt der Vektor

$$(\text{grad} f)(x) := \left(\frac{\partial f}{\partial x_1}(x), \ldots, \frac{\partial f}{\partial x_n}(x) \right)$$

Gradient von f im Punkt $x \in U$. Andere Schreibweise: $\operatorname{grad} f = \nabla f$ (gesprochen: *Nabla f*), wo $\nabla = (\frac{\partial}{\partial x_1}, \ldots, \frac{\partial}{\partial x_n})$ als vektorwertiger Differentialoperator aufgefaßt wird.

(→ Vektoranalysis)

Gradsatz
(Übersetzungen scheinen nicht üblich zu sein)

(→ Körpererweiterung)

Graph
graph; graphe

(→ Abbildung)

Graßmann-Algebra
Graßmann algebra; algèbre graßmannienne

(→ äußere Algebra)

Green (Integralsatz von)
Green's theorem; théorème de Green

(→ Stokes (Satz von))

größter gemeinsamer Teiler (ggT)
greatest common divisor (gcd); plus grand diviseur commun (pgdc)

(→ Teilbarkeit in Integritätsringen)

Gruppe
group; groupe

Eine Menge G mit einer °Verknüpfung $G \times G \to G$, $(a, b) \mapsto ab$, heißt *Gruppe*, wenn gilt:

a) Für alle $a, b, c \in G$ ist $(ab)c = a(bc)$ (*Assoziativität*).

b) Es gibt ein *neutrales Element* $e \in G$ mit folgenden Eigenschaften:

   i) $ea = a$ für alle $a \in G$

   ii) Zu jedem $a \in G$ gibt es ein *Inverses* $a' \in G$ mit $a'a = e$.

(Aus a), b) läßt sich sofort folgern, daß dann $ea = ae$ und $a'a = aa'$ gilt). Das Inverse zu a wird i. allg. mit a^{-1} bezeichnet. Die Gruppe heißt *abelsch* (oder *kommutativ*), falls zusätzlich gilt

c) $ab = ba$ für alle $a, b \in G$.

Gruppe (Forts.)

Eine Teilmenge $H \subset G$ heißt *Untergruppe*, wenn H mit der (auf H eingeschränkten) in G gegebenen Verknüpfung selbst Gruppe ist; dies ist genau dann der Fall, wenn gilt: $H \neq \emptyset$ und $(a, b \in H \Rightarrow ab^{-1} \in H)$.

Bei speziellen Gruppen wird die Verknüpfung oft anders notiert: $a \cdot b$, $a \circ b$, $a * b$, $a \times b$, usw.; in abelschen Gruppen schreibt man die Verknüpfung sehr oft additiv $(a + b)$ und nennt das neutrale Element „*Nullelement*" (im Gegensatz zum „*Einselement*" bei der multiplikativen Notation) sowie das Inverse *negatives Element*.

Beispiele: $\mathbb{Z}$ mit der Addition, $\mathbb{R} \setminus \{0\}$ mit der Multiplikation sind abelsche Gruppen; die invertierbaren $n \times n$-°Matrizen über einem Körper mit der Multiplikation, die Menge der °Permutationen von $\{1, \ldots, n\}$ mit der Hintereinanderausführung sind (im ersten Fall für $n \geq 2$, im zweiten Fall für $n \geq 3$) nicht-abelsche Gruppen. Für jede Zahl $n \in \mathbb{N}$, $n \geq 1$ ist $\mathbb{Z}/n\mathbb{Z} = \{\underline{0}, \underline{1}, \ldots, \underline{n-1}\}$ eine Gruppe mit der *Addition modulo n* (→ kongruent, → Faktorgruppe). Durch $G = \{e, a, b, c\}$, e = neutrales Element, $a^2 = b^2 = c^2 = e$, $ab = c$, $ac = b$, $bc = a$ wird eine Gruppe mit vier Elementen definiert (*Kleinsche Vierergruppe*), die nicht isomorph zur Gruppe $\mathbb{Z}/4\mathbb{Z}$ ist.

(→ Homomorphismus, → Normalteiler, → Permutation)

H

Hahn-Banach-Sätze
theorem of H.-B.; théorème de H.-B.

Sei X ein $\mathbb{R}$-°Vektorraum und $p: X \to \mathbb{R}$ eine *sublineare Funktion* (d.h. es ist $p(x + y) \leq p(x) + p(y)$ und $p(\lambda x) = \lambda p(x)$ für alle $x, y \in X$ und alle $\lambda \in \mathbb{R}$, $\lambda > 0$). Es sei L ein linearer Unterraum von X und $f: L \to \mathbb{R}$ eine °lineare Abbildung mit $f \leq p|_L$. Dann gibt es eine lineare Abbildung $F: X \to \mathbb{R}$ mit $F|_L = f$ und $F \leq p$.

Folgerungen:

Fortsetzungssatz: Sei X ein °normierter $\mathbb{K}$-Vektorraum ($\mathbb{K} = \mathbb{R}$ oder $= \mathbb{C}$), L ein linearer Unterraum und $f: L \to \mathbb{K}$ linear und stetig. Dann gibt es eine °stetige lineare Abbildung $F: X \to \mathbb{K}$ mit $F|_L = f$ und $\|F\| = \|f\|$.

Trennungssatz: Sei X ein reeller normierter Vektorraum und seien $A, B \subset X$ nichtleere °konvexe Teilmengen mit positivem Abstand, d.h. $d(A, B) = \inf \{\|a - b\| : a \in A, b \in B\} > 0$. Dann gibt es eine stetige lineare Abbildung $f: X \to \mathbb{R}$ mit $f(A) \cap f(B) \neq \emptyset$.

halbeinfach
semisimple; sémisimple

Ein R-°Modul M heißt *halbeinfach*, wenn es endlich viele °einfache Untermoduln $A_1, \ldots, A_n$ von M gibt, so daß $M = A_1 + \ldots + A_n$ ist. M ist dann sogar die °direkte Summe gewisser dieser Moduln. Ein endlich erzeugbarer R-Modul ($\neq 0$) ist genau dann halbeinfach, wenn jeder Untermodul von M ein direkter Summand ist.

Halbnorm
seminorm; séminorme

($\to$ Norm)

Halbordnung
partial order; ordre partiel

Sei M eine Menge. Eine Teilmenge $H \subset M \times M$ definiert eine *Halbordnung* (und man schreibt meist $a \leqslant b$ für $(a, b) \in H$ und $a < b$ für $a \leqslant b$ und $a \neq b$), wenn folgende Bedingungen erfüllt sind:

a) $a \leqslant a$ für alle $a \in M$.
b) Ist $a \leqslant b$ und $b \leqslant a$, so folgt $a = b$.
c) Ist $a \leqslant b$ und $b \leqslant c$, so folgt $a \leqslant c$.

Gilt zusätzlich

c) Für je zwei $a, b \in M$ ist stets $a \leqslant b$ oder $b \leqslant a$,

so spricht man von einer *(totalen) Ordnung*, und M heißt mit „$\leqslant$" *(total) geordnet*. (Leider ist die Bezeichnung für Halbordnung, Ordnung, totale Ordnung nicht einheitlich. Es scheint, daß die hier angegebene Definition heute am verbreitetsten ist).

Beispiele: Die übliche „kleiner-gleich"-Relation auf $\mathbb{R}$ (oder Teilmengen davon) ist eine Ordnung. – Ist X eine Menge mit mindestens zwei Elementen, so definiert die Mengeninklusion „$\subseteq$" eine Halbordnung auf der °Potenzmenge $M = \mathscr{P}(X)$ von X, die keine Ordnung ist.

Halbraum
half space; demi-espace

Sei V ein $\mathbb{R}$-°Vektorraum. Eine Teilmenge $H \subset V$ heißt *(abgeschlossener bzw. offener) Halbraum*, wenn es eine °stetige °Linearform $f: V \to \mathbb{R}$ ($f \neq 0$) gibt und ein $\alpha \in \mathbb{R}$, so daß $H = \{v \in V: f(v) \geqslant \alpha$ (bzw. $f(v) > \alpha)\}$. (Ist $\dim_\mathbb{R} V < \infty$, so sind alle Linearformen stetig).

halbstetig (von oben, von unten)
upper, lower semicontinuous; sémi-continue supérieurement, inférieurement

Eine Funktion $f: X \to \mathbb{R} \cup \{-\infty, +\infty\}$ auf einem °topologischen Raum X (z.B. $X \subset \mathbb{R}^n$) heißt *halbstetig von oben* im Punkt x_0, wenn es für alle $b > f(x_0)$ eine Umgebung V von x_0 gibt, so daß $f(x) < b$ ist für alle $x \in V$. Zur Definition von *halbstetig von unten* sind die Zeichen $<$ und $>$ umzudrehen.

f ist genau dann halbstetig von oben in jedem Punkt, wenn für alle $\alpha \in \mathbb{R}$ gilt: $\{x \in X | f(x) < \alpha\}$ ist °offen in X.

°Stetigkeit ist gleichwertig mit gleichzeitiger Halbstetigkeit von oben und von unten.

Eine Teilmenge $B \subset X$ ist genau dann °abgeschlossen (bzw. offen), wenn ihre °charakteristische Funktion χ_B halbstetig von oben (bzw. von unten) ist.

Eine von oben halbstetige Funktion nimmt auf einem °kompakten Teil ihr Supremum an.

Beispiel: Die Funktion $f: \mathbb{R} \to \mathbb{R}$, $f(x) = 1$ falls $x \in \mathbb{Q}$ und $= 0$ sonst, ist in jedem Punkt von $\mathbb{Q}$ von oben halbstetig und in jedem Punkt von $\mathbb{R} \setminus \mathbb{Q}$ von unten halbstetig.

---

harmonische Funktion
harmonic function; fonction harmonique

($\to$ Laplace-Operator)

Häufungspunkt
cluster point; point d'accumulation

Ein Punkt p eines °topologischen Raumes X heißt *Häufungspunkt*, wenn jede Umgebung von p noch von p verschiedene Punkte enthält. Ist $(x_n)_{n \in \mathbb{N}}$ eine °Folge in einem °metrischen Raum (z.B. in $\mathbb{R}$), so heißt a *Häufungspunkt* der Folge, wenn es eine Teilfolge von (x_n) gibt, die gegen a °konvergiert (äquivalent: wenn in jeder Umgebung von a unendlich viele x_n liegen). Man beachte, daß dann a nicht notwendig Häufungspunkt der Menge $\{x_n | n \in \mathbb{N}\}$ ist!

Beispiele: Die Folge $x_n = (-1)^n$ besitzt die Häufungspunkte -1 und $+1$; die Folge, die man beim „Abzählen der rationalen Zahlen" erhält ($\to$ Cantorsches Diagonalverfahren), hat jede reelle Zahl ≥ 0 als Häufungspunkt! Eine konvergente Folge hat nur einen einzigen Häufungspunkt, ihren Limes.

Hauptachsentransformation (affine ~ von reellen Quadriken)
principal axis transformation; réduction de l'équation aux axes principaux

Sei $Q = \{x \in \mathbb{R}^n : {}^t x' A' x' = 0\}$ eine reelle °Quadrik, wo

$$A' = \begin{pmatrix} a_{00} & a_{01} & \cdots & a_{0n} \\ \hline a_{10} & & & \\ \vdots & & A & \\ a_{n1} & & & \end{pmatrix}$$

eine symmetrische $(n+1)$-reihige Matrix, $x = {}^t(x_1, \ldots, x_n)$ und $x' = {}^t(1, x_1, \ldots, x_n)$ (Spaltenvektoren) sind.

Es sei $m = \operatorname{rang} A$ und $m' = \operatorname{rang} A'$. Dann gibt es eine Affinität $f: \mathbb{R}^n \to \mathbb{R}^n$, so daß $f(Q)$ beschrieben wird durch eine der folgenden Gleichungen in *Hauptachsenform*, und zwar:

a) $y_1^2 + \ldots + y_k^2 - y_{k+1}^2 - \ldots - y_m^2 = 0$ falls $m = m'$
b) $y_1^2 + \ldots + y_k^2 - y_{k+1}^2 - \ldots - y_m^2 = 1$ falls $m + 1 = m'$
c) $y_1^2 + \ldots + y_k^2 - y_{k+1}^2 - \ldots - y_m^2 + 2y_{m+1} = 0$ falls $m + 2 = m'$

(für ein $k \in \{1, \ldots, m\}$).

Hauptachsentransformation (von Matrizen)
diagonalization of matrices; diagonalisation de matrices

Zu jeder reellen °symmetrischen (bzw. komplexen °hermiteschen) °Matrix A gibt es eine °orthogonale (bzw. °unitäre) Matrix S, so daß $\bar{S}^1 A S = B$ eine °Diagonalmatrix ist (die Diagonalelemente von B sind die °Eigenwerte von A). Dies bedeutet geometrisch, daß es zu einer °Quadrik $\{x \in \mathbb{R}^n | {}^t x A x = 0\}$ eine °Drehung S des $\mathbb{R}^n$ gibt, so daß bzgl. der neuen Koordinaten $y = \bar{S}^1 x$ die Quadrik ihre „Hauptachsen" in Richtung der Koordinatenachsen hat.

Gelegentlich ist die Aussage von Bedeutung, daß (symmetrische bzw. hermitesche) Matrizen $A_1, \ldots, A_r$ genau dann simultan (mit demselben S) auf Diagonalform gebracht werden können, wenn sie paarweise vertauschen: $A_i A_j = A_j A_i$ für alle $i, j = 1, \ldots, r$.

Hauptideal
principal ideal; idéal principal (ou monogène)

Ein °Ideal I eines °Ringes R heißt *Hauptideal*, wenn es ein $a \in R$ mit $I = R \cdot a =: (a)$ gibt (d.h. wenn es von *einem* Element erzeugt wird).

Hauptidealring
principal ideal domain; anneau principal

Ein °Ring R heißt *Hauptidealring*, wenn er ein °Integritätsring ist und jedes °Ideal von R ein °Hauptideal ist.

Beispiele: $\mathbb{Z}$, $\mathbb{C}[X]$ sind Hauptidealringe; Polynomringe in mehreren Unbestimmten sind keine Hauptidealringe.

Hauptkrümmungen
principal curvatures; courbures (und nicht courbatures!) principales

(→ Krümmung (einer Fläche), → Gauß-Abbildung)

Hauptsatz der affinen Geometrie
fundamental theorem of affine geometry; théorème fondamental de la géométrie affine

Sei K ein °Körper mit mindestens drei Elementen und X ein °affiner Raum über K mit $\dim_K X \geq 2$. Dann ist jede °Kollineation eine Semiaffinität, und im Fall $K = \mathbb{R}$ sogar eine °Affinität.

Hauptsatz der Differential- und Integralrechnung
fundamental theorem of calculus; formule fondamentale du calcul intégral

(→ Fundamentalsatz der Differential- und Integralrechnung)

Hauptsatz über endlich erzeugte abelsche Gruppen
structure theorem on finitely generated abelian groups; (théorème sur la structure des groupes abéliens de type fini)

Zu jeder endlich erzeugten °abelschen °Gruppe G gibt es eindeutig bestimmte Zahlen $q_1, \ldots, q_m$ und r, so daß G isomorph ist zu $\mathbb{Z}/q_1\mathbb{Z} \times \ldots \times \mathbb{Z}/q_m\mathbb{Z} \times \mathbb{Z} \times \ldots \times \mathbb{Z}$. Dabei sind die $q_1, \ldots, q_m$ Primzahlpotenzen („*Elementarteiler*"), und r heißt *Rang* von G.

Hauptteil
principal part; partie singulière

(→ Laurententwicklung)

Hauptwert
principal value; valeur principale

Sei $f: \mathbb{R} \setminus \{a\} \to \mathbb{R}$ stetig, so daß für jedes $\delta > 0$ die Integrale $\int_{-\infty}^{a-\delta} f(t)\,dt$ und $\int_{a+\delta}^{\infty} f(t)\,dt$ existieren (→ uneigentliche Integrale). Falls dann der Grenzwert

$$\lim_{\delta \to 0} \left(\int_{-\infty}^{a-\delta} f(t)\,dt + \int_{a+\delta}^{\infty} f(t)\,dt \right) =: \text{H.W.} \int_{-\infty}^{\infty} f(t)\,dt =: vp \int_{-\infty}^{\infty} f(t)\,dt \text{ existiert,}$$

so heißt er der *Hauptwert* des Integrals (welches als °uneigentliches Integral nicht zu konvergieren braucht).

Beispiel:

$$vp \int_{-\infty}^{\infty} \frac{dx}{x} = 0; \quad vp \int_{a}^{b} \frac{dx}{x} = \log\left|\frac{b}{a}\right| \quad \text{für } a, b \neq 0$$

(insbesondere für $a < 0 < b$!).

hausdorffscher Raum
Hausdorff space; espace de Hausdorff

Ein °topologischer Raum X heißt *hausdorffsch* (oder T_2-*Raum*), wenn er eine der folgenden äquivalenten Bedingungen erfüllt:

i) Je zwei verschiedene Punkte von X besitzen disjunkte °Umgebungen.
ii) Jeder Punkt von X ist der Durchschnitt seiner °abgeschlossenen Umgebungen.
iii) Die Diagonale $\Delta = \{(x, x) | x \in X\} \subset X \times X$ ist abgeschlossen.
iv) Kein °Filter konvergiert gegen zwei verschiedene Punkte.

Beispiele: Jeder °metrische Raum ist hausdorffsch. Jeder Teilraum eines Hausdorff-Raums ist hausdorffsch. − Sei X eine unendliche Menge. Nimmt man X, $\emptyset$ und die Komplemente endlicher Mengen als offene Mengen einer °Topologie auf X, so ist in X jeder Punkt abgeschlossen, aber X ist nicht hausdorffsch.

hebbare Singularität
removable singularity; point singulier isolé d'ordre zéro

(→ Singularitäten (isolierte ∼ einer holomorphen Funktion))

Hermitesche Differentialgleichung
Hermite equation; équation différentielle de Hermite

Die *Hermitesche Differentialgleichung* ist definiert durch

$$y'' - 2xy' + 2ny = 0 \quad (n \in \mathbb{N}).$$

Sie hat die *Hermiteschen Polynome der Ordnung n* als Lösungen:

$$H_n(x) := (-1)^n e^{x^2} \left(\frac{d}{dx}\right)^n e^{-x^2}.$$

---

hermitesche Form
hermitian form; forme hermitienne

Sei V ein $\mathbb{C}$-°Vektorraum. Eine Abbildung $s: V \times V \to \mathbb{C}$ heißt *hermitesche Form*, wenn gilt:

i) $s(v, \ ): V \to \mathbb{C}$, $w \mapsto s(v, w)$ ist $\mathbb{C}$-linear für alle $v \in V$

ii) $s(v, w) = \overline{s(w, v)}$ für alle $v, w \in V$.

(aus ii) folgt, daß $s(v, v)$ reell ist für alle $v \in V$).

s heißt *positiv definit*, falls $s(v, v) > 0$ für alle $v \neq 0$ ist.

Eine positiv definite hermitesche Form ist das komplexe Analogon zu einem (reellen) °Skalarprodukt („*hermitesches Skalarprodukt*"). Auf $V = \mathbb{C}^n$ hat man das *kanonische hermitesche Skalarprodukt* $\langle v, w \rangle := \sum_{i=1}^{n} \overline{v}_i w_i$ ($v = (v_1, \ldots, v_n)$, $w = (w_1, \ldots, w_n)$), welches dieselben Werte wie das °euklidische Skalarprodukt auf $\mathbb{R}^{2n}$ (nach Zerlegung von v, w in Real- und Imaginärteil) liefert.

(Manche Autoren definieren eine hermitesche Form lieber so, daß sie in i) im ersten, und nicht im zweiten Argument $\mathbb{C}$-linear ist).

---

hermitesche Matrix
hermitian matrix; matrice hermitienne

Eine $n \times n$-°Matrix $A = (a_{ij})$ über $\mathbb{C}$ heißt *hermitesch*, wenn ${}^tA = \overline{A}$ ist, d.h. $a_{ij} = \overline{a_{ji}}$ für alle $i, j \in \{1, \ldots, n\}$. Die Diagonalelemente sind dann reell, ebenso alle °Eigenwerte. Die Matrix einer °hermiteschen Form auf V bzgl. einer °Basis von V ist hermitesch.

---

hermitesche Norm
hermitian norm; norme hermitienne

Sei $\langle x, y \rangle$ eine positiv definite °hermitesche Form auf einem $\mathbb{C}$-Vektorraum V. Dann heißt $\|x\| := \sqrt{\langle x, x \rangle}$ *hermitesche Norm* (in Analogie zur °euklidischen Norm im Fall eines reellen Vektorraums mit °euklidischem Skalarprodukt). Faßt man $\mathbb{C}^n$ (mit Punkten $z = (z_1, \ldots, z_n)$) als reellen Vektorraum $\mathbb{R}^{2n}$ auf (Zerlegung in Real- und Imaginärteil $z_\nu = x_\nu + iy_\nu$, $\nu = 1, \ldots, n$), so stimmen hermitesche Norm auf $\mathbb{C}^n$ und euklidische Norm auf $\mathbb{R}^{2n}$ überein.

hermitescher Operator
hermitian operator; opérateur hermitien

Eine linearer stetiger Operator $A: H \to H$ auf einem komplexen °Hilbertraum H (mit Skalarprodukt $\langle\ ,\ \rangle$) heißt *hermitesch* (oder *selbstadjungiert*), wenn für alle $x, y \in H$ gilt: $\langle Ax, y \rangle = \langle x, Ay \rangle$. Dies ist genau dann der Fall, wenn $\langle Ax, x \rangle$ für alle $x \in H$ reell ist.

Hessesche Matrix
hessian; Hessienne

Sei $U \subset \mathbb{R}^n$ °offen, $x \in U$ und $f: U \to \mathbb{R}$ eine zweimal stetig °partiell °differenzierbare Funktion. Dann heißt die $n \times n$-°Matrix

$$(\text{Hess } f)(x) := (D_i D_j f(x))_{i,j} = \left(\frac{\partial^2 f}{\partial x_i \partial x_j}(x) \right)_{\substack{1 \leq i \leq n \\ 1 \leq j \leq n}}$$

die *Hessesche Matrix* von f. Sie ist von Bedeutung für die Untersuchung von f auf lokale °Extrema.

Hessesche Normalform
normal form; équation normale d'un plan

(→ Ebenengleichung)

Hilbert-Basis
hilbert basis; base de Hilbert

(→ Parsevalsche Gleichung)

Hilbert-Raum
hilbert space; espace de Hilbert

Ein °Vektorraum H über $\mathbb{R}$ oder $\mathbb{C}$ heißt *Prähilbert-Raum*, wenn eine positiv-definite °hermitesche Form $(x, y) \mapsto \langle x, y \rangle$ (im reellen Fall eine positiv-definite symmetrische °Bilinearform), ein sog. *Skalarprodukt* auf H erklärt ist. Er heißt *Hilbert-Raum*, wenn er bezüglich der Norm $\|x\| := \langle x, x \rangle^{1/2}$ °vollständig ist (d.h. wenn jede °Cauchy-Folge einen Limes in H hat).

Hilbert-Raum (Forts.)

Beispiele: Der $\mathbb{R}$-Vektorraum aller stetigen Funktionen $[0, 1] \to \mathbb{R}$ bildet mit

$$\langle f, g \rangle := \int_0^1 f(t)\,g(t)\,dt$$

einen Prähilbert-Raum, aber keinen Hilbert-Raum. Mit demselben Skalarprodukt ist der $\mathbb{R}$-Vektorraum $L^2([0, 1])$ ($\to L^p$-Räume) ein Hilbertraum.

Der einfachste ∞-dimensionale Hilbertraum ist der *Hilbertsche Folgenraum* ℓ^2 ($\to \ell^p$-Räume).

Hilbertscher Basissatz
theorem of Hilbert; théorème de Hilbert

Ist R ein °kommutativer °noetherscher °Ring mit Einselement, so ist auch der °Polynomring $R[X]$ noethersch. Insbesondere sind also alle Polynomringe $K[X_1, \ldots, X_p]$ über einem (kommutativen) °Körper K noethersch.

Höldersche Ungleichung
Hölder's inequality; inégalité de Hölder

Seien $p, q \in \mathbb{R}$, $1 < p, q < \infty$ mit $\frac{1}{p} + \frac{1}{q} = 1$. Dann gilt für alle $x, y \in \mathbb{R}^n$ (bzw. $\mathbb{C}^n$):

$$\sum_{\nu=1}^n x_\nu \overline{y}_\nu = \langle x, y \rangle \leq \|x\|_p \cdot \|y\|_q,$$

wo $\|x\|_p := \left(\sum_{\nu=1}^n |x_\nu|^p \right)^{1/p}$ die *p-Norm* von x ist.

In der Formulierung für ℓ^p- bzw. L^p-Räume lauten die *Hölderschen Ungleichungen* (p, q wie oben):

Ist $f \in L^p(\mathbb{R}^n)$ und $g \in L^q(\mathbb{R}^n)$, so ist $f \cdot g \in L^1(\mathbb{R}^n)$

und es gilt

$$\|f \cdot g\|_1 \leq \|f\|_p \cdot \|g\|_q.$$

---

holomorph
holomorphic; holomorphe

Sei $U \subset \mathbb{C}$ °offen. Eine Funktion $f: U \to \mathbb{C}$ heißt *holomorph*, wenn eine der folgenden äquivalenten Bedingungen erfüllt ist:

1) f ist in jedem Punkt $z_0 \in U$ °komplex differenzierbar (der *Satz von Goursat* besagt, daß f dann stetig und sogar beliebig oft komplex differenzierbar ist)

2) f ist reell einmal stetig °partiell differenzierbar, und Real- und Imaginärteil von f genügen den *Cauchy-Riemannschen Differentialgleichungen* $\frac{\partial(\operatorname{Re} f)}{\partial x} = \frac{\partial(\operatorname{Im} f)}{\partial y}$, $\frac{\partial(\operatorname{Im} f)}{\partial x} = -\frac{\partial(\operatorname{Re} f)}{\partial y}$ (man identifiziert $z = x + iy \in \mathbb{C}$ und $(x, y) \in \mathbb{R}^2$).

3) f ist (*komplex-*) *analytisch*, d.h. zu jedem Punkt $z_0 \in U$ gibt es eine °konvergente °Potenzreihe $\sum_{n=0}^{\infty} c_n Z^n \in \mathbb{C}\{Z\}$ und eine Umgebung V von z_0 in U, so daß für alle $z \in V$ gilt: $f(z) = \sum_{n=0}^{\infty} c_n (z - z_0)^n$.

4) Für jedes in U gelegene Dreieck Δ ist $\int_{\partial \Delta} f(z)\, dz = 0$ (*Satz von Morera*).

---

homogenes Gleichungssystem
homogeneous system; système d'equations linéaires homogènes

(→ lineares Gleichungssystem)

---

homogene Koordinaten
homogeneous coordinates; coordonnées homogènes

(→ projektiver Raum)

---

homogenes Polynom
homogeneous polynomial; polynôme homogène

Ein Polynom $\Sigma a_{i_1 \ldots i_n} X_1^{i_1} \ldots X_n^{i_n}$ in n Unbestimmten heißt *homogen vom Grad d*, wenn die Koeffizienten $a_{i_1 \ldots i_n}$ höchstens für $i_1 + \ldots + i_n = d$ verschieden von Null sind.

Für jedes $d \in \mathbb{N}$ bilden die homogenen Polynome vom Grad d mit Koeffizienten in einem Körper K einen K-Vektorraum der Dimension $\binom{n+d-1}{n-1}$.

Homologietheorie
homology theory; théorie d'homologie

(→ exakte Sequenz)

Homomorphiesatz
fundamental theorem of homomorphism; théorème d'homomorphisme

Sei $f: G \to G'$ ein Gruppenhomomorphismus. Dann ist die Abbildung $\bar{f}: G/\text{Ker} f \to G'$, $a \cdot \text{Ker} f \mapsto f(a)$ ein injektiver Gruppenhomomorphismus. Insbesondere sind die Gruppen $G/\text{Ker} f$ und $f(G)$ isomorph.

(→ Faktorgruppe, → Isomorphismus)

Homomorphismus
homomorphism; homomorphisme

Grob gesagt: Ein *Homomorphismus* ist eine „strukturverträgliche Abbildung". Dies könnte abstrakt präzisiert werden. Besser ist es, einige wichtige Beispiele zu zitieren:

1) Sind G und H °Gruppen, so ist eine Abbildung $f: G \to H$ ein *Gruppenhomomorphismus*, wenn für alle $a, b \in G$ gilt: $f(ab) = f(a)f(b)$. Daraus folgt: Ist $e \in G$ das neutrale Element, so auch $f(e) \in H$, und ist a^{-1} das Inverse zu $a \in G$, so ist $f(a^{-1})$ invers zu $f(a)$ in H.

2) Bei Abbildungen zwischen °Ringen und zwischen °Körpern definiert man analog Ringhomomorphismen und Körperhomomorphismen; bei Ringen mit Einselement verlangt man meist, daß das Einselement in das Einselement abgebildet wird (*unitärer Homomorphismus*).

3) Sind V und W °Vektorräume über K, so heißt ein Vektorraumhomomorphismus $f: V \to W$ (definiert als Gruppenhomomorphismus der zugrundeliegenden additiven Gruppen mit der Zusatzeigenschaft $f(\alpha v) = \alpha f(v)$ für alle $v \in V$ und alle $\alpha \in K$) einfach auch *K-lineare Abbildung*.

Bei einem bijektiven Homomorphismus zwischen Gruppen, Ringen, Vektorräumen usw. ist auch die Umkehrabbildung ein Homomorphismus; er heißt dann *Isomorphismus*. Injektive (bzw. surjektive) Homomorphismen heißen *Monomorphismen* (bzw. *Epimorphismen*); Homomorphismen eines Objekts in sich heißen *Endomorphismen* und, falls sie zusätzlich bijektiv (d.h. Isomorphismen) sind, *Automorphismen*.

---

homöomorph
homeomorphic; homéomorphe

Zwei °topologische Räume X und Y heißen *homöomorph*, wenn es eine bijektive °stetige Abbildung $f: X \to Y$ gibt, so daß auch die Umkehrabbildung $f^{-1}: Y \to X$ stetig ist. f heißt dann *Homöomorphie* oder *topologische Abbildung*.

Beispiel: Das Intervall $[0, 2\pi[$ und die Kreislinie $K := \{(x, y) \in \mathbb{R}^2 : x^2 + y^2 = 1\}$ (mit der von $\mathbb{R}^2$ induzierten Topologie) sind nicht homöomorph. Die bijektive Abbildung $f: [0, 2\pi[\to K, t \mapsto (\cos t, \sin t)$ ist zwar stetig, nicht aber ihre Umkehrabbildung.

Es gilt: Ist $f: X \to Y$ eine bijektive stetige Abbildung zwischen topologischen Räumen und ist X °kompakt, so ist stets auch die Umkehrabbildung stetig (f also ein Homöomorphismus).

homotop
homotopic; homotope

Zwei °stetige Abbildungen $f, g: Z \to X$ zwischen °topologischen Räumen heißen *homotop* (zueinander), wenn sie sich „stetig ineinander deformieren" lassen, d. h. wenn es eine stetige Abbildung $\Phi: Z \times [0, 1] \to X$ gibt mit $\Phi(z, 0) = f(z)$ und $\Phi(z, 1) = g(z)$ für alle $z \in Z$. Hier heißt $t \in [0, 1]$ *Deformationsparameter*. Die Homotopie ist eine Äquivalenzrelation auf der Menge aller stetigen Abbildungen von Z nach X.

Eine Abbildung, die zu einer konstanten Abbildung homotop ist, heißt *nullhomotop* oder *unwesentlich*. Zwei topologische Räume X und Y heißen *homotopie-äquivalent* oder *vom gleichen Homotopietyp*, wenn es stetige Abbildungen $f: X \to Y$ und $g: Y \to X$ gibt, so daß $g \circ f$ homotop zu id_X und $f \circ g$ homotop zu id_Y ist.

Beispiele: $\mathbb{R}^n$ und $\{0\}$, $\mathbb{R}^{n+1} \setminus \{0\}$ und $S^n = \{x \in \mathbb{R}^{n+1}: \|x\| = 1\}$ haben jeweils denselben Homotopietyp.

Häufig benötigt man *Homotopie relativ eines Teilraums*: $f, g: Z \to X$ heißen *homotop relativ* $A \subset Z$, wenn es eine Homotopie $\Phi: Z \times [0, 1] \to X$ von f nach g gibt mit der Eigenschaft: Für $a \in A$ und alle $t \in [0, 1]$ ist $\Phi(a, t) = f(a) = g(a)$.

Homotopiegruppe
homotopy group; groupe d'homotopie

Sei X ein °topologischer Raum. Auf der Menge aller geschlossenen °Wege in X mit festem Anfangs- und Endpunkt $p \in X$ (das sind stetige Abbildungen $w: [0, 1] \to X$ mit $w(0) = w(1) = p$) betrachtet man die Äquivalenzklassen $[w]$ bezüglich $w \sim w'$:$\Leftrightarrow$ w und w' sind °homotop relativ $\{0, 1\}$. Man zeigt, daß das „Aneinandersetzen" von Wegen eine Verknüpfung auf der Menge aller Äquivalenzklassen induziert und sie zu einer °Gruppe macht. Die Äquivalenzklasse des „Punktweges" $[0, 1] \to X$, $t \mapsto p$ für alle $t \in [0, 1]$, ist das neutrale Element. Diese Gruppe heißt (*erste*) *Homotopiegruppe* oder *Fundamentalgruppe* von X mit Basispunkt p und wird mit $\pi_1(X, p)$ bezeichnet. Ist X °wegzusammenhängend, so sind Homotopiegruppen zu verschiedenen Basispunkten isomorph, und man läßt den Basispunkt meist weg.

Beispiele: Die Homotopiegruppe °zusammenziehbarer Räume besteht nur aus dem neutralen Element. Räume desselben Homotopietyps haben isomorphe Fundamentalgruppen. Es ist $\pi_1(S^1) \cong \mathbb{Z}$, $\pi_1(S^1 \times S^1) \cong \mathbb{Z} \times \mathbb{Z}$, $\pi_1(A) \cong$ °freie Gruppe mit 2 Erzeugenden, wenn A homöomorph zur Figur ∞ in $\mathbb{R}^2$ ist.

Horner-Schema
Horner's method; méthode de Horner

Zur Berechnung des Wertes eines °Polynoms $P(x) = a_0 x^n + a_1 x^{n-1} + \ldots + a_n$ ist es günstig, folgendermaßen vorzugehen:

$y_0 := a_0$, $y_1 := a_0 x + a_1 = y_0 x + a_1$,
$y_2 := y_1 x + a_2 = (a_0 x + a_1) x + a_2, \ldots, y_k := y_{k-1} x + a_k \ (k \leq n)$;
dann ist $y_n = P(x)$.

Die Berechnung nach diesem *Horner-Schema* erfordert nur halb so viele Multiplikationen als die Berechnung der einzelnen Potenzen von x nacheinander.

Hurwitz (Satz von)
theorem of H.; théorème de H.

Eine reelle °symmetrische °Matrix $A = (a_{ij}) \in \mathbb{R}^{n \times n}$ ist genau dann °positiv definit (d.h. hat lauter positive °Eigenwerte), wenn alle *Hauptunterdeterminanten*

$$\det \begin{pmatrix} a_{11} & \ldots & a_{1k} \\ \vdots & & \\ a_{k1} & \ldots & a_{kk} \end{pmatrix} \quad (k = 1, \ldots, n)$$

positiv sind.

(→ Extremum (lokales), II)

Hyperbel
hyperbola; hyperbole

(→ Kegelschnitt)

Hyperbel-Funktionen
hyperbolic functions; fonctions hyperboliques

Die Zerlegung der Exponentialfunktion (→ Exponentialreihe) in eine gerade Funktion $\frac{1}{2}(e^x + e^{-x})$ und eine ungerade Funktion $\frac{1}{2}(e^x - e^{-x})$ führt zum *hyperbolischen Cosinus* $\cosh x = \sum_{n=0}^{\infty} \frac{x^{2n}}{(2n)!}$ und zum *hyperbolischen Sinus* $\sinh x = \sum_{n=0}^{\infty} \frac{x^{2n+1}}{(2n+1)!}$.

(Wie bei den trigonometrischen Funktionen kann man damit den *hyperbolischen Tangens* $\tanh x = \frac{\sinh x}{\cosh x}$ und den *hyperbolischen Cotangens* $\coth x = \frac{\cosh x}{\sinh x}$ definieren). So wie die Kreisfunktionen Sinus und Cosinus durch $t \to (\cos t, \sin t)$ den Kreis $x^2 + y^2 = 1$ parametrisieren, so wird durch $t \to (\pm \cosh t, \sinh t)$ die Hyperbel

$x^2 - y^2 = 1$ parametrisiert. Wie man an den Reihenentwicklungen abliest, gelten die Beziehungen

$$\cosh x = \cos ix, \qquad \sinh x = -i \sin ix$$
$$\frac{d}{dx} \cosh x = \sinh x, \qquad \frac{d}{dx} \sinh x = \cosh x.$$

Die *Additionstheoreme*

$$\cosh(x+y) = (\cosh x)(\cosh y) + (\sinh x)(\sinh y)$$
$$\sinh(x+y) = (\sinh x)(\cosh y) + (\cosh x)(\sinh y)$$

bestätigt man einfach durch Nachrechnen an der Definition. Der Graph des hyperbolischen Cosinus heißt *Kettenlinie*, denn er ist die Lösung zum Problem, die Kurve anzugeben, welche von einer an zwei Punkten aufgehängten (ideal geschmeidigen) Kette gebildet wird.

Hyperebene
hyperplane; hyperplan

In einem n-dimensionalen °Vektorraum oder °affinen Raum oder °projektiven Raum heißt ein $(n-1)$-dimensionaler linearer Teilraum eine *Hyperebene* (natürlich denkt man dabei vorwiegend an den Fall $n \geq 4$; für $n = 3$ hat man die landläufigen Ebenen und „Hyperebenen" im Fall $n = 2$ (bzw. $n = 1$) reduzieren sich auf Geraden (bzw. Punkte).

Hyperebenenspiegelung
hyperplane reflection; symétrie par rapport à un hyperplan

Sei V ein °euklidischer °Vektorraum, $v \in V$ und H_v die Hyperebene $\langle v \rangle^\perp = \{x \in V: \langle x, v \rangle = 0\}$ (also $V = \mathbb{R} \cdot v \oplus H_v$). Eine $\mathbb{R}$-lineare Abbildung $f \in \mathrm{Hom}_\mathbb{R}(V, V)$ heißt *Hyperebenenspiegelung* an der Hyperebene H_v, wenn für alle $x \in V$, $x = y + v$ ($y \in H_v$), gilt: $f(x) = y - v$.

Jede °Drehung der Ebene läßt sich darstellen als Komposition von zwei Spiegelungen an Geraden durch den Ursprung (also Hyperebenenspiegelungen); jede Drehung des Raumes ebenfalls als Komposition von zwei Spiegelungen an Ebenen. Allgemein gilt: Jede °orthogonale Abbildung $f \in O(V)$ läßt sich darstellen als Komposition von $r \leq \dim V$ Hyperebenenspiegelungen.

I

Ideal
ideal; idéal

Eine Teilmenge I eines °Ringes R heißt *Ideal*, wenn gilt:

a) I ist Untergruppe der additiven Gruppe von R

b) Für jedes $a \in I$ und jedes $x \in R$ ist $ax \in I$ (und $xa \in I$, falls R nicht kommutativ ist und man ein *zweiseitiges* Ideal möchte).

Beispiele: $\{0\}$ und R sind die trivialen Ideale eines jeden Ringes R. Ist $a \in R$, so ist $R \cdot a = \{xa \mid x \in R\}$ ein Ideal von R ($\to$ Hauptideal). Jedes Ideal von $\mathbb{Z}$ hat die Form $m \cdot \mathbb{Z}$ mit einem $m \in \mathbb{N}$. Ist $X \neq \emptyset$ eine Menge und $\mathrm{Abb}(X, \mathbb{R})$ der Ring aller Abbildungen von X nach $\mathbb{R}$, so ist für jede Teilmenge $Y \subset X$ die Menge $I(Y) = \{f \in \mathrm{Abb}(X, \mathbb{R}): f|_Y = 0\}$ ein Ideal in $\mathrm{Abb}(X, \mathbb{R})$.

Ein Ideal kann gesehen werden als R-Untermodul des R-°Moduls R.

($\to$ Restklassenring)

idempotent
idempotent; idempotent

Sei M eine Menge mit einer °Verknüpfung $M \times M \to M$, $(a, b) \mapsto a \triangle b$. Dann heißt ein Element $a \in M$ *idempotent* (bzgl. $\triangle$), wenn gilt: $a \triangle a = a$.

Beispiel: In $\mathbb{Z}/6\mathbb{Z}$ sind die Restklassen von 3 und 4 bzgl. der Multiplikation idempotent.

($\to$ kongruent, $\to$ Restklassenring)

Identitätssatz (für holomorphe Funktionen)
identity theorem; principe des zéros isolés, ou du prolongement analytique

Sei $G \subset \mathbb{C}$ ein Gebiet (d.h. offen und zusammenhängend) und seien $f, g: G \to \mathbb{C}$ zwei °holomorphe Funktionen, die auf einer Teilmenge von G, welche in G einen Häufungspunkt besitzt, übereinstimmen. Dann gilt $f = g$ auf ganz G.

Im
im; im

Das Bild bei einer Abbildung f wird oft mit $\mathrm{Im}(f)$ bezeichnet (von engl. oder frz. *image*).

Dasselbe *Im* wird auch als Abkürzung für „Imaginärteil" verwendet.

Imaginärteil
imaginary part; partie imaginaire

(→ komplexe Zahlen)

implizite Funktionen (Satz über)
implicit function theorem; théorème des fonctions implicites

a) Sei $I \times J \subset \mathbb{R}^2$ °offen und $f: I \times J \to \mathbb{R}$ eine stetig °differenzierbare Abbildung. Dann gibt es zu jedem Punkt $(a, b) \in I \times J$, in dem $f(a, b) = 0$ und $\frac{\partial f}{\partial y}(a, b) \neq 0$ ist, eine Umgebung $I_1 \times J_1 \subset I \times J$ und eine stetig differenzierbare Abbildung $\varphi: I_1 \to J_1$ mit der Eigenschaft: Für alle $(x, y) \in I_1 \times J_1$ ist $f(x, y) = 0$ genau dann, wenn $y = \varphi(x)$ ist.

Die Menge $\{(x, y) \in I_1 \times J_1 \mid f(x, y) = 0\}$ ist also Graph der Funktion φ. Man sagt, φ entsteht durch „Auflösen der Gleichung $f(x, y) = 0$ nach y".

Die Ableitung von φ ist gegeben durch $\varphi'(x) = -\dfrac{\frac{\partial f}{\partial x}}{\frac{\partial f}{\partial y}}$.

b) Seien $U \subset \mathbb{R}^k$ und $V \subset \mathbb{R}^m$ offene Mengen und $F: U \times V \to \mathbb{R}^m$, $(x, y) \mapsto F(x, y)$ eine stetig differenzierbare Abbildung.

Dann gibt es zu jedem Punkt $(a, b) \in U \times V$, in dem die $m \times m$-Matrix
$$D_y F(a, b) = \left(\frac{\partial F_i}{\partial y_j}(a, b)\right)_{\substack{1 \leq i \leq m \\ 1 \leq j \leq m}}$$
invertierbar ist, eine Umgebung $U_1 \times V_1 \subset U \times V$ und eine stetig differenzierbare Abbildung $\Phi: U_1 \to V_1$ mit der Eigenschaft: Für alle $(x, y) \in U_1 \times V_1$ ist $F(x, y) = 0$ genau dann, wenn $y = \Phi(x)$ ist.

Die Funktionalmatrix von Φ ist gegeben durch die $m \times k$-Matrix $D\Phi(x) = -(D_y F(x, y))^{-1} \cdot D_x F(x, y)$.

Ist F r-mal stetig differenzierbar (bzw. unendlich oft differenzierbar bzw. analytisch), so auch Φ.

Eine analoge Formulierung des Satzes über implizite Funktionen gilt auch für (reelle oder komplexe) °Banachräume.

indefinit
indefinit; indéfini

Sei V ein °Vektorraum über $\mathbb{K} = \mathbb{R}$ oder $\mathbb{C}$. Eine symmetrische °Bilinearform $s: V \times V \to \mathbb{K}$ oder eine °hermitesche Form $s: V \times V \to \mathbb{C}$ heißt *indefinit*, wenn es Vektoren $v, w \in V$ gibt mit $s(v, v) > 0$ und $s(w, w) < 0$. (Dann gibt es auch Vektoren $u \in V$, $u \neq 0$ mit $s(u, u) = 0$).

(→ isotrop, → positiv definit)

Index (einer symmetrischen Bilinearform)
index of a symmetric bilinear form; indice d'une forme bilinéaire symétrique

Sei V ein endlich-dimensionaler $\mathbb{K}$-°Vektorraum ($\mathbb{K} = \mathbb{R}$ oder $\mathbb{C}$), $s: V \times V \to \mathbb{K}$ eine symmetrische °Bilinearform oder eine °Hermitesche Form, A die °Matrix von s bzgl. einer °Basis von V. Die Anzahl der positiven °Eigenwerte von A heißt *Index* von s; dies ist gleich der Dimension desjenigen Teilraums von V, der von allen $v \in V$ mit $s(v, v) > 0$ aufgespannt wird.

($\to$ Sylvestersches Trägheitsgesetz)

Index (einer Untergruppe)
index (of a subgroup); indice (d'un sous-groupe)

Sei H eine Untergruppe der °Gruppe G. Durch $x \sim_H y : \Leftrightarrow x^{-1} y \in H$ wird eine Äquivalenzrelation auf G erklärt; ihre Äquivalenzklassen $\bar{x} = xH = \{y \mid$ es gibt $h \in H$ mit $y = xh\}$ heißen *Linksnebenklassen modulo H*, und die Anzahl dieser Linksnebenklassen (die gleich der Anzahl der analog definierten *Rechtsnebenklassen* ist) heißt *Index* von H in G und wird mit $[G:H]$ notiert.

($\to$ Lagrange (Satz von))

Indexmenge
index set; ensemble d'indices

($\to$ Familie)

induzierte Topologie
induced topology; topologie induite

Seien X eine Menge, Y ein °topologischer Raum und $f: X \to Y$ eine Abbildung. Dann ist $\mathcal{T} := \{U \subset X:$ es gibt $V \subset Y$ offen mit $U = f^{-1}(V)\}$ eine Topologie auf X (und zwar die gröbste, bzgl. der f stetig ist), die von Y *induzierte Topologie*. Besonders wichtig ist der Spezialfall, daß X eine Teilmenge von Y und f die Inklusionsabbildung ist. In diesem Fall heißt Y, versehen mit der induzierten Topologie, *Teilraum* oder *Unterraum* von X.

($\to$ Initialtopologie)

Infimum
infimum; infimum

($\to$ Supremum)

Infinitesimalrechnung
calculus; calcul infinitésimal

(→ Analysis)

Initialtopologie
projectively generated topology; topologie initiale

Seien X eine Menge, $(Y_i)_{i \in I}$ eine °Familie °topologischer Räume, und $f_i: X \to Y_i$ Abbildungen. Dann ist $\mathcal{M} := \bigcup_{i \in I} \mathcal{M}_i$ mit $\mathcal{M}_i = \{f_i^{-1}(V) | V \subset Y_i \text{ offen}\}$ eine Subbasis (→ Basis) der gröbsten °Topologie, bei der alle f_i stetig sind. Die von $\mathcal{M}$ erzeugte Topologie heißt *Initialtopologie* von X bzgl. der topologischen Räume Y_i und der Abbildungen f_i ($i \in I$). Sie ist charakterisiert durch die Eigenschaft: Eine Abbildung $h: W \to X$ (von einem topologischen Raum W) ist genau dann stetig, wenn alle $f_i \circ h: W \to Y_i$ stetig sind.

Beispiel: Ist X das °kartesische Produkt der Mengen Y_i und $f_i: X \to Y_i$ die Projektion auf den i-ten Faktor (für jedes $i \in I$), so ist die Initialtopologie gleich der °Produkttopologie.

Besteht I nur aus einem Element, so erhält man die °induzierte Topologie.

injektiv
injective (one-to-one into); injectif,-ve

(→ Abbildung)

innerer Automorphismus
inner automorphism; automorphisme intérieur

Sei G eine °Gruppe und $a \in G$. Dann ist $G \to G$, $x \mapsto axa^{-1}$ ein °Automorphismus von G, und jeder Automorphismus dieser Art heißt *innerer Automorphismus*. Die inneren Automorphismen bilden eine Untergruppe der Automorphismengruppe von G.

(→ konjugierte Untergruppen)

innere Geometrie einer Fläche
intrinsic geometry of a surface; géométrie intrinsèque d'une surface

Alle Begriffe der °Differentialgeometrie auf einer °Fläche $F \subset \mathbb{R}^3$, die nur von der ersten °Fundamentalform abhängen, und die daraus ableitbaren Eigenschaften und Sätze gehören zur *inneren Geometrie* der Fläche.

innere Geometrie einer Fläche (Forts.)

Erst die Betonung dieses Gesichtspunkts erlaubte die Verallgemeinerung differentialgeometrischer Begriffe, Methoden und Ergebnisse auf °differenzierbare Mannigfaltigkeiten, die nicht von vornherein in einen $\mathbb{R}^n$ eingebettet sind.

(→ Differentialgeometrie, → Theorema ergregium)

---

innerer Punkt
interior point; point intérieur

Ist A Teilmenge eines °topologischen Raumes X, so heißt $p \in A$ *innerer Punkt* von A, wenn es eine in X offene Menge U gibt mit $p \in U \subset A$.

(→ offener Kern)

Integrabilitätsbedingungen
integrability conditions or compatibility relations; conditions d'intégrabilité

(→ Ableitungsgleichungen)

Integralrechnung
integral calculus; calcul intégral

(→ Analysis)

---

integrierbar
integrable; intégrable

(→ Riemann-Integral, → Lebesgue-Integral)

Integritätsring
domain; anneau intègre

Ein Ring R heißt *Integritätsring*, wenn gilt:
a) R ist °nullteilerfrei
b) R ist °kommutativ
c) R besitzt ein vom Nullelement verschiedenes °Einselement.

Beispiele: Die Ringe $\mathbb{Z}$, $K[X]$ (K ein Körper), $\mathcal{O}(G)$ (°holomorphe Funktionen auf einem Gebiet $G \subset \mathbb{C}$), $\mathbb{C}[X, Y]/(Y^2 - X^3)$ sind Integritätsringe; die Ringe $\mathbb{Z}/n\mathbb{Z}$ ($n > 1$), $\mathbb{C}[X, Y]/(Y^2 - X^2)$, $\mathscr{C}(\mathbb{R})$ (°stetige Funktionen auf $\mathbb{R}$) sind keine Integritätsringe.

Interpolation
interpolation; interpolation

(→ Lagrangesches Interpolationspolynom)

Intervall
interval; intervalle

Eine Teilmenge $I \subset \mathbb{R}$ heißt *Intervall*, wenn mit $a, b \in I$, $a < b$ auch alle $c \in \mathbb{R}$ mit $a < c < b$ zu I gehören.

Für $a < b$ unterscheidet man die *beschränkten* Intervalle

$[a, b] = \{x \in \mathbb{R} : a \leqslant x \leqslant b\}$ (*abgeschlossenes* Intervall)
$]a, b[= \{x \in \mathbb{R} : a < x < b\}$ (*offenes* Intervall)
$[a, b[= \{x \in \mathbb{R} : a \leqslant x < b\}$ (*halboffenes* Intervall)
(bzw. analog $]a, b]$)

sowie die *unbeschränkten* Intervalle $[a, \infty[= \{x \in \mathbb{R} : a \leqslant x\}$ (bzw. analog $]a, \infty[$, $]-\infty, b]$, $]-\infty, b[$).

Diese Definitionen lassen sich in einer beliebigen Menge mit einer °Halbordnung verwenden; insbesondere definiert man *n-dimensionale Intervalle* im $\mathbb{R}^n$, indem man die Halbordnung $(x_1, ..., x_n) < (y_1, ..., y_n) :\Leftrightarrow x_i < y_i$ für alle $i = 1, ..., n$ verwendet. (Verwendet man $\leqslant$ anstelle von $<$, so muß man auch im Fall $x \leqslant y, x \neq y$ „entartete", d.h. niedrigerdimensionale Intervalle zulassen).

inverse Matrix
inverse matrix; matrice inverse

Sei A eine $n \times n$-°Matrix über einem °Körper K. Gilt $\det A \neq 0$ (→ Determinante) (oder äquivalent: °rang $A = n$), so ist A invertierbar und die *inverse Matrix* ist $A^{-1} = \frac{1}{\det A} \cdot {}^t C$ mit der °transponierten der Matrix $C = (c_{ij})$, die definiert ist durch $c_{ij} = (-1)^{i+j} \det A'_{ij}$, wo A'_{ij} die $(n-1) \times (n-1)$-Matrix ist, die aus A durch Streichen der i-ten Zeile und j-ten Spalte entsteht.

(→ Determinantenentwicklungssatz)

inversen Operator (Satz vom)
continuity of the inverse operator; continuité de l'opérateur inverse

Es seien X und Y °Banachräume, $T: X \to Y$ eine bijektive °stetige °lineare Abbildung. Dann ist auch T^{-1} stetig, also T ein Homöomorphismus. (Beweis mit Hilfe des °Prinzips der offenen Abbildung).

invertierbar
invertible; inversible

Sei R ein °Ring mit Einselement 1. Ein Element $a \in R$ heißt *invertierbar*, wenn es ein $a' \in R$ gibt mit $a'a = 1$. Die invertierbaren Elemente von R bilden eine multiplikative °Gruppe, die *Einheitengruppe* von R (bezeichnet mit R^* oder $\mathfrak{G}_m(R)$).
(→ allgemeine lineare Gruppe)

Involution
involution; involution

Eine °Abbildung $f: X \to X$ einer Menge X in sich heißt *Involution*, wenn $f \circ f = id_X$ ist.
Beispiele: Die komplexe Konjugation $\mathbb{C} \to \mathbb{C}$, $z = x + iy \mapsto \overline{z} = x - iy$ ist eine Involution (Spiegelung an der reellen Achse). Jede Drehung um $180°$ ist eine Involution. Die Vertauschung der Komponenten in einem kartesischen Produkt $X \times X$ ist eine Involution („Spiegelung an der Diagonalen").

irrational
irrational; irrationnel

Eine °reelle °Zahl heißt *irrational*, wenn sie nicht °rational ist.
Beispiele: Ist $n \in \mathbb{N}$ und $\sqrt{n} \notin \mathbb{N}$, so ist $\sqrt{n}$ irrational. Die °Eulersche Zahl e und die Kreiszahl °π sind irrational. Der Wert $\zeta(3) = \sum_{n=1}^{\infty} \frac{1}{n^3}$ ist irrational (Apéry 1978).

LITERATUR: Perron, O.: Irrationalzahlen (De Gruyter, Berlin 1920).

irreduzibel
irreducible; irréductible

(→ Teilbarkeit in Integritätsringen)

isometrisch
isometric; isométrique

Eine Abbildung $f: X \to Y$ zwischen °metrischen Räumen (X, d_X) und (Y, d_Y) heißt *isometrisch* (oder *Isometrie*), wenn für alle $x, x' \in X$ gilt: $d_X(x, x') = d_Y(f(x), f(x'))$.
Eine Isometrie ist also immer °stetig und injektiv.

Isomorphiesätze
isomorphism theorems; théorèmes d'isomorphie

1. Isomorphiesatz: Sei G eine °Gruppe, H eine Untergruppe und N ein °Normalteiler von G. Dann gilt:

a) $HN = \{hn \mid h \in H, n \in N\}$ ist Untergruppe von G.
b) N ist Normalteiler von HN.
c) $H \cap N$ ist Normalteiler von H.
d) Die Abbildung $f: H/H \cap N \to HN/N$, $a(H \cap N) \mapsto aN$ ist ein Gruppenisomorphismus.

2. Isomorphiesatz: Sind M und N Normalteiler der Gruppe G und ist $M \subset N$, so gilt:

a) N/M ist Normalteiler von G/M.
b) Die Abbildung $g: (G/M)/(N/M) \to G/N$, $(aM)(N/M) \mapsto aN$ ist ein Gruppenisomorphismus.

In der Version für einen °Ring R und °Ideale I, J in R lauten die *Isomorphiesätze*:

1. $I/I \cap J \cong (I+J)/J$
2. $(I \subset J)$: $(R/I)/(J/I) \cong R/J$.

(Man verifiziert, daß die Gruppenisomorphismen für die zugrundeliegenden additiven Gruppen sogar Ringhomomorphismen sind).

(→ Restklassenring)

Isomorphismus
isomorphism; isomorphisme

Ein °Homomorphismus $f: X \to Y$ heißt *Isomorphismus*, wenn es einen Homomorphismus $g: Y \to X$ gibt mit $g \circ f = id_X$ und $f \circ g = id_Y$.
Für °Gruppen, °Ringe, °Vektorräume (und viele andere Strukturen, aber nicht alle) gilt: Ein Homomorphismus ist schon Isomorphismus, wenn er nur bijektiv ist.

isotrop
isotropic; isotrope

Sei V ein $\mathbb{K}$-°Vektorraum ($\mathbb{K} = \mathbb{R}$ oder $\mathbb{C}$), $s: V \times V \to \mathbb{K}$ eine symmetrische °Bilinearform oder °hermitesche Form. Ein Vektor $v \in V$, $v \neq 0$ heißt *isotrop* (bzgl. s), wenn $s(v, v) = 0$ ist. Die isotropen Vektoren bilden einen Kegel (d.h. mit v ist auch αv isotrop für alle $\alpha \in \mathbb{K}$).

Beispiele: In $\mathbb{C}^2$ mit $s(z, w) = z_1 w_1 + z_2 w_2$ sind die Vektoren $(1, i)$ und $(1, -i)$ isotrop. In $\mathbb{R}^4$ mit Koordinaten $u = (x, y, z, t)$ und $s(u, u') = xx' + yy' + zz' - tt'$

isotrop (Forts.)

sind für alle $(x, y, z) \in \mathbb{R}^3$ mit $x^2 + y^2 + z^2 = 1$ die Vektoren $(x, y, z, 1)$ und $(x, y, z, -1)$ isotrop. (Das sind „lichtartige Vektoren" in der Raum-Zeit der speziellen Relativitätstheorie).

Isotropiegruppe
stabilizer; groupe d'isotropie ou *stabilisateur*

(→ Operation)

Iterationsverfahren von Picard-Lindelöf
iteration method of P.-L.; méthode d'itération de P.-L.

(→ Existenz- und Eindeutigkeitssatz für Differentialgleichungen)

J

Jacobi-Identität
Jacobi identity; identité de Jacobi

(→ Lie-Algebra)

Jacobimatrix
jacobian; matrice jacobienne

Ist $f = (f_1, \ldots, f_m): \mathbb{R}^n \to \mathbb{R}^m$ eine °differenzierbare Abbildung, so heißt
$Df(a) := \left(\dfrac{\partial f_i}{\partial x_j} (a) \right)$ $(i = 1, \ldots, m, j = 1, \ldots, n)$ die *Jacobimatrix* von f im Punkt a.

(→ total differenzierbar)

Jacobson-Radikal
Jacobson radical; radical de Jacobson

Sei A ein °kommutativer °Ring mit 1. Der Durchschnitt aller °maximalen °Ideale von A heißt *Jacobson-Radikal* von A und wird meist mit $r(A)$ bezeichnet. Es gilt: $r(A) = \{x \in A \mid \text{für alle } y \in A \text{ ist } 1 - xy \text{ invertierbar}\}$. Für jedes Ideal $Q \subset A$, welches in $r(A)$ enthalten ist, gilt das *Lemma von Nakayama*: Ist M ein endlich erzeugter A-°Modul mit $M = QM$, so ist $M = 0$. (Umgekehrt ist jedes Ideal Q mit dieser Eigenschaft in $r(A)$ enthalten).

Jordan-Hölder (Satz von)
theorem of J.-H.; théorème de J.-H.

Sei G eine °Gruppe, und $G = G_0 \supsetneq G_1 \supsetneq G_2 \supsetneq \ldots \supsetneq G_n = \{e\}$ eine absteigende Folge von Untergruppen, so daß jedes G_i °Normalteiler in G_{i-1} ist und jede °Faktorgruppe G_{i-1}/G_i °einfach ist.

Ist dann $G = H_0 \supsetneq H_1 \supsetneq \ldots \supsetneq H_m = \{e\}$ eine Folge mit denselben Eigenschaften, so ist $n = m$ und es gibt eine °Permutation σ von $\{0, 1, \ldots, n\}$, so daß die Faktorgruppen G_{i-1}/G_i und $H_{\sigma(i)-1}/H_{\sigma(i)}$ für alle $i = 1, \ldots, n$ isomorph sind.

Jordanmatrix
Jordan matrix; matrice de Jordan

Eine $r \times r$-°Matrix über einem °Körper K heißt *Jordanmatrix*, wenn sie von der Gestalt $\lambda E + N$ ist mit $\lambda \in K$, E = Einheitsmatrix, und $N = (n_{ij})$ mit $n_{ij} = 1$ falls $j = i + 1$ und $n_{ij} = 0$ sonst.

(→ Jordansche Normalform)

Jordanscher Kurvensatz
Jordan curve theorem; théorème de Jordan

Eine Punktmenge K des $\mathbb{R}^2$ heißt *Jordan-Kurve (einfach geschlossene Kurve)*, wenn sie °homöomorph zur Kreislinie $S^1 = \{(x, y) \in \mathbb{R}^2 : x^2 + y^2 = 1\}$ ist. Der *Jordansche Kurvensatz* besagt:

Ist $K \subset \mathbb{R}^2$ eine Jordankurve, so gibt es zwei °Gebiete G_1 und G_2, so daß $\mathbb{R}^2 = G_1 \cup K \cup G_2$ eine disjunkte Vereinigung ist. Genau eines der Gebiete ist °beschränkt; es heißt das *Innere* von K.

Jordansche Normalform
Jordan normal form; forme canonique de Jordan

Sei V ein endlich-dimensionaler K-°Vektorraum und f ein °Endomorphismus von V. Wenn das °charakteristische Polynom P_f über K in Linearfaktoren zerfällt, gibt es eine °Basis von V, bzgl. der die Matrix von f von der untenstehenden Gestalt mit °Jordanmatrizen $J_1, \ldots, J_k$ ist. Die Diagonalelemente sind die °Eigenwerte von f, doch können verschiedene Jordanmatrizen zum selben Eigenwert gehören.

$$\begin{pmatrix} J_1 & & & 0 \\ & J_2 & & \\ & & \ddots & \\ 0 & & & J_k \end{pmatrix}$$

K

kanonisch
canonical; canonique

Im mathematischen Sprachgebrauch bedeutet *kanonisch* soviel wie „natürlich", „besonders ausgezeichnet", „schöner als alle anderen", vor allem aber „unabhängig von der Willkür des Mathematikers" (der z. B. bei einer Konstruktion manchmal irgend etwas frei wählen kann).

Beispiele: kanonische °Quotientenabbildung (→ Äquivalenzrelation), kanonischer Isomorphismus (→ Bidualraum), kanonische Faktorisierung einer Abbildung, kanonische Projektion.

Kardinalzahl
cardinal (number); (nombre) cardinal

Man kann (in der Mengenlehre) jeder Menge M einen mathematischen Begriff *Kardinalzahl* card(M) zuordnen, so daß zwei Mengen genau dann °gleichmächtig sind, wenn sie dieselbe Kardinalzahl haben. Für endliche Mengen ist card(M) einfach die Anzahl der Elemente. Die Kardinalzahl einer unendlichen abzählbaren Menge wie $\mathbb{N}$ wird mit $\aleph_0$ (Aleph Null) bezeichnet. Die Kardinalzahl von $\mathbb{R}$ ist gleich der Kardinalzahl der Potenzmenge von $\mathbb{N}$. — Es ist wichtig zu wissen, daß es keine Menge gibt, welche „alle" Kardinalzahlen enthält!

Karte
chart; carte

(→ differenzierbare Mannigfaltigkeit)

kartesisches Produkt (von Mengen)
cartesian product; produit cartésien

a) Seien X und Y Mengen. Das *kartesische Produkt* von X und Y ist die Menge $X \times Y = \{(x,y) | x \in X, y \in Y\}$ aller geordneten Paare, bestehend aus je einem Element von X und von Y. Nimmt man z. B. für X und Y die reelle Zahlengerade $\mathbb{R}$, so entspricht die Einführung von („kartesischen" — nach Descartes, 1596–1650) Koordinaten in der euklidischen Ebene gerade der Identifikation der Ebene mit dem kartesischen Produkt $\mathbb{R} \times \mathbb{R}$.

b) Sei $(X_i)_{i \in I}$ eine Familie von Mengen. Das kartesische Produkt von $(X_i)_{i \in I}$ besteht aus allen Familien $(x_i)_{i \in I}$, wo $x_i \in X_i$ ist für alle $i \in I$, und wird notiert als $\prod_{i \in I} X_i$. Ist die Indexmenge endlich, etwa $I = \{1, \ldots, n\}$, so schreibt man auch

$\prod_{i=1}^{n} X_i = X_1 \times \ldots \times X_n$. Allgemein gibt es zu jedem $j \in I$ eine *kanonische Projektion* $pr_j: \prod_{i \in I} X_i \to X_j$, welche einer Familie $(x_i)_{i \in I}$ die j-te Komponente x_j zuordnet.

Eine °Abbildung f von einer Menge W nach $\prod_{i \in I} X_i$ ist dadurch festgelegt, daß für jedes $i \in I$ eine Abbildung $f_i (= pr_i \circ f): W \to X_i$ vorgegeben wird.

Ein kartesisches Produkt ist gleich der leeren Menge, falls ein Faktor leer ist.

Daß $\prod_{i \in I} X_i$ nicht leer ist, wenn alle $X_i \neq \emptyset$ sind (insbesondere bei unendlichem I), ist Inhalt des °Auswahlaxioms.

Kategorie
category; catégorie

Eine *Kategorie* $\mathcal{K}$ besteht aus folgendem:

a) Einer Klasse $Ob(\mathcal{K})$ von Objekten $X, Y, Z, \ldots$

b) Mengen von Morphismen (oder „Pfeilen") $Mor(X, Y)$ zu jedem geordneten Paar (X, Y) von Objekten

c) Verknüpfungen $Mor(X, Y) \times Mor(Y, Z) \to Mor(X, Z)$, $(f, g) \mapsto gf = g \circ f$ zu jedem Tripel (X, Y, Z) von Objekten, wobei gilt:

  i) Zu jedem $X \in Ob(\mathcal{K})$ gibt es ein Element $id_X \in Mor(X, X)$ mit $id_X \circ f = f$, $g \circ id_X = g$ für alle $f \in Mor(Z, X), g \in Mor(X, Y)$ (Z, Y beliebige Objekte)

  ii) $f \circ (g \circ h) = (f \circ g) \circ h$ für alle Morphismen f, g, h, für die diese Verknüpfungen definiert sind.

Beispiele: Mengen mit °Abbildungen; °Gruppen mit °Homomorphismen von Gruppen; °Vektorräume mit °linearen Abbildungen; °topologische Räume mit °stetigen Abbildungen, usw.

Die Sprechweise von Kategorien und °Funktoren hat sich etwa seit den fünfziger Jahren (wo sie entstanden ist) vor allem in den algebraischen Methoden (der homologischen Algebra) der algebraischen °Topologie und °algebraischen Geometrie nicht nur als bequem und förderlich, sondern stellenweise als unentbehrlich erwiesen. In anderen Bereichen hat sie zu begrifflichen Vereinfachungen, aber oft auch zu überflüssigen Abstraktionen geführt. „Kategorientheorie" an und für sich hat schon sehr früh den populären Beinamen *general nonsense* bekommen.

Kegel
cone; cône

Eine Teilmenge C eines °Vektorraums V über einem Körper K heißt *Kegel*, wenn gilt: $C = K \cdot C = \{\lambda v \mid \lambda \in K, v \in C\}$.

Kegel (Forts.)

Insbesondere ist $0 \in C$ und mit jedem $v \in C \setminus \{0\}$ ist die ganze Gerade $K \cdot v$ in C enthalten.

Bei manchen Gelegenheiten ist es angemessen, im reellen Fall $K = \mathbb{R}$ nur zu verlangen: $v \in C, \lambda > 0 \Rightarrow \lambda v \in C$.

In der Elementargeometrie denkt man oft nur an den *geraden Kreiskegel* $\{(x, y, z) \in \mathbb{R}^3 : z^2 = x^2 + y^2\}$ (oder nur an den Teil mit $z \geq 0$ bzw. $z \leq 0$).

Im übrigen ist die Nullstellenmenge eines °Polynoms $P \in K[x_1, \ldots, x_n]$ genau dann ein Kegel in K^n ($K = \mathbb{R}$ oder $\mathbb{C}$ oder jedenfalls char $K = 0$; → Charakteristik), wenn das Polynom °homogen ist.

Kegelschnitt
conic; conique

Es kommt vor, daß Leute den Satz über die °Hauptachsentransformation von reellen °Quadriken lernen, aber nie etwas über *Ellipsen, Parabeln* und *Hyperbeln* erfahren. Deshalb schneiden wir hier z.B. den geraden Kreiskegel $\{(x, y, z) \in \mathbb{R}^3 : x^2 + y^2 = z^2\}$ mit einer °Ebene $\{(x, y, z) \in \mathbb{R}^3 : ax + by + cz = d; (a, b, c) \neq (0, 0, 0)\}$ und betrachten das Resultat. Nehmen wir z.B. an $c \neq 0$, so ergibt die Substitution $z = \frac{d}{c} - \frac{a}{c}x - \frac{b}{c}y$ in $z^2 = x^2 + y^2$ eine Gleichung

$$a_{00} + a_{10}x + a_{01}y + (x, y)\begin{pmatrix} a_{20} & a_{11} \\ a_{11} & a_{02} \end{pmatrix}\begin{pmatrix} x \\ y \end{pmatrix} = 0,$$

wo die Matrix $\begin{pmatrix} a_{20} & a_{11} \\ a_{11} & a_{02} \end{pmatrix}$ jedenfalls verschieden von der Nullmatrix ist.

Der Satz über die °Hauptachsentransformation von symmetrischen Matrizen liefert eine Drehung $\begin{pmatrix} x \\ y \end{pmatrix} \mapsto S \cdot \begin{pmatrix} x \\ y \end{pmatrix} = \begin{pmatrix} u' \\ v' \end{pmatrix}$ (mit einer °orthogonalen 2×2-Matrix S), so daß in den neuen Koordinaten u', v' der Kegelschnitt eine Gleichung

$$b_{00} + b_{10}u' + b_{01}v' + b_{20}u'^2 + b_{02}v'^2$$ hat.

(Das kann man hier natürlich auch einfach direkt ausrechnen).

Falls b_{20} und b_{02} beide $\neq 0$ sind, kann man offenbar $u' = u + u_0$ und $v' = v + v_0$ so setzen (Translation des Koordinatenursprungs), daß die linearen Terme verschwinden (quadratische Ergänzung!) und in den Koordinaten u, v die Gleichung für den Kegelschnitt auf $c_{00} + c_{20}u^2 + c_{02}v^2 = 0$ ($c_{20} \neq 0$ und $c_{02} \neq 0$) vereinfacht worden ist. Wenn z.B. $b_{02} = 0$ ist (daraus folgt $b_{20} \neq 0$), so erreicht man stattdessen die Form $c_{01}v + c_{20}u^2 = 0$ mit $c_{20} \neq 0$. Schließlich kann man die Gleichungen noch durch Konstanten $\neq 0$ dividieren und erhält folgende Fälle:

Standardgleichung	Gestalt
$u^2 + dv^2 = 0$	$d > 0$: Nullpunkt
	$d = 0$: Doppelgerade
	$d < 0$: zwei sich schneidende Geraden

(Dies sind die sog. *entarteten Kegelschnitte*, wo die Ebene durch die Kegelspitze geht).

$\dfrac{u^2}{a^2} + \dfrac{v^2}{b^2} = 1$ *Ellipse* mit Halbachsen a, b (für $a = b$ Kreis)

$u^2 = cv \; (c \neq 0)$ *Parabel*

$\dfrac{u^2}{a^2} - \dfrac{v^2}{b^2} = 1$ *Hyperbel* mit Halbachsen a, b.

(Durch affine Koordinatentransformationen können alle Konstanten $\neq 0$ zu 1 gemacht werden: vgl. affine °Hauptachsentransformation von Quadriken).
Für Bilder und einige der wichtigsten geometrischen Eigenschaften der Kegelschnitte sei z.B. auf die *Analytische Geometrie* von G. *Fischer* (vieweg Grundkurs Mathematik) verwiesen.

Keim
germ; germe

(→ Funktionskeim)

Kern
kernel; noyau

a) Sei $f: G \to H$ ein °Gruppen °homomorphismus, e' das neutrale Element von H. Dann ist $f^{-1}(e') = \{a \in G: f(a) = e'\} =: \mathrm{Ker}\, f$ der *Kern* von f. Er ist ein °Normalteiler in G, und $G/\mathrm{Ker}\, f$ ist isomorph zur Untergruppe $f(G) \subset H$.

b) Der *Kern* eines Ringhomomorphismus (Vektorraumhomomorphismus, Modulhomomorphismus) ist das Urbild der 0 (des neutralen Elements der zugrundeliegenden additiven Gruppe) im °Ring bzw. °Vektorraum bzw. °Modul.

Kettenregel
chain rule; règle pour la dérivée de la composition de deux fonctions

a) Seien $D \subset \mathbb{R}, E \subset \mathbb{R}$ °offen und $f: D \to \mathbb{R}, g: E \to \mathbb{R}$ Funktionen mit $f(D) \subset E$. Die Funktion f sei in $x \in D$, und g in $y = f(x) \in E$ °differenzierbar. Dann ist $g \circ f: D \to \mathbb{R}$ in x differenzierbar und es gilt $(g \circ f)'(x) = g'(f(x)) \cdot f'(x)$.

Kettenregel (Forts.)

b) Seien $U \subset \mathbb{R}^n$ und $V \subset \mathbb{R}^m$ offen und $f: U \to \mathbb{R}^m$, $g: V \to \mathbb{R}^k$ Abbildungen mit $f(U) \subset V$. Die Abbildung f sei im Punkt $x \in U$, und g im Punkt $y = f(x) \in V$ (°total) differenzierbar. Dann ist $g \circ f: U \to \mathbb{R}^k$ in x differenzierbar und für ihr Differential ($\to$ Jacobimatrix) gilt $D(g \circ f)(x) = Dg(f(x)) \cdot Df(x)$.

klassische Gruppen
classical linear groups; groupes classiques

Die °allgemeinen linearen Gruppen $GL(n, K)$ ($n \in \mathbb{N}$, K ein °Körper) und ihre °Untergruppen heißen *klassische Gruppen* (oder *lineare Gruppen*). Besonders wichtig sind die Fälle $K = \mathbb{R}$ oder $\mathbb{C}$; dann ist $GL(n, K) \subset K^{n^2}$ eine °offene Teilmenge und mit der °induzierten Topologie eine °Liegruppe. Die wichtigsten Untergruppen, wie

$SL(n, K) = \{A \in GL(n, K) \mid \det A = 1\}$ (*spezielle lineare Gruppe*)
$O(n, K) = \{A \in GL(n, K) \mid {}^t\!A = A^{-1}\}$ (*°orthogonale Gruppe*)
$SO(n, K) = \{A \in O(n, K) \mid \det A = 1\}$ (*spezielle orthogonale Gruppe*)
$U(n) = \{A \in GL(n, \mathbb{C}) \mid {}^t\!\bar{A} = A^{-1}\}$ (*°unitäre Gruppe*)
$SU(n) = \{A \in U(n) \mid \det A = 1\}$ (*spezielle unitäre Gruppe*)

sind °abgeschlossene Teilmengen von $GL(n, K)$ und ebenfalls Liegruppen mit der induzierten Topologie (und induzierten differenzierbaren Struktur). Mit Ausnahme von $SL(n, K)$ sind sie alle °kompakt.

Für geradzahlige $n = 2m$ hat man als weitere „wichtige" klassische Gruppen die *symplektischen Gruppen* $Sp(2m, K)$; sie sind Untergruppen von $SL(2m, K)$. Für $Sp(2m, \mathbb{C}) \cap U(2m)$ schreibt man einfach $Sp(2m)$; diese Gruppe der unitären symplektischen Matrizen ist ebenfalls kompakt.

Kleinsche Vierergruppe
Kleinian group; groupe de Klein

($\to$ Gruppe)

kleinstes gemeinsames Vielfaches
least common multiple (lcm); plus petit multiple commun (ppmc)

($\to$ Teilbarkeit in Integritätsringen)

Kodimension
codimension; codimension

Sei V ein K-°Vektorraum. Man sagt, ein Untervektorraum $W \subset V$ hat endliche *Kodimension*, wenn V/W endlich-dimensional ist. Man schreibt dann $\dim_K V/W =$

codim$_V$ W. – Ist V endlich-dimensional, so gilt für alle Untervektorräume $W \subset V$ die *Dimensionsformel* dim V = dim W + codim$_V$ W.

Kokern
cokernel; conoyau

Sei $f: V \to W$ eine °lineare Abbildung zwischen °Vektorräumen. Der °Quotientenraum $W/f(V) = W/\text{Im}(f)$ heißt *Kokern* von f und wird mit coker f bezeichnet. In Analogie zu „f injektiv $\Leftrightarrow$ ker f = 0" gilt offenbar „f surjektiv $\Leftrightarrow$ coker f = 0".

Kollineation
collineation; collinéation

Drei Punkte p_1, p_2, p_3 eines °affinen Raumes X heißen *kollinear*, wenn sie auf einer °Geraden $Y \subset X$ liegen. Eine bijektive Abbildung $f: X \to X$ heißt *Kollineation*, wenn mit je drei kollinearen Punkten p_1, p_2, p_3 auch $f(p_1), f(p_2), f(p_3)$ kollinear sind. Äquivalent: Bilder von Geraden sind Geraden.

(→ Hauptsatz der affinen Geometrie)

kommutativ
commutative; commutatif

Eine °Verknüpfung $M \times M$, $(a, b) \mapsto ab$ auf einer Menge M heißt *kommutativ*, wenn $ab = ba$ gilt für alle $a, b \in M$. Beispiele für nicht-kommutative Verknüpfungen: Multiplikation von $n \times n$-°Matrizen für $n \geq 2$; Multiplikation von °Quaternionen; Hintereinanderausführung von Abbildungen einer Menge X in sich (falls X mehr als zwei Elemente hat), insbesondere die Hintereinanderausführung von °Permutationen.

Kommutator
commutator; commutateur

Ist G ein °Gruppe und $a, b \in G$, so heißt $ab\bar{a}^1 b^{-1} =: [a, b]$ der *Kommutator* von a und b.

Die von der Menge $\{[a, b] | a, b \in G\}$ erzeugte Untergruppe $K(G) \subset G$ (das ist hier die Menge aller endlichen Produkte von Kommutatoren) heißt die *Kommutatorgruppe* von G; sie ist °Normalteiler in G, und zwar der kleinste Normalteiler in G, für den die °Faktorgruppe $G/K(G)$ abelsch ist. Insbesondere gilt:

G abelsch $\Leftrightarrow K(G) = \{e\}$. Allgemein heißt $G/K(G)$ die „*abelsch gemachte Gruppe* G".

(→ Faktorgruppe, → auflösbar)

kompakt
compact; compact

Ein °topologischer Raum X heißt *kompakt*, wenn er °hausdorffsch ist und eine der folgenden äquivalenten Bedingungen erfüllt:

1) Ist $(U_i)_{i \in I}$ eine °Familie von °offenen Mengen in X, die X überdeckt (d.h. es ist $X = \bigcup_{i \in I} U_i$), so gibt es endlich viele Indizes $i_1, \ldots, i_k \in I$, so daß schon $U_{i_1}, \ldots, U_{i_k}$ den Raum X überdecken (m.a.W.: Jede offene Überdeckung enthält eine endliche Teilüberdeckung).

2) In jeder Familie °abgeschlossener Mengen von X mit leerem Durchschnitt gibt es endlich viele Mengen, deren Durchschnitt leer ist.

3) Ist $\mathscr{F}$ ein Filter auf X, so ist $\bigcap_{A \in \mathscr{F}} \bar{A} \neq \emptyset$.

4) Jeder °Ultrafilter $\mathscr{U}$ auf X konvergiert, d.h. es gibt ein $x \in X$, so daß $\mathscr{U}$ feiner als der Umgebungsfilter von x ist.

Eine Teilmenge eines topologischen Raums heißt *kompakt*, wenn sie als Teilraum (versehen mit der induzierten Topologie) ein kompakter Raum ist.

Im $\mathbb{R}^n$ ist eine Teilmenge genau dann kompakt, wenn sie °beschränkt und °abgeschlossen ist. Wie in jedem Raum, der dem 1. °Abzählbarkeitsaxiom genügt, lassen sich hier die Bedingungen 3) und 4) abschwächen zu

3') Jede Folge in X besitzt einen Häufungspunkt in X.

Läßt man die Bedingung „hausdorffsch" fallen, so spricht man oft von *quasikompakt* (der Sprachgebrauch ist jedoch nicht einheitlich, und oft wird bei der Definition von *kompakt* gar nicht hausdorffsch verlangt).

Eine Teilmenge A eines topologischen Raumes X heißt *relativkompakt*, wenn der Teilraum $\bar{A} \subset X$ kompakt ist.

kompakte Konvergenz
compact convergence; convergence compacte

Eine °Folge von Funktionen auf einer Menge $X \subset \mathbb{R}^n$ (oder einem °topologischen Raum X) heißt *kompakt konvergent*, wenn sie auf jeder °kompakten Teilmenge von X °gleichmäßig konvergiert (→ Konvergenz von Funktionenfolgen). Dieser Begriff ist in der °Funktionentheorie von besonderer Bedeutung: Dort ist $X = G \subset \mathbb{C}$ ein °Gebiet (z.B. eine offene Kreisscheibe) und die Funktionenfolge besteht aus °holomorphen Funktionen. Dann gilt der *Weierstraßsche Konvergenzsatz*: Die Grenzfunktion einer kompakt konvergenten Folge holomorpher Funktionen ist wieder holomorph.

kompakter Operator
compact operator; opérateur compact

Seien X, Y °Banachräume. Eine °lineare Abbildung $T: X \to Y$ heißt *kompakt*, wenn folgende äquivalente Bedingungen erfüllt sind:
1) Das Bild jeder °beschränkten Menge ist (bzgl. der °Normtopologie) relativkompakt.
2) Das Bild der offenen Einheitskugel ist relativkompakt.
3) Ist (x_n) eine beschränkte Folge in X, so enthält (Tx_n) eine konvergente Teilfolge.

Beispiel: Ist $T(X)$ endlich-dimensional, so ist T kompakt. Die identische Abbildung id_X ist genau dann kompakt, wenn X endlich-dimensional ist. Ist $I = [a, b]$ ein abgeschlossenes Intervall und $X = Y = L^2(I)$ ($\to L^p$-Räume), und ist $K \in L^2(I \times I)$ eine „Kernfunktion", so wird durch $L^2(I) \to L^2(I)$, $f \mapsto \int_I K(x, y) f(y)\, dy$ ein kompakter Operator definiert.

Das °Spektrum eines kompakten Operators besteht nur aus °Eigenwerten und alle Eigenräume sind endlich-dimensional.

Kompaktifizierung
compactification; compactifié

($\to$ Alexandroff-Kompaktifizierung)

Komplement
complement; complémentaire

($\to$ Mengenlehre)

komplementäre Matrix
complementary matrix; matrice complémentaire

Sei $A = (a_{ij})$ eine $n \times n$-°Matrix über einem °Körper K (oder auch nur einem °Ring), und A'_{ij} die $(n-1) \times (n-1)$-Matrix, die aus A durch Streichen der i-ten Zeile und j-ten Spalte entsteht. Dann heißt die Matrix $\tilde{A} := (\tilde{a}_{ij})$ mit $\tilde{a}_{ij} := (-1)^{i+j} \det A'_{ji}$ (man beachte die Vertauschung von Zeilen- und Spaltenindex!) die zu A *komplementäre Matrix*.
Es gilt: $\tilde{A} \cdot A = A \cdot \tilde{A} = (\det A) \cdot E_n$ ($E_n = n \times n$-Einheitsmatrix).

($\to$ Determinantenentwicklungssatz)

Komplex
complex; complexe

($\to$ exakt (Sequenz))

komplex differenzierbar
differentiable (with respect to a complex variable); différentiable (par rapport à une variable complexe)

Eine Funktion $f: U \to \mathbb{C}$ ($U \subset \mathbb{C}$ offen) heißt *komplex differenzierbar* an der Stelle $z_0 \in U$, wenn $\lim\limits_{z \to z_0} \dfrac{f(z) - f(z_0)}{z - z_0} =: f'(z_0)$ existiert. Dies ist äquivalent damit, daß f aufgefaßt als Abbildung $U \to \mathbb{R}^2$ (mit $U \subset \mathbb{R}^2$) (°total) differenzierbar im Sinn der Differentialrechnung mehrerer Veränderlicher ist und die Funktionalmatrix $Df(x, y)$ als °lineare Abbildung $\mathbb{R}^2 \to \mathbb{R}^2$ eine °Drehstreckung beschreibt, d.h. der Multiplikation mit einer komplexen Zahl (nämlich $f'(z_0)$) entspricht.

(→ holomorph)

---

komplexe Mannigfaltigkeit, komplexe Struktur
complex manifold, ~ structure; variété analytique (complexe), structure de variété analytique (complexe)

(→ differenzierbare Mannigfaltigkeit, → Riemannsche Fläche)

---

komplexe Zahlen
complex numbers; nombres complexes

Im °Körper $\mathbb{R}$ der °reellen Zahlen ist die Gleichung $X^2 + 1 = 0$ nicht lösbar. Durch Einführung der *imaginären Einheit* i mit $i \cdot i = i^2 = -1$ und Erweiterung von $\mathbb{R}$ zu $\mathbb{R} + i \cdot \mathbb{R} = \mathbb{R}[i] = \mathbb{C} := \{a + ib \,|\, a, b \in \mathbb{R}\}$ (Menge der *komplexen Zahlen*) mit den Rechenregeln $(a + ib) + (c + id) = (a + c) + i(b + d)$ und $(a + ib) \cdot (c + id) = (ac - bd) + i(ad + bc)$ erhält man den Körper $\mathbb{C}$, in dem sogar jedes beliebige nichtkonstante °Polynom $P \in \mathbb{C}[X]$ eine Nullstelle hat (→ Fundamentalsatz der Algebra). – Die komplexen Zahlen können in der *Gaußschen Zahlenebene* veranschaulicht werden, indem man in rechtwinkligen Koordinaten die komplexe Zahl $z = x + iy$ als Punkt mit Koordinaten $(x, y) \in \mathbb{R}^2$ deutet. Die Addition komplexer Zahlen ist gleich der Addition von Vektoren im $\mathbb{R}^2$, und der Multiplikation mit einer festen komplexen Zahl $z = x + iy$ entspricht eine °Drehstreckung der Ebene um den Winkel $\arctan y/x$ mit dem Streckungsfaktor $\sqrt{x^2 + y^2}$. Dies sieht man an der Darstellung einer komplexen Zahl in *Polarkoordinaten*: $z = x + iy = r \cdot (\cos \varphi + i \sin \varphi)$ (r = *Betrag*, φ = *Argument* von z). Man kann die komplexen Zahlen auch gleich als Drehstreckungen einführen und durch die entsprechenden Matrizen der Gestalt $\begin{pmatrix} x & -y \\ y & x \end{pmatrix}$, $x, y \in \mathbb{R}$ darstellen. – In der Algebra findet man für $\mathbb{C}$ die Darstellung als °Restklassenring $\mathbb{R}[X]/(X^2 - 1)$.

Man nennt in der Darstellung $z = x + iy$ einer komplexen Zahl z mit reellen Zahlen x, y die Zahl x den *Realteil* und y den *Imaginärteil* von z und schreibt $x = \operatorname{Re} z$, $y = \operatorname{Im} z$. Die zu z *konjugiert komplexe Zahl* ist definiert durch $\bar{z} := x - iy$, und $|z| := \sqrt{z\bar{z}} = \sqrt{x^2 + y^2}$ heißt (*Absolut-*)*Betrag* von z.

Die komplexen Zahlen vom Betrag 1 schreibt man als $S^1 = \{e^{i\varphi} = \cos\varphi + i\sin\varphi | \varphi \in \mathbb{R}\}$; sie bilden mit der Multiplikation eine Gruppe, die zur Drehgruppe der Ebene $\mathbb{R}^2$ isomorph ist.

Komplexifizierung eines reellen Vektorraums
complexification of a real vector space; complexifié d'un espace vectoriel réel

Sei V ein $\mathbb{R}$-°Vektorraum. Man setzt $\tilde{V} := V \times V$ (mit komponentenweiser Addition) und definiert eine Skalarmultiplikation mit komplexen Zahlen durch $\mathbb{C} \times V \to V, (\alpha + i\beta) \cdot (v_1, v_2) := (\alpha v_1 - \beta v_2, \alpha v_2 + \beta v_1)$ $(\alpha, \beta \in \mathbb{R}, v_1, v_2 \in V)$. Damit wird $\tilde{V}$ ein komplexer Vektorraum, die *Komplexifizierung* von V. Die Abbildung $V \to \tilde{V}$ ist $\mathbb{R}$-linear und injektiv; es gilt $i \cdot (v, 0) = (0, v)$, d.h. man kann $\tilde{V}$ auch darstellen in der Form $V \oplus i \cdot V$.

Hat V die reelle Dimension n, so hat $\tilde{V}$ als Vektorraum über $\mathbb{C}$ ebenfalls die Dimension n (als $\mathbb{R}$-Vektorraum ist $\tilde{V}$ natürlich $2n$-dimensional).

Jede $\mathbb{R}$-lineare Abbildung $f: V \to W$ zwischen $\mathbb{R}$-Vektorräumen läßt sich eindeutig zu einer $\mathbb{C}$-linearen Abbildung $\tilde{f}: \tilde{V} \to \tilde{W}$ der Komplexifizierungen fortsetzen.

(Die Komplexifizierung eines reellen Vektorraums ist ein Spezialfall von *Ringerweiterung eines Moduls*: Ist M ein R-Modul, $R \to S$ ein Ringhomomorphismus, so wird $S \otimes_R M =: \tilde{M}$ in natürlicher Weise ein S-Modul. Mit $R = \mathbb{R}, S = \mathbb{C}$ und $M = V$ ist also $\tilde{V} = \mathbb{C} \otimes_\mathbb{R} V$ ($\to$ Tensorprodukt)).

Komposition (von Abbildungen)
composition; composition

($\to$ Abbildungen)

kongruent
congruent; congru (modulo)

Ist A eine °ganze Zahl, so heißen $m, n \in \mathbb{Z}$ *kongruent modulo* a (in Zeichen: $m \equiv n \pmod{a}$), wenn $m - n$ durch a teilbar ist. Allgemeiner heißen zwei Elemente x, y (einer (multiplikativ geschriebenen) Gruppe G *kongruent modulo* einer Untergruppe $H \subset G$, wenn $xy^{-1} \in H$ gilt (oder äquivalent: wenn die Nebenklassen $xH = yH$ übereinstimmen, und dies ist äquivalent mit $y \in xH$). Die Relation „kongruent modulo H" ist eine Äquivalenzrelation; die Äquivalenzklassen (nämlich die Nebenklassen von G nach H) heißen auch *Kongruenzklassen*.

kongruente Matrizen
congruent matrices; matrices congruentes

Zwei $n \times n$-°Matrizen A und B über einem °Körper K heißen *kongruent*, wenn es eine invertierbare Matrix Q gibt mit $B = {}^tQAQ$. (Dies definiert eine Äquivalenzrelation auf der Menge aller $n \times n$-Matrizen über K). Die Matrizen, die eine °Bilinearform auf einem n-dimensionalen Vektorraum bezüglich verschiedener °Basen beschreiben, sind kongruent. Kongruente Matrizen sind °äquivalent (die Umkehrung gilt natürlich nicht).

konjugierte Untergruppe
conjugated subgroup; sous-groupe conjugué

Ist G eine °Gruppe, so ist für jedes $a \in G$ die Abbildung $G \to G$, $x \mapsto axa^{-1}$ ein °Automorphismus von G, und jeder Automorphismus dieser Art heißt *innerer Automorphismus*. Zwei Elemente $x, y \in G$ bzw. zwei Untergruppen H_1, H_2 von G heißen *konjugiert*, wenn sie durch einen inneren Automorphismus aufeinander abgebildet werden, d.h. wenn es ein $a \in G$ gibt mit $y = axa^{-1}$ bzw. $H_2 = aH_1a^{-1}$.

Eine Untergruppe ist genau dann °*Normalteiler*, wenn sie mit jeder ihrer konjugierten übereinstimmt.

konjugiert komplexe Zahl
conjugated complex number; nombre complexe conjugué

Die *Konjugation* $\mathbb{C} \to \mathbb{C}$, $z \mapsto \overline{z}$ ist ein *Körper-Automorphismus*, d.h. es gilt $\overline{z + z'} = \overline{z} + \overline{z'}$, $\overline{zz'} = \overline{z} \cdot \overline{z'}$, $\overline{z^{-1}} = (\overline{z})^{-1}$ für alle $z, z' \in \mathbb{C}$. Sie ist eine *Involution*, d.h. $\overline{\overline{z}} = z$ für alle $z \in \mathbb{C}$.

Man überträgt die Konjugation koeffizienten- bzw. punktweise auf °Polynome oder °Potenzreihen über $\mathbb{C}$ bzw. auf komplexwertige Funktionen auf einer Menge X: Für $f: X \to \mathbb{C}$ ist $\overline{f}: X \to \mathbb{C}$ definiert durch $\overline{f}(p) := \overline{f(p)}$ für alle $p \in X$.

konkav
concave; concave

($\to$ konvex)

kontrahierende Abbildung
contracting map; application contractante

Eine Abbildung $f: X \to Y$ zwischen metrischen Räumen (X, d) und (Y, d') heißt *kontrahierend* (oder *Kontraktion*), wenn für alle $x, x' \in X$ gilt: $d'(f(x), f(x')) \leqslant k \cdot d(x, x')$ mit einer Konstanten $k < 1$.

($\to$ Fixpunktsatz)

kontravarianter Funktor
contravariant functor; foncteur contravariant

(→ Funktor)

konvergente Folge
convergent sequence; suite convergente

Eine Folge $(a_n)_{n \in \mathbb{N}}$ reeller Zahlen heißt *konvergent gegen* $a \in \mathbb{R}$ (in Zeichen: $\lim_{n \to \infty} a_n = a$ oder einfach $a_n \to a$), wenn es zu jedem $\epsilon > 0$ ein $N(\epsilon) \in \mathbb{N}$ gibt mit $|a_n - a| < \epsilon$ für alle $n \geq N(\epsilon)$. Die Folge $(a_n)_{n \in \mathbb{N}}$ heißt *divergent*, wenn sie gegen keine reelle Zahl konvergiert.

Beispiele: Die Folge $\left(\frac{1}{n+1}\right)_{n \in \mathbb{N}}$ konvergiert gegen 0; die Folge $\left(\left(1 + \frac{1}{n}\right)^n\right)_{n \in \mathbb{N}}$ konvergiert gegen e (→ Exponentialreihe); die Folgen $(n)_{n \in \mathbb{N}}$ und $((-1)^n)_{n \in \mathbb{N}}$ und $\left(\sum_{k=1}^{n} \frac{1}{k}\right)_{n \in \mathbb{N}}$ divergieren. Jede °Cauchy-Folge in $\mathbb{R}$ konvergiert. Jede konvergente Folge ist beschränkt.

Die Definition läßt sich unmittelbar auf einen beliebigen metrischen Raum (M, d) verallgemeinern, wenn man $|x - y|$ durch $d(x, y)$ ersetzt.

konvergente Potenzreihe
convergent power series; série convergente

(→ Potenzreihe)

Konvergenzkriterien für Reihen
convergence criterions; critères de convergence

1) Allgemeines Cauchysches Konvergenzkriterium:

Die Reihe $\sum_{n=0}^{\infty} a_n$ konvergiert genau dann, wenn gilt: Zu jedem $\epsilon > 0$ gibt es ein $N \in \mathbb{N}$, so daß $\left|\sum_{k=m}^{n} a_k\right| < \epsilon$ ist für alle $n > m \geq N_\infty$. (→ Cauchy-Folge).

2) Wenn die Reihe $\sum_{n=0}^{\infty} a_n$ konvergiert, so ist $\lim a_n = 0$ (Gegenbeispiel für die Umkehrung: $\lim \frac{1}{n} = 0$, aber $\sum_{n=1}^{\infty} \frac{1}{n}$ divergiert).

3) Ist $a_n > 0$ für alle n, so konvergiert Σa_n genau dann, wenn die Folge der Partialsummen beschränkt ist.

Konvergenzkriterien für Reihen (Forts.)

4) *Leibniz-Kriterium*: Ist $(a_n)_{n \in \mathbb{N}}$ monoton fallend mit $\lim a_n = 0$, so konvergiert $\Sigma (-1)^n a_n$. (Beispiel: $\Sigma (-1)^n \frac{1}{n}$ konvergiert!)

5) *Majorantenkriterium*: Sei Σc_n eine konvergente Reihe mit $c_n \geqslant 0$ für alle $n \in \mathbb{N}$, und $(a_n)_{n \in \mathbb{N}}$ eine Folge mit $|a_n| \leqslant c_n$ für alle $n \in \mathbb{N}$. Dann konvergieren die Reihen Σa_n und $\Sigma |a_n|$ (d.h. Σa_n konvergiert *absolut*).

6) *Quotientenkriterium*: Sei Σa_n eine Reihe mit $a_n \neq 0$ für alle $n \geqslant n_0$; es gebe eine reelle Zahl r mit $0 < r < 1$, so daß $\left|\frac{a_{n+1}}{a_n}\right| \leqslant r$ für alle $n \geqslant n_0$. Dann konvergiert Σa_n absolut.

Konvergenzkriterium von Weierstraß
(Übersetzungen scheinen nicht üblich zu sein)

Seien $f_n: K \to \mathbb{C}$ ($n \in \mathbb{N}$) Funktionen auf einer Menge K. Es gelte $\sum_{n=0}^{\infty} \|f_n\|_K < \infty$ ($\to$ Supremumsnorm). Dann konvergiert die Reihe $\sum_{n=0}^{\infty} f_n$ absolut und gleichmäßig auf K gegen eine Funktion $F: K \to \mathbb{C}$.

($\to$ Konvergenz von Funktionenfolgen, $\to$ Potenzreihen)

Konvergenzradius
radius of convergence; rayon de convergence

Sei $f(z) = \sum_{n=0}^{\infty} c_n (z-a)^n$ eine Potenzreihe. Dann heißt

$$r = \sup \left\{ s \in \mathbb{R}, s \geqslant 0: \sum_{n=0}^{\infty} c_n s^n \text{ konvergiert} \right\}$$

Konvergenzradius der Potenzreihe. Sie konvergiert dann für alle $z \in \mathbb{C}$ mit $|z-a| < r$ absolut, und für alle s mit $0 < s < r$ konvergiert sie gleichmäßig auf $\{z \in \mathbb{C}: |z-a| < s\}$. Über die Konvergenz in den Punkten z mit $|z-a| = r$ kann man i. allg. nichts aussagen.

Konvergenzsatz von Lebesgue
theorem of Lebesgue; théorème de Lebesgue

($\to$ Lebesgue (Satz von))

Konvergenz von Funktionenfolgen
convergence of sequences of functions; convergence des suites de fonctions

Sei K eine Menge und seien $f_n: K \to \mathbb{R}$ $(n \in \mathbb{N})$ Funktionen. Die Folge $(f_n)_{n \in \mathbb{N}}$ *konvergiert punktweise* gegen eine Funktion $f: K \to \mathbb{R}$, falls für jedes $x \in K$ die Folge $(f_n(x))_{n \in \mathbb{N}}$ gegen $f(x)$ konvergiert. Sie konvergiert *gleichmäßig* gegen $f: K \to \mathbb{R}$, falls zu jedem $\epsilon > 0$ ein $N = N(\epsilon) \in \mathbb{N}$ existiert mit $\|f_n - f\|_K = \sup_{x \in K} |f_n(x) - f(x)| < \epsilon$ für alle $n > N(\epsilon)$ ($\to$ Supremumsnorm).

Beispiel: Die Funktionenfolge $f_n(x) := x^n$ konvergiert auf jedem Intervall $[0, b]$ mit $0 < b < 1$ gleichmäßig gegen die konstante Funktion $f \equiv 0$; auf $[0, 1]$ konvergiert sie punktweise (nicht gleichmäßig) gegen die Funktion $f(x) = 0$ für $x < 1$ und $f(1) = 1$. Es gilt nämlich: Der Limes einer gleichmäßig konvergenten Folge stetiger Funktionen ist wieder stetig!

(Analoge Definitionen für Funktionen mit Werten in $\mathbb{C}$ oder für Abbildungen mit Werten in einem °Banachraum oder °metrischen Raum).

konvexe Funktion
convex function; fonction convexe

Eine Funktion $f: I \to \mathbb{R}$ ($I \subset \mathbb{R}$ ein Intervall) heißt *konvex*, wenn für alle $x_1, x_2 \in I$ und alle λ mit $0 \leq \lambda \leq 1$ gilt:

$$f(\lambda x_1 + (1 - \lambda) x_2) \leq \lambda f(x_1) + (1 - \lambda) f(x_2).$$

(f heißt *konkav*, falls $-f$ konvex ist). Die Funktion f ist genau dann konvex, wenn die Menge $\{(x, y) \in I \times \mathbb{R} : y \geq f(x)\}$ konvex in $\mathbb{R}^2$ ist.

konvexe Hülle
convex hull; enveloppe convexe

($\to$ konvexe Menge)

konvexe Menge
convex set; ensemble convexe

Sei V ein $\mathbb{R}$-°Vektorraum (jeder $\mathbb{C}$-Vektorraum kann auch als $\mathbb{R}$-Vektorraum aufgefaßt werden!). Eine Teilmenge $K \subset V$ heißt *konvex*, wenn für alle $x, y \in K$ und alle $\lambda \in [0, 1] \subset \mathbb{R}$ gilt: $\lambda x + (1 - \lambda) y \in K$ (d.h. mit zwei Punkten gehört auch deren Verbindungsstrecke zu K).

Der Durchschnitt einer Familie konvexer Mengen ist konvex. Ist $A \subset V$ eine beliebige Teilmenge, so ist die *konvexe Hülle* von A definiert als Durchschnitt aller A

konvexe Menge (Forts.)

enthaltenden konvexen Mengen. Die konvexe Hülle einer °offenen Menge ist offen, doch ist i. allg. die konvexe Hülle einer abgeschlossenen Menge nicht abgeschlossen (Beispiel: $V = \mathbb{R}^2$, $A = (\{0\} \times \mathbb{R}) \cup ([0, 1] \times \{0\})$.

Konvolution
convolution; convolution

Die *Konvolution* zweier Funktionen f, g auf dem $\mathbb{R}^n$ ist definiert durch

$$(f * g)(x) := \int_{\mathbb{R}^n} f(x - u) g(u) \, du,$$

falls dieses Integral existiert (→ Lebesgue-Integral), zumindest für alle x außerhalb einer Nullmenge (→ Lebesgue-Maß).

Der Vektorraum $L^1(\mathbb{R}^n)$ (→ L^p-Räume) wird mit dem von $f * g$ induzierten Produkt und der Norm $\|f\|_1 = \int |f(x)| \, dx$ eine Banachalgebra. Ist nur eine der beiden Funktionen, z. B. g, differenzierbar, so ist es auch das Konvolutionsprodukt $f * g$: Die Funktion f wird durch Konvolution mit g *regularisiert*. Dies ist nur ein Grund (unter vielen) für die große Bedeutung der Konvolution in der Analysis.

(→ Fourier-Transformation)

Koordinaten
coordinates; coordonnées

Sei V ein n-dimensionaler K-°Vektorraum und $(v_1, \ldots, v_n)$ eine °Basis von V. Zu jedem $v \in V$ heißen dann die eindeutig bestimmten $\alpha_1, \ldots, \alpha_n \in K$ mit $v = \alpha_1 v_1 + \ldots + \alpha_n v_n$ die *Koordinaten* von v bzgl. der Basis $(v_1, \ldots, v_n)$. Man faßt die Koordinaten zusammen zum *Koordinatenvektor* $(\alpha_1, \ldots, \alpha_n) \in K^n$. Für jedes $i \in \{1, \ldots, n\}$ heißt (bei vorgegebener Basis $v_1, \ldots, v_n$) die °lineare Abbildung $V \to K$, $v = \alpha_1 v_1 + \ldots + \alpha_n v_n \mapsto \alpha_i$ die *i-te Koordinatenfunktion*.

Koordinatentransformation
coordinate transformation; transformation des coordonnées

(→ Basiswechsel)

Körper
field; corps

Eine Menge K zusammen mit zwei Verknüpfungen $(a, b) \mapsto a + b$ (*Addition*) und $(a, b) \mapsto ab$ (*Multiplikation*) heißt *Körper*, wenn gilt:

1) K mit der Addition ist eine abelsche Gruppe (neutrales Element 0)
2) $K \setminus \{0\}$ mit der Multiplikation ist eine Gruppe

3) Es gelten die Distributivgesetze $a(b + c) = ab + ac$ und $(a + b)c = ac + bc$ für alle $a, b, c \in K$.

Meist (wie auch in diesem Buch) versteht man unter einem Körper gleich einen *kommutativen Körper*, d.h. die Multiplikation ist kommutativ (es genügt dann, nur ein Distributivgesetz zu fordern). Nichtkommutative Körper heißen *Schiefkörper* oder *Divisionsalgebren*.

Beispiele: $\mathbb{Q}, \mathbb{R}, \mathbb{C}$ sind die am häufigsten auftretenden Körper; $\mathbb{F}_p = \mathbb{Z}/p\mathbb{Z}$ (mit einer Primzahl p) sind endliche Körper; die °Quaternionen $\mathbb{H}$ bilden den einfachsten Schiefkörper. Mit jedem Körper K ist auch $K(X)$ (= Menge aller $\frac{P}{Q}$ mit $P, Q \in K[X]$, $Q \neq 0$) mit den üblichen Rechenregeln ein Körper, der sog. *rationale Funktionenkörper über K*.

Körpererweiterung
field extension; extension de corps

Sind k und K Körper und gilt $k \subset K$, so heißt K *Körpererweiterung* über k (in Zeichen: K/k). Ein Körper L mit $k \subset L \subset K$ heißt *Zwischenkörper*. Die Dimension von K als k-Vektorraum wird *Grad* der Körpererweiterung genannt und $\text{grad}(K/k)$ notiert. Ist die Körpererweiterung *endlich* (d.h. $\text{grad}(K/k) < \infty$), so gilt für jeden Zwischenkörper L der *Gradsatz*:

$$\text{grad}(K/k) = \text{grad}(K/L) \cdot \text{grad}(L/k).$$

Beispiele: $k = \mathbb{R}, K = \mathbb{C}: \text{grad}(\mathbb{C}/\mathbb{R}) = 2$.

$k = \mathbb{Q}, L = \mathbb{Q}(\sqrt{2}) = \{a + b\sqrt{2} | a, b \in \mathbb{Q}\}, K = \mathbb{Q}(\sqrt{2}, \sqrt{3}) = \{a + b\sqrt{2} + c\sqrt{3} + d\sqrt{6} | a, b, c, d \in \mathbb{Q}\}, k \subset L \subset K$,
$\text{grad}(K/k) = 4 = 2 \cdot 2 = \text{grad}(K/L) \cdot \text{grad}(L/k)$. – Die Körpererweiterung $\mathbb{Q} \subset \mathbb{R}$ ist nicht endlich.

(→ Galois-Theorie)

Korrelation
correlation; corrélation

Sei $\mathcal{U}$ die Menge der projektiven Unterräume eines °projektiven Raumes $\mathbb{P}(V)$. Eine bijektive Abbildung $\sigma: \mathcal{U} \to \mathcal{U}$ heißt *Korrelation* in $\mathbb{P}(V)$, wenn für alle $Z, Z' \in \mathcal{U}$ gilt: $Z \subset Z' \Leftrightarrow \sigma(Z') \subset \sigma(Z)$.

Beispiel: Ist K ein °Körper, $\mathbb{P}_2(K) = \mathbb{P}(K^3)$ die projektive Ebene über K, und ordnet man jedem linearen Unterraum von K^3 den dazu °orthogonalen (bzgl. des kanonischen °euklidischen Skalarprodukts) zu, so wird dadurch eine Korrelation auf $\mathbb{P}_2(K)$ induziert, die jedem Punkt eine Gerade, und jeder Geraden einen Punkt zuordnet.

(→ Dualitätsprinzip)

kovariante Ableitung
covariant derivative, dérivée covariante

Ist $\varphi: U \to \mathbb{R}^3$ Parametrisierung einer Fläche $F \subset \mathbb{R}^3$ und $X = (X_p)_{p \in F}$ ein differenzierbares tangentiales Vektorfeld auf F (d.h. für jedes $p \in F$ ist X_p ein Tangentialvektor in F im Punkt p und die Komponentenfunktionen hängen differenzierbar von p ab), so ist das Vektorfeld $\dfrac{\partial X}{\partial u}$ oder $\dfrac{\partial X}{\partial v}$ (partielle Ableitungen komponentenweise nach Parametern (u, v) in U) i. allg. nicht mehr tangential an F. Indem man aber allgemeiner zu einem Tangentialvektor $Y \in T_p F$ und einer Flächenkurve $\gamma = \gamma(t)$ mit $\gamma(0) = p$ und $\gamma'(0) = Y$ definiert:

$\nabla X(Y) = \nabla_Y X :=$ der Vektor in $T_p F$, der durch Projektion von $\dfrac{dX}{dt}(0)$ längs des Normalenvektors n_p auf $T_p F$ entsteht,

erhält man eine Vorschrift, wie innerhalb der Fläche F ein Vektorfeld X in einem Punkt p nach einer Richtung $Y \in T_p F$ zu differenzieren ist. Diese *kovariante Ableitung* (von X in Richtung Y) ist, wie mit Hilfe der Ableitungsgleichungen gezeigt werden kann, ein Objekt der °inneren Geometrie von F (d.h. hängt nur von der 1. Fundamentalform ab, und nicht mehr, wie in der obigen anschaulichen Definition, von der Einbettung der Fläche in den $\mathbb{R}^3$); also sind auch alle daraus hergeleiteten Begriffe, wie °Geodätische, °Parallelverschiebung, Begriffe der inneren Geometrie der Fläche.

Die Abbildung $\nabla X: T_p F \to T_p F$, $Y \mapsto \nabla X(Y) = \nabla_Y X$ heißt auch *Zusammenhang*, weil durch die dadurch festgelegte °Parallelverschiebung längs einer Kurve zwischen zwei Punkten $p, q \in F$ die Tangentialräume $T_p F$ und $T_q F$ aufeinander bezogen werden können.

kovarianter Funktor
covariant functor; foncteur covariant

($\to$ Funktor)

Kreisteilungspolynom
cyclotomic polynomial; polynôme cyclotomique

Sei K ein °Körper und n eine natürliche Zahl, die nicht durch die °Charakteristik von K teilbar ist. Sind $\zeta_1, \ldots, \zeta_{\varphi(n)}$ ($\to$ Eulersche φ-Funktion) die primitiven n-ten Einheitswurzeln im °Zerfällungskörper K_n von $X^n - 1$ über K, so heißt $\Phi_n(X) := (X - \zeta_1) \cdot \ldots \cdot (X - \zeta_{\varphi(n)}) \in K_n[X]$ das n-te *Kreisteilungspolynom* von K.

Es gilt: $X^n - 1 = \prod \Phi_d$, wo das Produkt über alle Teiler d von n erstreckt wird.

Beispiel: Für $n = 1, \ldots, 6$ ist Φ_n der Reihe nach gleich $X - 1, X + 1, X^2 + X + 1, X^2 + 1, X^4 + X^3 + X^2 + X + 1, X^2 - X + 1$.

Kreuzprodukt
cross product, vector product; produit vectoriel

(→ Vektorprodukt)

Kriterium
criterion; critère

Eine notwendige und/oder hinreichende Bedingung für das Vorliegen eines mathematischen Sachverhalts. Beispiel: °Konvergenzkriterien.
(Sportfreunde denken dabei eher an etwas anderes: So versteht man z.B. im Radrennsport unter *Kriterium* ein Rundstreckenrennen auf einem Rundkurs von 600–2000 Metern mit Punktwertungen in jeder 5. oder 10. Runde.
LITERATUR: Sportordnung des Bundes Deutscher Radfahrer, Ausgabe 1976, S. 111/112).

Kronecker-Symbol
Kronecker symbol; symbole de Kronecker

Das Zeichen $\delta_{ij} := 1$ falls $i = j$, und $= 0$ falls $i \neq j$ (wobei i, j irgend eine Indexmenge durchlaufen) heißt *Kronecker-Symbol*. Manchmal (besonders im °Tensorkalkül) wird es auch δ_j^i geschrieben. Durchlaufen i, j die Indexmenge $\{1, ..., n\}$, so ist die $n \times n$-°Matrix $(\delta_{ij})_{i, j = 1, ..., n}$ gerade die *Einheitsmatrix*.

Krümmung (einer Kurve)
curvature of a curve; courbure d'une courbe

Sei $\gamma = (\gamma_1, \gamma_2, \gamma_3): I \to \mathbb{R}^3$ eine durch die °Bogenlänge parametrisierte genügend oft differenzierbare °Kurve (es ist also $\|\gamma'(t)\| = \sqrt{\gamma_1'(t)^2 + \gamma_2'(t)^2 + \gamma_3'(t)^2} = 1$ für alle $t \in I$). Dann ist $\|\gamma''(t)\| =: \kappa(t)$ die *Krümmung* der Kurve. Die Kurve γ beschreibt genau dann ein Geradenstück, wenn $\kappa(t) \equiv 0$ ist. Ist $\kappa(t) \neq 0$, so heißt

$$R(t) := \frac{1}{\kappa(t)}$$

der *Krümmungsradius* im Punkt $\gamma(t)$. In Punkten, in denen $\kappa(t) \neq 0$ ist, wird durch $\gamma''(t) = \kappa(t) n(t)$ ein Vektor $n(t)$ definiert, der auf dem Tangentialvektor $\gamma'(t)$ senkrecht steht. Er heißt *Normalenvektor* an γ im Punkt $\gamma(t)$. Die von $\gamma'(t)$ und $n(t)$ aufgespannte Ebene heißt *Schmiegebene*. Der darauf senkrecht stehende Vektor $b(t) := \gamma'(t) \times n(t)$ (→ Vektorprodukt) heißt *Binormalenvektor*.
(→ Torsion, → Frenetsche Formeln)

Krümmung (einer Fläche)
curvature of a surface; courbure d'une surface

Sei $\varphi: U \to \mathbb{R}^3$ Parametrisierung einer °Fläche $F \subset \mathbb{R}^3$ und $\varphi(u_0, v_0) = p$ ein Punkt von F, $n(p) = \left\| \frac{\partial \varphi}{\partial u} \times \frac{\partial \varphi}{\partial v} \right\|^{-1} \left(\frac{\partial \varphi}{\partial u} \times \frac{\partial \varphi}{\partial v} \right) (u_0, v_0)$ der Normalenvektor in p und $T_p F$

Krümmung (einer Fläche) (Forts.)

die Tangentialebene an F in p. Um die Krümmung von F in p zu beschreiben, kann man alle *Normalkrümmungen* betrachten: Das sind die (mit Vorzeichen versehenen) °Krümmungen der Kurven durch p, die sich als Durchschnitt von F mit der von $n(p)$ und einem Tangentialvektor $t \in T_p F$ aufgespannten Ebenen ergeben. Es stellt sich heraus, daß die Extremwerte κ_1 und κ_2 dieser Normalkrümmungen (sie stimmen überein, falls alle Normalkrümmungen denselben Wert haben), die sog. *Hauptkrümmungen*, zu aufeinander senkrecht stehenden *Hauptkrümmungsrichtungen* in $T_p F$ gehören. Ihr Mittelwert $H := \frac{1}{2}(\kappa_1 + \kappa_2)$ heißt *mittlere Krümmung* im Punkt p, ihr Produkt $K := \kappa_1 \kappa_2$ *Gaußsche Krümmung* oder *Totalkrümmung* im Punkt p.

Die Betrachtung der °Gauß-Abbildung oder vielmehr ihres Differentials $dn = -L$ mit der *Weingarten-Abbildung* L liefert κ_1 und κ_2 als °Eigenwerte von L und die Hauptkrümmungsrichtungen als zugehörige Eigenräume; demnach ist H die halbe Spur der zur Weingarten-Abbildung gehörigen Matrix und K ihre Determinante. Der Satz von °Cayley-Hamilton liefert die Beziehung $L^2 - 2HL + K = 0$.

Für die explizite Berechnung der Krümmungen benötigt man also die erste und zweite Fundamentalform $g = \begin{pmatrix} g_{11} & g_{12} \\ g_{12} & g_{22} \end{pmatrix}$ und $L = \begin{pmatrix} L_{11} & L_{12} \\ L_{12} & L_{22} \end{pmatrix}$; κ_1 und κ_2 sind die Wurzeln von $\det(L - \kappa E) = 0$, weiter ergibt sich $H = \frac{1}{2 \cdot \det g}(g_{22}L_{11} - 2g_{12}L_{12} + g_{11}L_{22})$ und $K = \frac{\det L}{\det g}$.

Im Spezialfall, wo die Koordinaten so gewählt sind, daß die Richtungen der Koordinatenlinien durch p mit den Hauptkrümmungsrichtungen übereinstimmen, vereinfachen sich die Rechnungen: Dann ist g von der Form $\begin{pmatrix} g_{11} & 0 \\ 0 & g_{22} \end{pmatrix}$ und $L = \begin{pmatrix} \kappa_1 g_{11} & 0 \\ 0 & \kappa_2 g_{22} \end{pmatrix}$.

Krümmungsradius
radius of curvature; rayon de courbure

($\to$ Krümmung (einer Kurve))

Kugel
ball; boule

Sei (X, d) ein metrischer Raum, $p \in X$ und $r \in \mathbb{R}$, $r > 0$. Dann heißt $\{x \in X | d(x,p) < r\}$ die *offene* und $\{x \in X | d(x,p) \leq r\}$ die *abgeschlossene Kugel* um p vom Radius r. Nur im Fall $X = \mathbb{R}^3$ mit der euklidischen Metrik erhält man die übliche Kugel der Anschauung; ansonsten kann man auch im $\mathbb{R}^3$ leicht Metriken angeben, die zwar die übliche Topologie induzieren, deren „Kugeln" aber ziemlich abartig wirken.

Kurve
curve; courbe

Die Definition dieses geometrischen Begriffs kann nicht einheitlich für alle Gebiete der Mathematik, in denen er auftritt, getroffen werden; je nach dem Verwendungszweck in Analysis, Differentialgeometrie, algebraischer Geometrie, Topologie usw. (und je nach dem Autor) wird sie verschieden ausfallen.

In der Analysis und Differentialgeometrie hat man es vielfach mit (stetig, oder eher noch differenzierbar) *parametrisierten Kurven* zu tun: Sie sind (z.B. im $\mathbb{R}^n$) gegeben durch eine (stetige oder differenzierbare) Abbildung $\gamma: I \to \mathbb{R}^n$, wo $I \subset \mathbb{R}$ ein Intervall ist. Man kann dabei in physikalischer Interpretation an die Bewegung eines Massenpunktes im Raum denken; der Parameter $t \in I$ entspricht der Zeit. Aus guten Gründen verlangt man insbesondere in der Differentialgeometrie, daß die Parametrisierung *regulär* ist, d.h. daß der *Tangentialvektor* $\gamma'(t) = \lim_{h \to 0} \frac{\gamma(t+h) - \gamma(t)}{h}$ für jedes $t \in I$ verschieden von Null ist. Unter einer (differenzierbaren) *orientierten Kurve* versteht man dann eine Äquivalenzklasse von parametrisierten Kurven, die durch (differenzierbare) *Umparametrisierungen* der Gestalt $\alpha: J \to I$, $\alpha'(s) > 0$ für alle $s \in J$, auseinander hervorgehen. Besonders ausgezeichnet hierbei ist die *Parametrisierung durch die °Bogenlänge*; dafür hat der Tangentialvektor konstant die Länge 1.
– Ersetzt man die Bedingung $\alpha'(s) > 0$ durch $\alpha'(s) \neq 0$ für alle $s \in J$ (erlaubt man also auch Umorientierungen), so spricht man von einer *Kurve* schlechthin. Eine solche wird lokal im $\mathbb{R}^n$ immer gegeben als Urbild von $0 \in \mathbb{R}^{n-1}$ bei einer geeigneten differenzierbaren Abbildung $\varphi: \mathbb{R}^n \to \mathbb{R}^{n-1}$, deren °Jakobimatrix konstanten °Rang $n-1$ hat.

L

Lagrange (Satz von)
theorem of Lagrange; théorème de Lagrange

Sei G eine endliche °Gruppe, $H \subset G$ eine Untergruppe. Dann gilt:

$|G| = |H| \cdot [G:H]$.

Hier bedeuten $|G|$ (bzw. $|H|$) die Anzahl der Elemente von G (bzw. H) und $[G:H]$ ist der °Index von H in G.

Lagrangesches Interpolationspolynom
Lagrange interpolation polynomial; polynôme d'interpolation de L.

Ist K ein °Körper und sind $a_1, \ldots, a_n$ paarweise verschieden und $b_1, \ldots, b_n$ beliebige Elemente von K, so gibt es genau ein °Polynom $f \in K[X]$ mit °Grad $\leq n-1$ und $f(a_i) = b_i$ für $i = 1, \ldots, n$. In der Form von Lagrange ist f gegeben durch

$$\sum_{i=1}^{n} b_i \frac{(X-a_1) \cdot \ldots \cdot (X-a_{i-1})(X-a_{i+1}) \cdot \ldots \cdot (X-a_n)}{(a_i-a_1) \cdot \ldots \cdot (a_i-a_{i-1})(a_i-a_{i+1}) \cdot \ldots \cdot (a_i-a_n)}.$$

Lagrangesche Multiplikatoren
Lagrange multipliers; multiplicateurs de Lagrange

(→ Extrema mit Nebenbedingungen)

Laguerresche Differentialgleichung
Laguerre equation; équation différentielle de Laguerre

Die *Laguerresche Differentialgleichung* ist für $x > 0$ definiert durch

$$xy'' + (1-x)y' + ny = 0.$$

Sie hat die *Laguerreschen Polynome* der Ordnung n:

$$L_n(x) := e^x \left(\frac{d}{dx}\right)^n (x^n e^{-x})$$

als Lösungen.

Länge
length; longueur

a) In einem °euklidischen oder °unitären °Vektorraum (mit °Skalarprodukt $\langle \ , \ \rangle$) bezeichnet man die °Norm $\|v\| = \sqrt{\langle v, v \rangle}$ oft als *Länge* des Vektors.

b) Die Anzahl der Glieder in einer endlichen Folge (a_i) heißt oft auch *Länge* der Folge.

c) Die *Länge* eines °artinschen R-Moduls M ist die größte Zahl n, zu der es eine echt absteigende Folge von Untermoduln gibt: $M = M_0 \supset M_1 \supset \ldots \supset M_n = 0$. (Im Spezialfall eines endlich-dimensionalen °Vektorraums ist die Länge gleich der Dimension).

Laplace-Operator
Laplace operator, laplacien; opérateur de Laplace, laplacien

Sei $U \subset \mathbb{R}^n$ °offen und $f: U \to \mathbb{R}$ eine zweimal stetig °partiell °differenzierbare Funktion. Man setzt

$$\Delta f := \frac{\partial^2 f}{\partial x_1^2} + \ldots + \frac{\partial^2 f}{\partial x_n^2}$$

und nennt $\Delta = \frac{\partial^2}{\partial x_1^2} + \ldots + \frac{\partial^2}{\partial x_n^2}$ den *Laplace-Operator*.

Die Gleichung $\Delta f = 0$ heißt *Potentialgleichung*; ihre Lösungen heißen *harmonische Funktionen*.
(→ Schwingungsgleichung, → Wärmeleitungsgleichung)

Laplacescher Entwicklungssatz
(Übersetzungen wie bei:)

(→ Determinantenentwicklungssatz)

Laurentreihe
Laurent series; série de Laurent

Eine in einem Kreisring $\{z \in \mathbb{C} \mid 0 \leq r < |z - z_0| < R\}$ holomorphe Funktion f läßt sich dort darstellen durch eine *Laurentreihe*

$$f(z) = \sum_{n=-\infty}^{+\infty} c_n(z - z_0)^n \quad \text{mit} \quad c_n = \frac{1}{2\pi i} \int_{|z-z_0|=\rho} \frac{f(z)\,dz}{(z-z_0)^{n+1}} \quad \text{für } r < \rho < R.$$

Das bedeutet:

In $\sum_{n=-\infty}^{\infty} c_n(z-z_0)^n = \sum_{m=1}^{\infty} c_{-m}(z-z_0)^{-m} + \sum_{n=0}^{\infty} c_n(z-z_0)^n$ sind beide °Reihen
für $r < |z - z_0| < R$ °konvergent und die Summe ihrer Grenzwerte ist gleich dem Funktionswert. Die Summe über alle negativen Exponenten $-\infty < n < 0$ heißt *Hauptteil* der Laurentreihe. Im Fall $r = 0$ (dann ist z_0 eine isolierte °Singularität) ist z_0 *hebbar* bzw. *Pol* bzw. *wesentliche Singularität*, je nachdem der Hauptteil verschwindet bzw. nur aus endlich vielen Summanden bzw. aus unendlich vielen Summanden besteht.

Lebesgue (Satz von)
dominated convergence theorem; théorème de convergence dominée

Die °Folge $(f_n)_{n \in \mathbb{N}}$ von summierbaren Funktionen $\mathbb{R}^n \to \mathbb{R}$ (→ Lebesgue-Integral) °konvergiere fast überall (d.h. außerhalb einer Nullmenge) gegen eine Funktion f. Es

Lebesgue (Satz von) (Forts.)

gebe eine summierbare Funktion g, so daß fast überall $|f_n| \leq g$ ist. Dann ist auch f summierbar, und es gilt $\int f\, dv = \lim\limits_{n\to\infty} \int f_n\, dv$.

(„Vertauschbarkeit von Integration und Grenzwertbildung").

Lebesgue-Integral
Lebesgue integral; intégrale de Lebesgue

Sei $f: \mathbb{R}^n \to \mathbb{R}$ eine °Treppenfunktion mit n-dimensionalen Intervallen $I_1, \ldots, I_k$, auf denen f konstant die Werte $c_1, \ldots, c_k$ hat. Dann ist

$$\int f\, dv := \sum_{j=1}^{k} c_j \cdot v(I_j)$$

das *Lebesgue-Integral* von f, wo $v(I_j)$ das Volumen des n-dimensionalen Intervalls I_j (also das Produkt der „Kantenlängen des Quaders") bezeichnet (→ Lebesgue-Maß).

Sei nun M die Menge aller Funktionen $f: \mathbb{R}^n \to \mathbb{R}$, zu denen es eine Folge von Treppenfunktionen $(f_n)_{n \in \mathbb{N}}$ gibt, die außerhalb einer Menge vom Lebesgue-Maß Null monoton steigend gegen f konvergiert und für die $\int f_n\, dv$ beschränkt bleibt (unabhängig von n). Dann setzt man für ein solches $f \in M$

$$\int f\, dv := \lim_{n\to\infty} \int f_n\, dv$$

(mit einer Folge von Treppenfunktionen f_n wie eben beschrieben; es ist zu zeigen, daß diese Definition von der Wahl der Treppenfunktionen f_n unabhängig ist!). Der von M erzeugte Untervektorraum des Vektorraums aller Funktionen $\mathbb{R}^n \to \mathbb{R}$ ist gleich $\mathscr{L} := \{g \mid \text{es gibt } f_1, f_2 \in M \text{ mit } g = f_1 - f_2\}$, und man definiert das *Lebesgue-Integral* von $g \in \mathscr{L}$ als

$$\int g\, dv := \int f_1\, dv - \int f_2\, dv.$$

Die Funktionen in $\mathscr{L}$ heißen *Lebesgue-summierbar*. Der Satz von Beppo °Levi besagt, daß $\mathscr{L}$ in gewissem Sinn der größte Untervektorraum des Raums aller Funktionen $\mathbb{R}^n \to \mathbb{R}$ ist, auf den sinnvollerweise der Integralbegriff ausgedehnt werden kann.

(→ L^p-Räume)

Lebesgue-Maß
Lebesgue measure; mesure de Lebesgue

Zur Volumenmessung von Punktmengen des $\mathbb{R}^n$ ($n \geq 1$) kann man folgendermaßen vorgehen: Man setzt zunächst für nichtleere beschränkte n-dimensionale °Intervalle $[a, b] = [a_1, b_1] \times \ldots \times [a_n, b_n]$

$$V([a, b]) = V(]a, b[) = \prod_{i=1}^{n} (b_i - a_i)$$

und nennt dies das *Volumen* des Intervalls. Einer beliebigen Teilmenge $A \subset \mathbb{R}^n$ ordnet man dann das *äußere Maß*

$$V^*(A) := \inf \left\{ \sum_{I \in \mathfrak{A}} V(I) \ \middle| \ \begin{array}{l} \mathfrak{A} \text{ ist abzählbare Überdeckung von } A \text{ durch} \\ n\text{-dimensionale Intervalle } I \end{array} \right\}$$

zu ($V^*(A)$ kann den Wert ∞ annehmen).

Eine Teilmenge $N \subset \mathbb{R}^n$ heißt *vom Lebesgue-Maß Null* (oder einfach: *Nullmenge*), wenn $V^*(N) = 0$ ist (äquivalent: Zu jedem $\epsilon > 0$ gibt es Intervalle I_ν, $\nu \in \mathbb{N}$ mit $N \subset \bigcup_{\nu \in \mathbb{N}} I_\nu$ und $\sum_{\nu \in \mathbb{N}} V(I_\nu) < \epsilon$).

Beispiel: $\mathbb{Q}$ ist Nullmenge in $\mathbb{R}$; abzählbare Vereinigungen von Nullmengen sind wieder Nullmengen. Es gibt aber auch überabzählbare Nullmengen ($\rightarrow$ Cantorsches Diskontinuum).

Eine Teilmenge $M \subset \mathbb{R}^n$ heißt nun *Lebesgue-meßbar*, wenn gilt: Für alle $\epsilon > 0$ gibt es eine offene Umgebung U von M mit $V^*(U \setminus M) < \epsilon$.

Alle offenen, abgeschlossenen und Nullmengen sind meßbar. Abzählbare Vereinigungen meßbarer Mengen sind meßbar; mit M ist auch $\mathbb{R}^n \setminus M$ meßbar. Unter Zuhilfenahme des °Auswahlaxioms lassen sich auch nicht-meßbare Mengen in $\mathbb{R}^n$ angeben.
Die Menge aller Lebesgue-meßbaren Mengen des $\mathbb{R}^n$ wird mit $\mathcal{M}(\mathbb{R}^n)$ bezeichnet; für $M \in \mathcal{M}(\mathbb{R}^n)$ schreibt man $V(M)$ anstelle von $V^*(M)$ und nennt die Zahl $V(M) \in \mathbb{R} \cup \{\infty\}$ das *Lebesgue-Maß* (oder *-Volumen*) von M.
($\rightarrow$ meßbarer Raum)

Lebesgue-meßbare Funktion
Lebesgue measurable function; fonction mesurable au sens de L.

($\rightarrow$ meßbare Funktion)

Lebesguesche Zahl
Lebesgue number; nombre de Lebesgue

Sei X ein °kompakter °metrischer Raum. Dann gibt es zu jeder Überdeckung $X = \bigcup_{i \in I} U_i$ von X durch °offene Mengen U_i eine positive reelle Zahl δ (die *Lebesguesche Zahl*) mit der Eigenschaft, daß für jedes $x \in X$ die δ-Umgebung $U_\delta(x) = \{y \in X \mid d(x, y) < \delta\}$ in mindestens einem U_i ganz enthalten ist.

leere Menge
empty set; ensemble vide

(→ Mengenlehre)

Legendre-Polynom
Legendre polynomial; polynôme de Legendre

Das *Legendre-Polynom n-ter Ordnung* $P_n \in \mathbb{R}[x]$ ist definiert durch

$$P_n(x) = \frac{1}{2^n n!} \frac{d^n}{dx^n} [(x^2 - 1)^n]$$

Es hat genau n paarweise verschiedene Nullstellen im offenen °Intervall $]-1, +1[$ und genügt der *Legendreschen Differentialgleichung*

$$(1 - x^2) y'' - 2xy' + n(n + 1) y = 0.$$

Leibniz-Kriterium
Leibniz criterion; critère de Leibniz

(→ Konvergenzkriterien für Reihen)

Lemma von Fatou
Fatou's lemma; lemme de Fatou

(→ Fatou (Lemma von))

Levi (Satz von Beppo)
theorem of B. Levi; théorème de B. Levi

Sei $(f_n)_{n \in \mathbb{N}}$ eine °Folge (Lebesgue-) summierbarer Funktionen (→ Lebesgue-Integral), die fast überall (d.h. außerhalb einer Menge vom Lebesgue-Maß Null) monoton steigt, und bei der die Folge $(\int f_n dv)_{n \in \mathbb{N}}$ beschränkt ist. Dann °konvergiert (f_n) fast überall gegen eine summierbare Funktion f und es ist $\int f dv = \lim_{n \to \infty} \int f_n dv$.

lexikographische Ordnung
lexicographic order; ordre lexicographique

Sei M eine total geordnete Menge (→ Halbordnung) Dann ist auf $M \times M$ die *lexikographische Ordnung* erklärt durch

$$(x, x') < (y, y') :\Longleftrightarrow \quad x < y \quad \text{oder} \quad x = y \text{ und } x' < y'.$$

Entsprechend definiert man die *lexikographische Ordnung* auf $M^n = M \times \ldots \times M$ oder $M^{\mathbb{N}} = \{(x_i)_{i \in \mathbb{N}} \mid x_i \in M \text{ für alle } i\}$ durch

$$(x_i) < (y_i) :\Longleftrightarrow \begin{cases} \text{es gibt ein } i_0 \geq 0, \text{ so daß } x_i = y_i \text{ für alle} \\ i \leq i_0 \text{ und } x_{i_0+1} < y_{i_0+1}. \end{cases}$$

Lie-Algebra
Lie algebra; algèbre de Lie

Ein K-°Vektorraum A, auf dem ein (i. allg. nicht assoziatives) Produkt $A \times A \to A$, $(x, y) \mapsto [x, y]$ erklärt ist mit den Eigenschaften $[x, x] = 0$ und $[x, [y, z]] + [y, [z, x]] + [z, [x, y]] = 0$ (*Jacobi-Identität*), heißt *Lie-Algebra*.

Beispiele: $\mathbb{R}^3$ mit dem °Vektorprodukt; der K-Vektorraum aller $n \times n$-°Matrizen über K mit dem Produkt $[A, B] := AB - BA$.

Lie-Gruppe
Lie group; groupe de Lie

Eine °Gruppe G heißt *Lie-Gruppe*, wenn sie gleichzeitig °differenzierbare Mannigfaltigkeit ist, so daß die Gruppenmultiplikation als Abbildung $G \times G \to G$ differenzierbar ist. (Dann ist auch die Abbildung $G \to G, x \mapsto x^{-1}$ differenzierbar).

Beispiele: $GL(n, \mathbb{R}), GL(n, \mathbb{C})$ (differenzierbare Mannigfaltigkeiten als offene Teilmengen von $\mathbb{R}^{n^2}$ bzw. $\mathbb{C}^{n^2}$) mit der Matrizenmultiplikation, sowie ihre „wichtigen" Untergruppen (→ klassische Gruppen).

Limes
limit; limite

(→ konvergent (Folge), → Reihe)

Limes superior (bzw. inferior)
limit superior (resp. inferior); limite supérieure (resp. inférieure)

Sei $(a_n)_{n \in \mathbb{N}}$ eine °Folge °reeller °Zahlen. Es ist

$$\lim_{n \to \infty} \sup a_n := \lim_{n \to \infty} (\sup \{a_k \mid k \geq n\}) =: \overline{\lim} \, a_n$$

Limes superior (bzw. inferior) (Forts.)

(bzw. $\liminf\limits_{n\to\infty} a_n := \lim\limits_{n\to\infty} (\inf \{a_k \mid k \geq n\}) =: \underline{\lim}\, a_n$).

($\to$ Supremum)

Die Folge (a_n) °konvergiert genau dann gegen $a \in \mathbb{R}$, wenn $\limsup a_n = \liminf a_n = a$ ist.

Lindelöf-Raum
Lindelöf space; espace de Lindelöf

Ein °topologischer Raum X heißt *Lindelöf-Raum*, wenn jede offene Überdeckung von X eine abzählbare Überdeckung enthält.

Diese Bedingung ist insbesondere erfüllt, wenn X eine abzählbare Basis besitzt (2. °Abzählbarkeitsaxiom).

---

linear abhängig
linearly dependent; linéairement dépendant, lié

($\to$ linear unabhängig)

---

lineare Abbildung
linear map; application linéaire

Eine Abbildung $f\colon V \to W$ zwischen K-°Vektorräumen (oder auch R-°Moduln) heißt *linear*, wenn für alle $v_1, v_2 \in V$ und alle $\alpha_1, \alpha_2 \in K$ (bzw. R) gilt: $f(\alpha_1 v_1 + \alpha_2 v_2) = \alpha_1 f(v_1) + \alpha_2 f(v_2)$.

Diese Bedingung kann man aufspalten in die *Additivität* $f(v_1 + v_2) = f(v_1) + f(v_2)$ und die *Homogenität* $f(\alpha v) = \alpha f(v)$ (für alle $v \in V$, $\alpha \in K$).

Kann V als Vektorraum über verschiedenen °Körpern aufgefaßt werden (wie z.B. ein $\mathbb{C}$-Vektorraum stets auch als $\mathbb{R}$-Vektorraum aufgefaßt werden kann), so ist es manchmal nötig, bei einer linearen Abbildung den Körper zu benennen: *K-linear*. (Analog bei linearen Abbildungen zwischen Moduln über verschiedenen Ringen).

Lineare Abbildungen heißen auch *Vektorraum-* (bzw. *Modul-*) *Homomorphismen*.

Die Menge der linearen Abbildungen von V nach W wird mit $\operatorname{Hom}_K(V, W)$ bezeichnet; das ist selbst wieder ein Vektorraum (bzw. ein Modul).

Beispiele: Wir fassen $\mathbb{C} = \mathbb{R}^2$ einmal als (1-dimensionalen) $\mathbb{C}$-Vektorraum und einmal als (2-dimensionalen) $\mathbb{R}$-Vektorraum auf. Die Abbildung $z = x + iy \mapsto \bar{z} = x - iy$ ist $\mathbb{R}$-linear, aber nicht $\mathbb{C}$-linear. Die $\mathbb{R}$-lineare Abbildung $(x, y) \mapsto (ax + by, cx + dy)$ ist genau dann $\mathbb{C}$-linear, wenn es $r \geq 0$ und $\varphi \in \mathbb{R}$ gibt mit $a = d = r\cos\varphi$ und $b = -c = r\sin\varphi$ ($\to$ Drehstreckung: Multiplikation mit der komplexen Zahl $r(\cos\varphi + i\sin\varphi) = a + ib$ entspricht einer Drehung um den Winkel φ und gleichzeitiger Streckung um den Faktor r).

Lineare Algebra
linear algebra; algèbre linéaire

Verstanden als Disziplin, deren Gegenstand die Lösung linearer Gleichungssysteme und die algebraische Beschreibung linearer geometrischer Situationen ist, taucht die lineare Algebra wohl zuerst im 17. Jahrhundert auf (Fermat, Descartes). Aber erst zu Beginn des 19. Jahrhunderts wagte man sich an höhere Dimensionen als 2 oder 3. Die °Matrizenrechnung und der Begriff des °Vektorraums stammen aus der zweiten Hälfte des 19. Jahrhunderts (Cayley, Jordan, Peano, Toeplitz); aber es dauerte noch einige Jahrzehnte, bis sie außerhalb von Spezialistenkreisen Verbreitung fanden. Heute ist die lineare Algebra mit ihren Gegenständen und Methoden unverzichtbare Grundlage für so gut wie alle mathematischen Disziplinen und ihre praktischen Anwendungen.

LITERATUR: Fischer, G.: Lineare Algebra (Vieweg 1975). Klingenberg W./Klein P.: Lineare Algebra und analytische Geometrie I, II (BI 1971–72). Oeljeklaus E./Remmert R.: Lineare Algebra I (Springer 1974).

lineares Gleichungssystem
system of linear equations; système d'équations linéaires

Ein *lineares Gleichungssystem* ist von der Gestalt

$$a_{11} x_1 + \ldots + a_{1n} x_n = b_1$$
$$\vdots \qquad \qquad \vdots \qquad \vdots$$
$$a_{m1} x_1 + \ldots + a_{mn} x_n = b_m \, ,$$

wo a_{ij}, b_j $(i = 1, \ldots, n; j = 1, \ldots, m)$ Elemente aus einem °Körper K und $x_1, \ldots, x_n$ Unbekannte sind. Vorteilhaft verwendet man die Matrizenschreibweise mit der $m \times n$-°Matrix $A = (a_{ij})$ und Spaltenvektoren $x = {}^t(x_1, \ldots, x_n)$ und $b = {}^t(b_1, \ldots, b_m)$; dann lautet das obige lineare Gleichungssystem einfach

$$Ax = b.$$

Ist $b = 0$, so heißt das Gleichungssystem *homogen*, sonst *inhomogen*. Man fragt nach Existenz und Anzahl von Lösungen $x \in K^n$ des Systems, und danach, wie man sie berechnet.

Lösungen existieren genau dann, wenn die *Rangbedingung* (→ Rang einer Matrix) rg A = rg$(A \mid b)$ erfüllt ist; es gibt genau dann eine eindeutige Lösung, wenn rg A = rg$(A \mid b) = n$ (= Anzahl der Unbekannten) ist. (Die Bezeichnung $(A \mid b)$ steht für die $m \times (n + 1)$-Matrix, die sich durch Anfügen der Spalte b an A ergibt.)

Die Lösungsgesamtheit eines homogenen Gleichungssystems bildet einen Untervektorraum von K^n; die eines inhomogenen Gleichungssystems einen affinen Unterraum von K^n der Gestalt $c + U$, wo c irgendeine spezielle Lösung und U die Lö-

lineares Gleichungssystem (Forts.)

sungsgesamtheit des zugehörigen homogenen Systems ist. Allgemein spricht man vom *Lösungsraum* des linearen Gleichungssystems.

Die Berechnung der Lösungen läuft im Grunde auf die Berechnung des Inversen einer Matrix hinaus: Ist z.B. $n = m$ und $Ax = b$, so ist für invertierbares A die eindeutige Lösung gegeben durch $x = A^{-1} b$. Für die Praxis ist das *Gaußsche Eliminationsverfahren* von grundlegender Bedeutung; daneben gibt es Iterationsverfahren, die besonders für Systeme mit sehr vielen Unbekannten (in den Anwendungen nicht selten in der Größenordnung von 10000 und mehr) notwendig werden. Numerisch besonders gefährlich sind Systeme, bei denen die invertierbare Matrix eine Determinante von sehr kleinem Absolutbetrag hat; Rundungsfehler vervielfachen sich dann gewaltig und können zu völlig unbrauchbaren Ergebnissen führen.

lineare Gruppe
linear group; groupe linéaire

(→ allgemeine lineare Gruppe)

linearer Operator
linear operator; opérateur linéaire

Eine °lineare Abbildung zwischen °topologischen Vektorräumen (das sind in der Praxis meist Funktionenräume) wird (aus historischen Gründen) vielfach *linearer Operator* genannt. Viele klassische Probleme der Analysis (Lösungen von °partiellen Differentialgleichungen und Integralgleichungen) lassen sich umschreiben zu einem Studium linearer (und auch nicht-linearer) Operatoren.

Linearform
linear form; forme linéaire

Sei V ein K-°Vektorraum. Eine Abbildung $f: V \to K$ heißt *Linearform* (auf V), wenn für alle $v_1, v_2 \in V$, $\alpha_1, \alpha_2 \in K$ gilt: $f(\alpha_1 v_1 + \alpha_2 v_2) = \alpha_1 f(v_1) + \alpha_2 f(v_2)$ (f ist also eine lineare Abbildung von V in den K-Vektorraum K). Die Menge der Linearformen auf V bildet wieder einen Vektorraum, den °Dualraum zu V.

Beispiel: Ist $(e_i)_{i \in I}$ eine °Basis von V, so gibt es zu jedem $j \in I$ genau eine Linearform e_j^* mit der Eigenschaft $e_j^*(e_i) = \delta_{ij}$ (→ Kroneckersymbol). Damit läßt sich jedes $x \in V$ schreiben in der Form $x = \sum_{i \in I} e_i^*(x) \cdot e_i$. (Die Summe ist in jedem Fall endlich!).

Linearkombination
linear combination; combinaison linéaire

Sind $v_1, \ldots, v_n$ Vektoren in einem K-°Vektorraum und $\alpha_1, \ldots, \alpha_n \in K$, so heißt der Vektor $v = \alpha_1 v_1 + \ldots + \alpha_n v_n$ *Linearkombination* der Vektoren $v_1, \ldots, v_n$ mit Koeffizienten $\alpha_1, \ldots, \alpha_n$ aus K.

linear unabhängig
linearly independent; linéairement indépendant, libre

Vektoren $v_1, \ldots, v_n$ in einem K-°Vektorraum heißen *linear unabhängig*, wenn jede nicht-triviale °Linearkombination $\Sigma \alpha_i v_i \neq 0$ ist. („Nicht-trivial" heißt: nicht alle α_i sind = 0). Eine Teilmenge $X \subset V$ heißt *linear unabhängig*, wenn je endlich viele Vektoren aus X linear unabhängig sind.

Beispiel: Im $\mathbb{R}$-Vektorraum aller stetigen Funktionen auf $\mathbb{R}$ ist die Menge der Funktionen $x \mapsto x^n$ ($n \in \mathbb{N}$) linear unabhängig.

Liouville (Satz von)
theorem of Liouville; théorème de Liouville

Jede beschränkte ganze Funktion ist konstant.

(Beweis: Ist $f(z) = \sum_{n=0}^{\infty} c_n z^n$ und $|f(z)| \leq M$ für alle $z \in \mathbb{C}$, so lautet die Cauchysche Abschätzung der Taylorkoeffizienten $|c_n| \leq \dfrac{M}{r^n}$ für alle $r > 0$, also folgt $c_n = 0$ für alle $n > 0$.)

Üblicherweise wird als unmittelbare Anwendung der °Fundamentalsatz der Algebra bewiesen: Hätte ein nichtkonstantes Polynom $P(z)$ keine Nullstelle, so wäre $\dfrac{1}{P(z)}$ eine beschränkte (!) ganze Funktion, also konstant.

Lipschitz-Bedingung
Lipschitz condition; condition de Lipschitz

Sei $G \subset \mathbb{R} \times \mathbb{R}^n$. Eine Abbildung $f: G \to \mathbb{R}^n$ genügt in G (global) einer *Lipschitz-Bedingung* mit der Lipschitz-Konstanten $L \geq 0$, wenn für alle $(x, y_1), (x, y_2) \in G$ gilt:

$$\|f(x, y_1) - f(x, y_2)\| \leq L \cdot \|y_1 - y_2\|.$$

(Hier ist $\|\ \|$ irgendeine °Norm auf $\mathbb{R}^n$). Man sagt, f genügt in G *lokal* einer Lipschitz-Bedingung, wenn es zu jedem Punkt $(a, b) \in G$ eine Umgebung U gibt, so daß f in $G \cap U$ einer Lipschitz-Bedingung mit einer (von U abhängigen) Lipschitz-Konstanten $L \geq 0$ genügt.

Lipschitz-Bedingung (Forts.)

Ist f bezüglich der Variablen $y = (y_1, \ldots, y_n)$ stetig partiell differenzierbar, so genügt f in G lokal einer Lipschitzbedingung.

Die lokale Lipschitz-Bedingung für die Abbildung f ist (zusammen mit der Forderung der Stetigkeit von f, die aus der Lipschitz-Bedingung nicht folgt!) Voraussetzung im °Existenz- und Eindeutigkeitssatz für Differentialgleichungen.

Logarithmus
logarithm; logarithme

Sei a eine reelle Zahl, $a > 0$ und $a \neq 1$. Dann ist die °Exponentialfunktion $\mathbb{R} \to \mathbb{R}_+^* = \{r \in \mathbb{R} \mid r > 0\}$, $x \mapsto a^x$ bijektiv (für $a > 1$ monoton steigend, für $0 < a < 1$ monoton fallend). Die Umkehrabbildung $\mathbb{R}_+^* \to \mathbb{R}$ heißt *Logarithmus* zur Basis a und wird mit $y \mapsto \log_a y$ bezeichnet. Für $a = e$ (→ Exponentialreihe) schreibt man oft $\ln y$ (*natürlicher Logarithmus*) oder $\log y$. Allgemein gilt $\log_a x = \dfrac{\ln x}{\ln a}$ wegen $a^{\log_a x} = x \Leftrightarrow \ln(a^{\log_a x}) = (\log_a x) \ln a = \ln x$.

Die *Funktionalgleichung* $\log_a(xy) = \log_a x + \log_a y$ für alle $x, y \in \mathbb{R}_+^*$ drückt aus, daß die Abbildung $\log_a$ ein Gruppenhomomorphismus der multiplikativen Gruppe $(\mathbb{R}_+^*, \cdot)$ in die additive Gruppe $(\mathbb{R}, +)$ ist.

Aus der °Taylorreihe erhält man die *Reihenentwicklung*

$$\ln(1+x) = x - \frac{x^2}{2} + \frac{x^3}{3} \mp \ldots = \sum_{n=1}^{\infty} \frac{(-1)^{n+1}}{n} x^n,$$

die für alle x mit $-1 < x \leq +1$ gültig ist.

---

lokales Extremum
local extremum; extrême local

(→ Extrema)

---

lokales Koordinatensystem
local coordinates; coordonnées locales

(→ differenzierbare Mannigfaltigkeit, → Fläche, → Differentialformen)

---

lokaler Ring
local ring; anneau local

Ein kommutativer °Ring R mit Einselement heißt *lokal* (oder *Stellenring*), wenn er nur ein einziges °maximales Ideal $m \subset R$ besitzt. Dann ist jedes Element in $R \setminus m$ invertierbar.

Beispiel: °Potenzreihenringe sind lokal, °Polynomringe nicht.

lokal-integrierbar
locally integrable; localement intégrable

Eine Funktion heißt *lokal-integrierbar*, wenn jeder Punkt des Definitionsbereiches eine Umgebung besitzt, so daß die Beschränkung der Funktion auf diese Umgebung integrierbar ist.
Beispiel: Die konstante Funktion $\mathbb{R}^n \to \mathbb{R}$, $x \mapsto 1$ ist lokal-integrierbar, aber nicht integrierbar.

(→ Lebesgue-Integral)

lokalkompakt
locally compact; localement compact

Ein °hausdorffscher °topologischer Raum heißt *lokalkompakt*, wenn jeder Punkt von X eine °kompakte °Umgebung besitzt. Dann besitzt jeder Punkt sogar eine °Umgebungsbasis aus kompakten Umgebungen.

lokalkonvexer Vektorraum
locally convex vector space; espace vectoriel localement convexe

Ein °topologischer Vektorraum über $\mathbb{R}$ oder $\mathbb{C}$ heißt *lokalkonvex*, wenn jeder Punkt eine °Umgebungsbasis aus °konvexen Mengen besitzt. Alle endlich-dimensionalen Vektorräume sind lokalkonvex; weitaus die meisten in der Analysis vorkommenden topologischen Vektorräume (Funktionenräume mit geeigneten Topologien) sind lokalkonvex.

lokal wegzusammenhängend
locally pathwise (or arcwiese) connected; localement connexe par arcs

Ein °topologischer Raum heißt *lokal wegzusammenhängend*, wenn jeder Punkt eine °Umgebungsbasis aus °wegzusammenhängenden Umgebungen besitzt. Ist diese Bedingung erfüllt, so ist der Raum genau dann °zusammenhängend, wenn er wegzusammenhängend ist.
Beispiel: Die Vereinigung (im $\mathbb{R}^2$) von $\{0\} \times [0, 1]$ mit allen Verbindungsstrecken der Punkte $(\frac{1}{n}, 0)$ mit $(0, 1)$ ($n \in \mathbb{N}$, $n \geq 1$) ergibt als Teilraum des $\mathbb{R}^2$ einen wegzusammenhängenden, aber nicht lokal wegzusammenhängenden topologischen Raum.

lokal zusammenhängend
locally connected; localement connexe

Ein °topologischer Raum heißt *lokal zusammenhängend*, wenn jeder Punkt eine °Umgebungsbasis aus °zusammenhängenden Umgebungen besitzt.

lokal zusammenhängend (Forts.)

Das bei „lokal wegzusammenhängend" angegebene Beispiel ist zusammenhängend, aber nicht lokal zusammenhängend.

Lösungsraum
space of solutions; espace des solutions

(→ lineares Gleichungssystem)

ℓ^p-Räume (Folgenräume)
ℓ^p-spaces; espaces ℓ^p

Sei $p \geq 1$ und ℓ^p der $\mathbb{R}$- (bzw. $\mathbb{C}$-) °Vektorraum aller reellen (bzw. komplexen) °Folgen $(x_i)_{i \in \mathbb{N}}$, bei denen $\sum_{i \in \mathbb{N}} |x_i|^p$ °konvergiert. Mit der *p-Norm*

$$\|(x_i)\|_p := \left(\sum_{i \in \mathbb{N}} |x_i|^p \right)^{1/p}$$

wird ℓ^p ein °Banachraum. Entsprechend definiert man ℓ^∞ als Vektorraum aller beschränkten Folgen mit der Norm $\|(x_i)\|_\infty := \sup_{i \in \mathbb{N}} |x_i|$. Die *Höldersche Ungleichung* lautet für $p, q \geq 1$ und $\frac{1}{p} + \frac{1}{q} = 1$ oder $p = 1$ und $q = \infty$:

$$(x_i) \in \ell^p, \ (y_i) \in \ell^q \Rightarrow (x_i y_i) \in \ell^1 \text{ und } \|(x_i y_i)\|_1 \leq \|(x_i)\|_p \cdot \|(y_i)\|_q.$$

Für $p = q = 2$ wird daraus die *Cauchy-Schwarzsche Ungleichung* für das °Skalarprodukt $\langle (x_i), (y_i) \rangle := \sum_{i \in \mathbb{N}} x_i y_i$ im °Hilbertraum ℓ^2 (*Hilbertscher Folgenraum*).

Die Definitionen übertragen sich unmittelbar auf Folgen von Elementen eines beliebigen Banachraums.

L^p-Räume
L^p-spaces; espaces L^p

Sei $p \geq 1$ und $\mathscr{L}^p(\mathbb{R}^n) = \{f: \mathbb{R}^n \to \mathbb{R} \mid f \text{ °meßbar}, |f|^p \text{ summierbar}\}$ (→ Lebesgue-Integral). Dies ist ein Vektorraum mit einer Halbnorm $\|f\|_p := (\int |f|^p \, dv)^{1/p}$. Sei $\mathscr{N}$ der Untervektorraum aller $f \in \mathscr{L}^p(\mathbb{R}^n)$, die außerhalb einer Menge vom Maß Null identisch verschwinden (d.h. für die $\int |f| \, dv = 0$ ist). Dann induziert die Halbnorm $\| \ \|_p$ auf dem Quotientenvektorraum $\mathscr{L}^p/\mathscr{N} =: L^p(\mathbb{R}^n)$ eine Norm. Die Dreiecksungleichung $\|f + g\|_p \leq \|f\|_p + \|g\|_p$ heißt hier *Minkowskische Ungleichung*. Man definiert noch für $p = \infty$ den Raum $L^\infty := \mathscr{L}^\infty/\mathscr{N}$, wo $\mathscr{L}^\infty(\mathbb{R}^n)$ den Raum aller meßbaren und außerhalb einer Nullmenge beschränkten Funktionen bezeichnet, mit der Norm (bzw. Halbnorm) $\|f\|_\infty := \inf \{c \in \mathbb{R} \mid$ außerhalb einer Nullmenge ist $|f| < c\}$.

Der Satz von *Riesz-Fischer* besagt, daß die L^p-Räume für $p \geq 1$ und auch $p = \infty$ vollständig, d.h. °Banachräume sind.

Für $p = q = 2$ ist $L^2(\mathbb{R}^2)$ ein °Hilbertraum mit dem °Skalarprodukt $\langle f, g \rangle := \int fg \, dv$.

Die Definitionen übertragen sich unmittelbar auf komplexwertige Funktionen sowie auf Räume von Funktionen, die nur auf einer festen meßbaren Teilmenge des $\mathbb{R}^n$ definiert sind.

M

Mächtigkeit
cardinality; puissance

(→ Kardinalzahl)

Mainardi-Codazzi-Gleichungen
equations of M.-C.; équations de M.-C.

(→ Ableitungsgleichungen)

Mannigfaltigkeit
manifold; variété

(→ differenzierbare Mannigfaltigkeit)

Matrix
matrix; matrice

Ein rechteckiges Schema $A = \begin{pmatrix} a_{11} & a_{12} & \cdots & a_{1n} \\ a_{21} & a_{22} & \cdots & a_{2n} \\ \vdots & \vdots & & \vdots \\ a_{m1} & a_{m2} & \cdots & a_{mn} \end{pmatrix}$ von Elementen a_{ij} einer Menge K (K ist meist ein °Körper) heißt $m \times n$-*Matrix über* K; die Elemente a_{ij} heißen *Komponenten* der Matrix. Man schreibt auch $A = (a_{ij})_{i=1,\ldots,m; j=1,\ldots,n} = (a_{ij})$ und bezeichnet i als *Zeilenindex* und j als *Spaltenindex*. A besteht demnach aus m *Zeilenvektoren* $(a_{i1}, a_{i2}, \ldots, a_{in})$ oder auch aus n *Spaltenvektoren* $\begin{pmatrix} a_{1j} \\ a_{2j} \\ \vdots \\ a_{mj} \end{pmatrix}$

Matrix (Forts.)

Ist $m = 1$ (bzw. $n = 1$), so bezeichnet man die Matrix selbst als *Zeilen- (bzw. Spalten-) Vektor*. Im Fall $m = n$ nennt man A eine *quadratische Matrix.*.
Für die Menge aller $m \times n$-Matrizen über K sind die Bezeichnungen $K^{m \times n}, M_{m,n}(K)$, $M(m \times n; K)$ oder ähnliche üblich.

Produkt von Matrizen. Ist $A = (a_{ij})$ eine $m \times n$-Matrix und $B = (b_{rs})$ eine $n \times p$-Matrix über einem Körper oder einem °Ring, so ist das *Produkt* von A und B definiert durch $C = A \cdot B = (c_{uv})$ mit $c_{uv} = \sum_{j=1}^{n} a_{uj} b_{jv}$ für $u = 1, \ldots, m$ und $v = 1, \ldots, p$.

Insbesondere wird damit die Menge aller quadratischen Matrizen zu einem Ring (genauer: zu einer K-°Algebra). Die Multiplikation von $n \times n$-Matrizen ist für $n \geq 2$ nicht °kommutativ.

Matrix einer linearen Abbildung. Ist $f: V \to W$ eine °lineare Abbildung zwischen endlich-dimensionalen K-°Vektorräumen V und W, und sind $B := (b_1, \ldots, b_n)$ und $C := (c_1, \ldots, c_m)$ °Basen von V und W, so ist f festgelegt durch die Werte $f(b_j)$ ($j = 1, \ldots, n$) auf den Basisvektoren von V. Schreibt man $f(b_j) = a_{1j} c_1 + \ldots + a_{mj} c_m$, so erhält man eine Matrix

$$M_{B,C}(f) = (a_{ij}) \quad (i = 1, \ldots, m; j = 1, \ldots, n)$$

welche die lineare Abbildung f bezüglich der Basen B, C beschreibt. Insbesondere kann man jeder Matrix $M \in K^{m \times n}$ eine lineare Abbildung $L(M): K^n \to K^m$ zuordnen, indem man $L(M)(x) = M \cdot x$ (Matrizenprodukt mit dem Spaltenvektor x) setzt. Daß man die Elemente von K^n bzw. K^m hier als Spaltenvektoren schreibt, hat den (nicht von jedermann anerkannten) Vorteil, daß bei der Hintereinanderausführung der linearen Abbildungen und der entsprechenden Multiplikation der Matrizen die Reihenfolge der Faktoren erhalten bleibt: $L(M) \circ L(N) = L(M \cdot N)$.

Matrix einer Bilinearform. Ist $s: V \times V \to K$ eine °Bilinearform auf dem n-dimensionalen K-Vektorraum V mit einer Basis $e_1, \ldots, e_n$, so ist s festgelegt durch die Werte auf allen Paaren von Basisvektoren (e_i, e_j). Die $n \times n$-Matrix $(s(e_i, e_j))$ heißt dann *Matrix der Bilinearform s bezüglich der Basis $(e_1, \ldots, e_n)$*.

maximales Ideal
maximal ideal; idéal maximal

Ein °Ideal m in einem °Ring R heißt *maximal*, wenn es verschieden von R ist, und es kein Ideal I in R gibt mit $m \subsetneq I \subsetneq R$.

Ist R °kommutativ mit Einselement, so ist ein Ideal $m \subset R$ genau dann maximal, wenn der Restklassenring R/m ein °Körper ist. Mit Hilfe des °Zornschen Lemmas zeigt man: In einem kommutativen Ring R mit Einselement ($\neq 0$) gibt es zu jedem Ideal $I \subset R$ ein maximales Ideal, welches I enthält.

Maximum
maximum; maximum

(→ Supremum)

Maximumprinzip (für holomorphe Funktionen)
maximum modulus principle; principe du maximum

Eine nichtkonstante °holomorphe Funktion auf einem Gebiet G kann ihr Betragsmaximum nicht in G annehmen.

Mengenalgebra
algebra of sets; tribu

(→ meßbarer Raum)

Mengenlehre
set theory; théorie des ensembles

In der Mathematischen Praxis genügt es in den meisten Fällen, den Mengenbegriff „naiv" etwa im folgenden Sinn zu verwenden: Eine Menge ist eine Zusammenfassung von Elementen zu einem Ganzen, so daß (prinzipiell) für jedes mögliche Objekt entschieden werden kann, ob es Element der Menge ist oder nicht. Diese Interpretationshilfe ist allerdings als Definition unbrauchbar; sie schließt Paradoxien, wie z.B. die Menge aller natürlichen Zahlen, die sich mit weniger als sechzehn deutschen Worten definieren lassen, nicht aus (was ist mit „die kleinste natürliche Zahl, die sich nicht mit weniger als sechzehn deutschen Worten definieren läßt"? In den Anführungszeichen stehen 15 Worte!).

Nach der Erschaffung der Mengenlehre von Georg Cantor (etwa ab 1872, zur Behandlung zahlentheoretischer Probleme) wurde durch derartige Paradoxien zu Beginn dieses Jahrhunderts eine Grundlagenkrise heraufbeschworen, und trotz verschiedener Axiomatisierungen der Mengenlehre (Zermelo 1908, Fraenkel/Skolem 1922/23, Neumann/Bernays 1937) scheint bis heute nicht ganz klar zu sein, inwiefern die mathematische Logik diese Krise gebändigt hat.

Als abkürzende und präzisierende Sprechweise ist der Umgang mit Mengen und ihren Elementen in den letzten Jahrzehnten jedenfalls unentbehrlich geworden. Leider ist durch die Überbetonung und Überschätzung dieser Schreib- und Sprechweise (und lediglich *sogenannten Mengenlehre*) dem Mathematikverständnis weiter Kreise auch Schaden zugefügt worden.

Die wichtigsten Symbole beim Umgang mit Mengen sind:

$\{x_1, x_2, ..., x_n\}$ = Menge bestehend aus den (verschiedenen) Elementen $x_1, ..., x_n$
$\{x \in M \mid E(x)\}$ = Menge aller Elemente einer vorgegebenen Menge M, welche die Eigenschaft $E(x)$ besitzen

Mengenlehre (Forts.)

> $\emptyset$ = *leere Menge*, enthält kein Element (ein Lieblingskind vieler Mengenlehrer)
>
> $x \in M$: x ist Element der Menge M
>
> $M \subset N$: M ist *Teilmenge* der Menge N (d.h. jedes Element von M ist auch in N enthalten)
>
> $M = N$: die Mengen M und N sind *gleich*, d.h. es ist $M \subset N$ und $N \subset M$.
>
> $M \cap N$: *Durchschnitt* der Mengen M und N; das ist die Menge der $x \in M$, die auch in N enthalten sind
>
> $M \cup N$: *Vereinigung* der Mengen M und N; das ist die Menge der x, die Element von M oder (oder auch) Element von N sind
>
> $M \times N$: *kartesisches Produkt* der Mengen M und N; das ist die Menge aller geordneten Paare (x, y) mit $x \in M$ und $y \in N$
>
> $\complement_X M$: *Komplement von M in X*. Dies ist nur definiert, wenn M eine Teilmenge von X ist; dann ist es die Menge der $x \in X$, welche nicht in M enthalten sind
>
> $M \setminus N$: *Mengendifferenz (Differenzmenge)*; das ist die Menge aller $x \in M$, die nicht in N enthalten sind.

---

meromorph
meromorphic; méromorphe

Sei $U \subset \mathbb{C}$ °offen. Eine Funktion $f: U \to \mathbb{C} \cup \{\infty\}$ heißt *meromorph*, wenn $f^{-1}(\infty)$ in U diskret, die Beschränkung $f | U \setminus f^{-1}(\infty)$ °holomorph ist und f in jedem $z_0 \in f^{-1}(\infty)$ einen Pol hat ($\to$ Singularitäten, isolierte ~ einer holomorphen Funktion).

Besser ist es, wenn man $\mathbb{C} \cup \{\infty\}$ als $\mathbb{P}_1(\mathbb{C}) \simeq S_2$ (Riemannsche Zahlenkugel) begreift; dann sind die meromorphen Funktionen auf U genau die holomorphen Abbildungen nach $\mathbb{P}_1(\mathbb{C})$, die nicht identisch ∞ sind.

Sind g und h auf U holomorph und ist h nirgends identisch Null, so ist die Funktion $\dfrac{g(z)}{h(z)}$ (definiert auf $U \setminus h^{-1}(0)$) nach Fortsetzung über alle hebbaren Singularitäten hinweg und $= \infty$ in den übrigen Punkten von $h^{-1}(0)$ eine meromorphe Funktion. Ist U °zusammenhängend (d.h. ein Gebiet), so bildet die Menge aller auf U meromorphen Funktionen in naheliegender Weise einen Körper.

---

meßbare Abbildung
mesurable map; application mesurable

Eine Abbildung $f: X \to Y$ zwischen zwei °meßbaren Räumen $(X, \mathscr{A})$ und $(Y, \mathscr{B})$ heißt *meßbar*, wenn für alle $B \in \mathscr{B}$ die Urbilder $f^{-1}(B)$ Elemente von $\mathscr{A}$ sind.

Sind X und Y °topologische Räume und bestehen $\mathscr{A}$ und $\mathscr{B}$ gerade aus den Borelmengen (→ meßbarer Raum), so ist jede stetige Abbildung $X \to Y$ meßbar.

meßbare Funktion
mesurable function; fonction mesurable

Sei $(X, \mathscr{A})$ ein °meßbarer Raum, $\mathbb{K} = \mathbb{R}$ oder $\mathbb{C}$ und $\mathfrak{B}$ die Mengenalgebra der Borelmengen auf $\mathbb{K}$. Eine Funktion $f: X \to \mathbb{K}$ heißt *meßbar*, wenn sie eine meßbare Abbildung von $(X, \mathscr{A})$ nach $(\mathbb{K}, \mathfrak{B})$ ist.

Nimmt man $X = \mathbb{R}^n$ und $\mathscr{A}$ = Menge aller °Lebesgue-meßbaren Teilmengen, so heißt f *Lebesgue-meßbar*. Dafür hat man folgende äquivalente Bedingung: Es gibt eine Folge von Treppenfunktionen (g_n), die außerhalb einer Menge vom Lebesgue-Maß Null gegen f konvergiert.

Die meßbaren Funktionen bilden eine $\mathbb{K}$-Algebra. Ist (f_n) eine punktweise konvergente Folge von meßbaren Funktionen, so ist auch $\lim f_n$ meßbar.

Eine Teilmenge $M \subset X$ ist genau dann meßbar, wenn die °charakteristische Funktion von M meßbar ist.

meßbarer Raum
measurable space; espace mesurable

Sei X eine Menge und $\mathscr{A}$ eine Menge von Teilmengen von X. Dann heißt $\mathscr{A}$ eine *(Mengen-)Algebra* (auch: *σ-Algebra*), wenn gilt:

i) $X \in \mathscr{A}$
ii) Für alle $M, N \in \mathscr{A}$ ist $M \setminus N \in \mathscr{A}$
iii) Für jede abzählbare Familie $(M_i)_{i \in \mathbb{N}}$ in $\mathscr{A}$ ist $\bigcup_{i \in \mathbb{N}} M_i \in \mathscr{A}$.

Das Paar $(X, \mathscr{A})$ heißt dann *meßbarer Raum*, die Elemente von $\mathscr{A}$ heißen *meßbare Mengen* von $(X, \mathscr{A})$.

Beispiel: $\mathbb{R}^n$ mit der Menge aller °Lebesgue-meßbaren Teilmengen bildet einen meßbaren Raum. – Ist X ein °topologischer Raum, so heißt die kleinste Mengenalgebra, welche alle °offenen Mengen enthält (d.h. der Durchschnitt über alle Mengenalgebren, welche die offenen Mengen enthalten) die Algebra der *Borelmengen* auf X (*Borel-Algebra*). Im $\mathbb{R}^n$ ist jede Borelmenge Lebesgue-meßbar, und zu jeder Lebesgue-meßbaren Menge M gibt es eine Borelmenge M' und eine Lebesguesche Nullmenge N mit $M = M' \cup N$. (Es gibt Beispiele von Lebesgue-meßbaren Mengen, die nicht borelsch sind; siehe z.B. Gelbaum B./Olmsted J.: Counterexamples in Analysis (Holden Day 1964).

Metrik
metric; métrique

Eine *Metrik* (oder *Distanzfunktion*) auf einer Menge M ist eine Abbildung $d: M \times M \to \mathbb{R}$ mit folgenden Eigenschaften:

a) $d(x, y) = 0 \Leftrightarrow x = y$
b) $d(x, y) = d(y, x)$ \qquad für alle $x, y, z \in M$.
c) $d(x, z) \leq d(x, y) + d(y, z)$

(Aus a), b), c) folgt sofort $d(x, y) \geq 0$ für alle $x, y \in M$).

Beispiele: Die *euklidische Metrik* im $\mathbb{R}^n$, $d(x, y) = \left(\sum_{i=1}^{n} (x_i - y_i)^2 \right)^{1/2}$; allgemeiner die in einem °euklidischen Vektorraum mit Skalarprodukt $\langle \ , \ \rangle$ davon induzierte Metrik $d(x, y) = (\langle x - y, x - y \rangle)^{1/2}$ oder die in einem °normierten Raum von der °Norm induzierte Metrik $d(x, y) = \| x - y \|$. Auf jeder Menge M läßt sich durch $d(x, x) := 0$ und $d(x, y) = 1$ für alle $x, y \in M$, $x \neq y$ die *diskrete Metrik* definieren.

metrischer Raum
metric space; espace métrique

Eine Menge M zusammen mit einer °Metrik d heißt *metrischer Raum*. Oft wird ein metrischer Raum gleichzeitig als °topologischer Raum (mit der von der Metrik induzierten Topologie) angesehen.

metrisierbar
metrizable; métrisable

Ein °topologischer Raum X heißt *metrisierbar*, wenn auf X eine °Metrik erklärt werden kann, welche die vorhandene °Topologie induziert.
Es gilt: Abzählbare topologische Produkte $X = \prod_{n \in \mathbb{N}} X_n$ metrisierbarer Räume X_n sind metrisierbar. Hat X abzählbare Basis, so sind folgende Bedingungen äquivalent: metrisierbar — °normal — °vollständig regulär (*Satz von Urysohn*).
Ein topologischer Raum ist genau dann metrisierbar, wenn er °regulär ist und eine Basis besitzt, deren Mengen sich auf abzählbar viele lokalendliche Familien verteilen lassen (Bing-Nagata-Smirnow).
Nicht metrisierbare Räume treten oft bei °topologischen Vektorräumen auf.

Meusnier (Satz von)
theorem of Meusnier; théorème de Meusnier

Sei $\varphi: U \to \mathbb{R}^3$ Parametrisierung einer °Fläche $F \subset \mathbb{R}^3$, und $\gamma: I \to F$ eine °Kurve auf der Fläche durch einen Punkt $p \in F$. Ist dann $t \in T_p F$ der Tangentialvektor von γ in p, n der Normalenvektor an F in p, weiter κ die °Krümmung von γ in p und κ_n die Krümmung derjenigen Kurve in p, die sich als Durchschnitt von F mit der von t und n erzeugten Ebene ergibt, so gilt die Beziehung

$$\kappa_n = \kappa \cdot \cos \theta,$$

wo θ den Winkel zwischen n und dem Normalenvektor an γ in p bezeichnet.

κ_n heißt auch *Normalkrümmung* der Flächenkurve; damit lautet der *Satz von Meusnier*: Alle Flächenkurven durch einen Punkt p haben in p dieselbe Normalkrümmung.

Minimalfläche
minimal surface; surface minimale

Eine °Fläche $F \subset \mathbb{R}^3$ heißt *Minimalfläche*, wenn ihre mittlere Krümmung (→ Krümmung einer Fläche) überall gleich Null ist. Die Flächen, die durch in Drahtschleifen eingespannte Seifenblasen gegeben werden, sind (ideell) Minimalflächen.
Minimalflächen gehören zu den am eingehendsten untersuchten Objekten der °Differentialgeometrie. So einfach die Ergebnisse anschaulich zu verstehen sind, so schwierig und tiefliegend sind oft die Beweise (u.a. mit Methoden der komplexen Funktionentheorie, Potentialtheorie und Theorie der partiellen Differentialgleichungen).

LITERATUR: Nitsche, J. C. C.: Vorlesungen über Minimalflächen (Springer 1975). Osserman, R.: A survey of Minimal Surfaces (Van Nostrand 1969).

Minimalpolynom
minimal polynomial; polynôme minimal

Sei $K \supset k$ eine °Körpererweiterung und $a \in K$ °algebraisch über k. Dann gibt es genau ein normiertes (d.h. Höchstkoeffizient = 1) °Polynom $f_a \in k[X]$, welches jedes andere Polynom $f \in k[X]$ mit $f(a) = 0$ teilt. Dieses f_a heißt *Minimalpolynom* von a über k.

Minkowskische Ungleichung
Minkowski inequality; inégalité de Minkowski

Sei $p \in \mathbb{R}$, $1 \leq p < \infty$. Dann gilt für alle $x, y \in \mathbb{R}^n$ (oder $\mathbb{C}^n$)

$$\|x + y\|_p \leq \|x\|_p + \|y\|_p,$$

wo $\|x\|_p = \left(\sum_{\nu=1}^{n} |x_\nu|^p \right)^{1/p}$ die *p-Norm* ist. „*Minkowskische Ungleichung*" ist also nur ein eigener Name für die Dreiecksungleichung der p-Norm (→ Norm).
(→ ℓ^p-Räume, → L^p-Räume)

Mittag-Leffler (Satz von)
theorem of M.-L.; théorème de M.-L.

Sei (a_n) eine Folge paarweise verschiedener Punkte in $\mathbb{C}$, die keinen °Häufungspunkt hat. Zu jedem a_n sei ein „*Hauptteil*"

$$H_n(z) := \sum_{\nu=1}^{p_n} \frac{c_\nu^{(n)}}{(z-a_n)^\nu} \qquad (p_n \geq 1, c_\nu^{(n)} \in \mathbb{C})$$

gegeben. Dann gibt es eine auf $\mathbb{C}$ °meromorphe Funktion, die genau an den Stellen a_n Pole mit Hauptteilen $H_n(z)$ hat.

($\rightarrow$ Laurententwicklung, $\rightarrow$ Singularität (isolierte $\sim$ einer holomorphen Funktion))

Mittelwertsatz
mean value theorem; théorème des accroissements finis

a) Sei $a < b$ und $f: [a,b] \rightarrow \mathbb{R}$ eine Funktion, die in $[a,b]$ °stetig und im offenen °Intervall $]a,b[$ °differenzierbar ist.

Dann gibt es ein $x \in]a,b[$ mit $f'(x) = \dfrac{f(b)-f(a)}{b-a}$

(Folgerung aus dem Satz von °Rolle).

Andere Formulierung: Gibt es Konstante $m, M \in \mathbb{R}$ mit $m \leq f'(x) \leq M$ für alle $x \in]a,b[$, so ist $m \cdot (y-x) \leq f(y) - f(x) \leq M \cdot (y-x)$ für alle $x, y \in \mathbb{R}$ mit $a \leq x \leq y \leq b$.

b) Sei $U \subset \mathbb{R}^n$ offen und $f: U \rightarrow \mathbb{R}^m$ eine stetig (°total) differenzierbare Abbildung. Sei $x \in U$ und $\xi \in \mathbb{R}^n$ ein Vektor derart, daß die ganze Strecke $\{x + t\xi \mid 0 \leq t \leq 1\}$ in U liegt. Dann gilt:

$$f(x+\xi) - f(x) = \int_0^1 Df(x+t\xi)\, dt \cdot \xi,$$

wo das Integral über die °Jacobimatrix $Df(x+t\xi)$ komponentenweise genommen wird.

Mittelwertsatz (für holomorphe Funktionen)
mean value theorem (for holomorphic functions); loi de la moyenne

Sei $U \subset \mathbb{C}$ °offen, $f: U \rightarrow \mathbb{C}$ °holomorph und $\{z \in \mathbb{C} : |z-z_0| \leq r\} \subset U$. Dann ist der Wert von f an der Stelle z_0 gleich dem Mittelwert der Funktionswerte auf dem Rande des Kreises mit Radius r um z_0:

$$f(z_0) = \frac{1}{2\pi} \int_0^{2\pi} f(z_0 + re^{it})\, dt$$

Mittelwertsatz der Integralrechnung
mean value theorem for integrals; théorème de la moyenne (du calcul intégral)

Seien $f, \varphi: [a, b] \to \mathbb{R}$ °stetige Funktionen, und es sei $\varphi(x) \geq 0$ für alle $x \in [a, b]$. Dann gibt es ein $x_0 \in [a, b]$ mit

$$\int_a^b f(x)\,\varphi(x)\,dx = f(x_0) \cdot \int_a^b \varphi(x)\,dx.$$

Meist wird nur der Spezialfall $\varphi \equiv 1$ benötigt:

$$\int_a^b f(x)\,dx = f(x_0)(b-a) \quad \text{für ein} \quad x_0 \in [a, b].$$

(Beweis mit dem °Zwischenwertsatz für stetige Funktionen).

mittlere Krümmung
mean curvature; courbure moyenne

(→ Krümmung (einer Fläche))

Modul
module; module

Sei R ein °Ring. Eine additiv geschriebene °abelsche °Gruppe M ist ein *R-Modul*, wenn eine Abbildung („Multiplikation mit Skalaren") $R \times M \to M$, $(r, x) \mapsto rx$ mit folgenden Eigenschaften gegeben ist:

1) Es gelten die Distributivgesetze $r(x+y) = rx + ry$, $(r+s)x = rx + sx$ und
2) das Assoziativgesetz $(rs)x = r(sx)$ für alle $r, s \in R$, $x, y \in M$.

Hat der Ring ein Einselement 1, so soll zusätzlich gelten $1x = x$ für alle $x \in M$.
Beispiele: Ist R ein °Körper, so ist R-Modul dasselbe wie R-°Vektorraum. – Ist $I \subset R$ ein °Ideal, so sind I und R/I (→ Restklassenring) in natürlicher Weise R-Moduln. – Ist $J \neq \emptyset$ eine Indexmenge und $(M_j)_{j \in J}$ eine Familie von R-Moduln, so sind die Mengen

$$\prod_{j \in J} M_j := \{(x_j)_{j \in J} : x_j \in M_j \text{ für alle } j \in J\}$$

(*direktes Produkt*) und

$$\bigoplus_{j \in J} M_j \left(\text{oder} \coprod_{j \in J} M_j\right) := \{(x_j)_{j \in J} : x_j \in M_j \text{ für alle } j \in J, \text{ und } x_j \neq 0 \text{ nur für endlich viele } j\}$$

(*direkte Summe*)

Modul (Forts.)

mit komponentenweiser Addition und Skalarmultiplikation wieder R-Moduln. — Sind M und N zwei R-Moduln, so wird die Menge aller R-Modul-°Homomorphismen $\mathrm{Hom}_R(M, N)$ ebenfalls ein R-Modul, wenn man für $r \in R$ und $f, g \in \mathrm{Hom}_R(M, N)$ setzt: $(rf)(x) := r \cdot f(x)$ und $(f+g)(x) := f(x) + g(x)$ für alle $x \in M$. Für $N = R$ heißt $\mathrm{Hom}_R(M, R) =: M^*$ der zu M °*duale Modul*.

Eine Teilmenge $N \subset M$ eines R-Moduls M heißt *Untermodul*, wenn die Beschränkung der Abbildung $R \times M \to M$ auf $R \times N \to N$ definiert ist und N zu einem R-Modul macht. Ist $M = R$ als R-Modul, so sind die Untermoduln von R gerade die °Ideale von R.

Modulraum
moduli space; espace des modules

Bei der Klassifikation mathematischer Objekte nach vorher vereinbarten „vernünftigen" Isomorphieklassen kommt es vor, daß diese Isomorphieklassen von einem oder mehreren Parametern kontinuierlich abhängen. Seit Riemann ist es üblich, solche Parameter *Moduln* zu nennen, und den „Parameterraum" den *Modulraum* für die betrachteten Objekte.

Beispiel: Kreisringe der komplexen Zahlenebene können genau dann biholomorph aufeinander abgebildet werden, wenn ihr Radienverhältnis r_2/r_1 (von innerem und äußerem Kreisradius) übereinstimmt. Dieses Radienverhältnis ist also ein Modul für Biholomorphieklassen von Kreisringen.

Monodromiesatz
monodromy theorem; théorème de monodromie

In $\mathbb{C}$ seien zwei °*homotope* Wege $w_0, w_1 : [0, 1] \to \mathbb{C}$ gegeben mit $w_0(0) = w_1(0) = z_0 \neq z_1 = w_0(1) = w_1(1)$. (Die *Homotopie* $h: [0, 1] \times [0, 1] \to \mathbb{C}$ von w_0 zu w_1 ist eine stetige Abbildung mit $h(0, t) = w_0(t)$ und $h(1, t) = w_1(t)$ für alle $t \in [0, 1]$ sowie $h(s, 0) = z_0$ und $h(s, 1) = z_1$ für alle $s \in [0, 1]$). Auf einer offenen Kreisscheibe K um z_0 sei eine °holomorphe Funktion f_0 gegeben, die sich längs eines jeden Weges $h_s : [0, 1] \to \mathbb{C}, t \mapsto h(s, t)$ °analytisch fortsetzen läßt. Dann gilt: Ist K' eine offene Kreisscheibe um z_1 und sind f_1 bzw. $\tilde{f}_1 : K' \to \mathbb{C}$ holomorphe Funktionen, die aus f_0 durch analytische Fortsetzung längs w_0 bzw. w_1 entstanden sind, so gilt $f_1 = \tilde{f}_1$.

Kürzer ausgedrückt: Die analytische Fortsetzung von z_0 nach z_1 längs verschiedener, aber homotoper Wege führt zur gleichen °Potenzreihe in z_1.

Monoid
monoid; monoïde

Eine Menge M mit einer °Verknüpfung $M \times M \to M, (a, b) \mapsto ab$ heißt *Monoid*, wenn die Verknüpfung °assoziativ ist und ein *neutrales Element* $e \in M$ existiert mit $ae = ea = a$ für alle $a \in M$.

Beispiele: $\mathbb{N} = \{0, 1, 2, ...\}$ mit der Addition; $\mathbb{N}_+ = \{1, 2, 3, ...\}$ oder $\mathbb{Z} \setminus \{0\}$ mit der Multiplikation; die Menge aller °Abbildungen einer Menge X in sich mit der Hintereinanderausführung als Verknüpfung.

Monomorphismus
monomorphism; monomorphisme

Ein Morphismus („Pfeil") $f: X \to Y$ in einer °Kategorie heißt *Monomorphismus*, wenn gilt: $f \circ g = f \circ h \Rightarrow g = h$ für alle $g, h: Z \to X$ und alle Objekte Z. In fast allen praktischen Fällen, wo Morphismen strukturerhaltende Abbildungen zwischen (vorwiegend algebraischen) Strukturen, wie °Vektorräumen, °Moduln usw. sind, ist diese Bedingung gleichbedeutend mit der Injektivität von f.

Montel (Satz von)
Montel's theorem; théorème de Montel

Jede lokal beschränkte Folge °holomorpher Funktionen auf einem °Gebiet G besitzt eine °kompakt °konvergente Teilfolge.

Dabei heißt eine Folge (f_n) auf G *lokal beschränkt*, wenn es zu jedem $z_0 \in G$ eine Umgebung U und ein $C \in \mathbb{R}$ gibt mit $|f_n(z)| \leq C$ für alle $n \in \mathbb{N}$ und alle $z \in U$.

Morera (Satz von)
theorem of Morera; théorème de Morera

Sei $U \subset \mathbb{C}$ °offen und $f: U \to \mathbb{C}$ °stetig. Ist dann für jedes in U gelegene Dreieck Δ das Integral $\int_{\partial \Delta} f(z) \, dz$ gleich Null, so ist f °holomorph.

Morphismus
morphism; morphisme

($\to$ Kategorie)

multilineare Abbildung
multilinear mapping; application multilinéaire

Seien $V_1, ..., V_r$ und W °Vektorräume über einem °Körper K. Eine Abbildung $f: V_1 \times ... \times V_r \to W$ heißt *r-linear* (*multilinear*), wenn für alle $i = 1, ..., r$ und jede Wahl von $v_j \in V_j$ $(j = 1, ..., r; j \neq i)$ die partielle Abbildung $V_i \to W, x_i \mapsto f(v_1, ..., v_{i-1}, x_i, v_{i+1}, ..., v_r)$ linear ist. Anstelle von 2-linear sagt man *bilinear*. Ist $W = K$, so spricht man von einer *r-Linearform* (*Multilinearform*).

multilineare Abbildung (Forts.)

Sind alle V_i gleich ein und demselben Vektorraum V, so heißt eine r-lineare Abbildung $f: V^r \to W$ *alternierend*, wenn $f(x_1, \ldots, x_r) = 0$ ist, sobald für zwei Indizes $i \neq j$ gilt $x_i = x_j$. Es folgt, daß dann für jede Permutation π von $\{1, \ldots, r\}$ die Beziehung $f(x_{\pi(1)}, \ldots, x_{\pi(r)}) = \epsilon(\pi) \cdot f(x_1, \ldots, x_r)$ besteht, wo $\epsilon(\pi)$ das Signum von π ist. Ein $f: V^r \to W$, welches dieser Beziehung genügt, heißt *antisymmetrisch*; ist die °Charakteristik des Körpers K ungleich zwei, so ist auch jede antisymmetrische Abbildung alternierend.

Hat der Vektorraum V die °Dimension n, und ist $b_1, \ldots, b_n$ eine Basis von V, so ist eine multilineare Abbildung $f: V^r \to W$ eindeutig festgelegt durch n^r Vektoren $f(b_{i_1}, \ldots, b_{i_r}) \in W$, wo $(i_1, \ldots, i_r)$ die Menge $\{1, \ldots, n\}^r$ durchläuft. Ist f zusätzlich alternierend, so genügen $\binom{n}{r}$ Vektoren $f(b_{i_1}, \ldots, b_{i_r})$ mit $1 \leq i_1 < \ldots < i_r \leq n$ zur Festlegung von f. Insbesondere sind für $r = n$ alle alternierenden n-Linearformen skalare Vielfache einer einzelnen ($\neq 0$) unter ihnen. Daraus ergibt sich eine koordinatenfreie Definition der *Determinante* eines Vektorraum-Endomorphismus $u: V \to V$; denn es folgt: Für alle alternierenden n-Linearformen $f: V^n \to K$ gibt es genau ein $\det(u) \in K$ mit $f(u(x_1), \ldots, u(x_n)) = \det(u) \cdot f(x_1, \ldots, x_n)$.

N

Nabelpunkt
umbilic (point); ombilic

($\to$ Gauß-Abbildung)

Nabla
nabla operator; nabla

($\to$ Gradient, $\to$ Rotation)

natürliche Zahl
natural number, positive (or non-negative) integer; nombre naturel, entier positif (ou nul)

($\to$ Zahlen)

Nebenklasse
coset, residue class; classe modulo un sous-groupe

Ist G eine °Gruppe, H eine Untergruppe von G und $a \in G$, so heißt die Menge $aH = \{ax \mid x \in H\}$ die *linke Nebenklasse* von a bezüglich H (und analog $Ha = \{xa \mid x \in H\}$ die *rechte Nebenklasse*). Linke und rechte Nebenklassen stimmen genau dann überein, wenn H ein °Normalteiler ist.

(→ Faktorgruppe)

Neilsche Parabel
Neil's parabola (the "cusp"); parabole semi-cubique

Die Punktmenge $N = \{(x, y) \in \mathbb{R}^2 \mid y^2 = x^3\}$ heißt *Neilsche Parabel*. Sie wird parametrisiert durch $\mathbb{R} \to N$, $t \mapsto (t^2, t^3)$; diese Abbildung ist bijektiv und sogar ein Homöomorphismus. Die Spitze der Neilschen Parabel ist aus guten Gründen das beliebteste Beispiel für eine Kurvensingularität.

(→ Kurve)

neutrales Element
neutral element, identity; élément neutre

(→ Gruppe)

Newton-Verfahren
Newton's approximation method; méthode de Newton

Sei x_1 ein Näherungswert für eine Lösung von $f(x) = 0$, wo f eine °differenzierbare reellwertige Funktion auf einem °Intervall ist. Unter günstigen (in der Praxis meist vorliegenden) Umständen ist dann $x_2 := x_1 - \dfrac{f(x_1)}{f'(x_1)}$ ein besserer Näherungswert, und die Iteration liefert eine °Folge (x_n), die gegen ein $\xi \in \mathbb{R}$ mit $f(\xi) = 0$ °konvergiert.

Nielsen-Schreier (Satz von)
theorem of Nielsen-Schreier; théorème de Nielsen-Schreier

Jede Untergruppe einer °freien Gruppe ist frei.

nilpotent
nilpotent; nilpotent

Ein Element a eines °Ringes R heißt *nilpotent*, wenn es eine natürliche Zahl $n \geq 1$ gibt mit $a^n = 0$.

nilpotent (Forts.)

Beispiel: Die °Matrix $\begin{pmatrix} 0 & 1 \\ 0 & 0 \end{pmatrix}$ ist nilpotent im Ring der 2×2-Matrizen über $\mathbb{R}$. Im Ring $\mathbb{Z}/4\mathbb{Z}$ ist die Restklasse von 2 nilpotent. In $K[X]/(X^n)$ (K ein Körper) ist die Restklasse von X nilpotent. In einem Ring ohne Nullteiler ist 0 das einzige nilpotente Element. Die nilpotenten Elemente eines Ringes bilden ein °Ideal, das *Nilradikal*; es ist der Durchschnitt aller °Primideale des Rings.

---

noethersch
noetherian; noethérien

Ein °Ring R heißt *noethersch*, wenn er eine der folgenden äquivalenten Bedingungen erfüllt:

1) Jedes °Ideal von R ist °endlich erzeugt.
2) Jede aufsteigende Kette $I_0 \subset I_1 \subset I_2 \subset \ldots$ von Idealen in R wird stationär (d.h. es gibt ein $n \in \mathbb{N}$ mit $I_{n+k} = I_n$ für alle $k \in \mathbb{N}$).
3) Jede nichtleere Menge $\mathfrak{M}$ von Idealen von R besitzt ein maximales Element (d.h. es gibt ein Ideal $J \in \mathfrak{M}$, so daß für kein $I \in \mathfrak{M}$ gilt: $J \subsetneq I$).

Die entsprechende Definition gilt auch für einen *noetherschen Modul*, wenn man überall „Ideal" durch „Untermodul" ersetzt.

Beispiele: °Polynom- und °Potenzreihenringe in endlich vielen Unbestimmten sind noethersch; der Ring $\mathscr{C}(\mathbb{R})$ aller °stetigen Funktionen $\mathbb{R} \to \mathbb{R}$ ist nicht noethersch, ebensowenig wie der Ring $\mathcal{O}(G)$ aller auf einem Gebiet $G \subset \mathbb{C}$ °holomorphen Funktionen. Unterringe noetherscher Ringe brauchen nicht noethersch zu sein; z.B. ist $\mathcal{O}(\mathbb{C})$ Unterring des Körpers $\mathcal{M}(\mathbb{C})$ aller auf $\mathbb{C}$ °meromorphen Funktionen.

Norm
norm; norme

Sei V ein $\mathbb{K}$-°Vektorraum, $\mathbb{K} = \mathbb{R}$ oder $\mathbb{C}$. Eine Abbildung $V \to \mathbb{R}$, $v \mapsto \|v\|$ heißt *Norm*, wenn gilt:

a) $\|v\| \geq 0$ für alle $v \in V$ und $\|v\| = 0 \Rightarrow v = 0$
b) $\|v + w\| \leq \|v\| + \|w\|$ für alle $v, w \in V$ (*Dreiecksungleichung*)
c) $\|\alpha v\| = |\alpha| \cdot \|v\|$ für alle $v \in V$ und alle $\alpha \in \mathbb{K}$.

Verzichtet man in a) auf die Zusatzforderung $\|v\| = 0 \Rightarrow v = 0$, so spricht man von einer *Halbnorm*.

Beispiel: Jedes °Skalarprodukt $\langle \ , \ \rangle$ induziert vermöge $\|x\| := \sqrt{\langle x, x \rangle}$ eine Norm; umgekehrt läßt sich aus einer Norm ein Skalarprodukt zurückgewinnen, wenn die Norm der °Parallelogrammgleichung genügt.

Norm (eines Homomorphismus)
norm (of a homomorphism); norme (d'un homomorphisme)

Ist $T: X \to Y$ ein °Homomorphismus zwischen °normierten °Vektorräumen, so definiert man die Norm $\|T\|$ von T durch $\sup_{\substack{x \in X \\ \|x\|=1}} \|T(x)\|$. Damit wird $\text{Hom}(X, Y)$ ein °Banachraum, falls Y einer ist.

---

normal (Endomorphismus; Matrix)
normal; normal(e)

Ein °Endomorphismus f eines °euklidischen (bzw. °hermiteschen) Vektorraums heißt *normal*, wenn er mit seinem °adjungierten f^* vertauscht: $f \circ f^* = f^* \circ f$.
Analog heißt eine quadratische Matrix (über $\mathbb{R}$ oder $\mathbb{C}$) *normal*, wenn sie mit ihrer adjungierten $A^* = {}^t\bar{A}$ (transponiert und komplex konjugiert) vertauscht: $AA^* = A^*A$.
°Symmetrische, antisymmetrische, °orthogonale Matrizen über $\mathbb{R}$, °hermitesche, °unitäre Matrizen über $\mathbb{C}$ sind normal. Komplexe Matrizen sind genau dann normal, wenn sie °diagonalisierbar sind.

---

normal (topologischer Raum)
normal (topological space); (espace topologique) normal

Ein °topologischer Raum heißt *normal*, wenn er °hausdorffsch ist und wenn er eine der folgenden äquivalenten Bedingungen erfüllt:

i) Je zwei disjunkte °abgeschlossene Mengen besitzen disjunkte Umgebungen
ii) Zu jeder abgeschlossenen Menge $A \subset X$ und jeder °offenen °Umgebung U von A gibt es eine offene Umgebung V von A, so daß $\bar{V}$ in U enthalten ist.
iii) (Urysohn) Zu je zwei disjunkten abgeschlossenen Mengen A und B in X gibt es eine °stetige Funktion $f: X \to [0, 1]$, welche für alle Punkte aus A den Wert 0 und für alle Punkte aus B den Wert 1 annimmt.
iv) Ist $A \subset X$ abgeschlossen und $f: A \to [0, 1]$ stetig, so besitzt f eine stetige Fortsetzung $F: X \to [0, 1]$.

Jeder °kompakte Raum, jeder °metrische Raum ist normal. Jeder normale Raum ist °regulär. Jeder abgeschlossene Teilraum eines normalen Raums ist normal. (Räume, in denen jeder Teilraum normal ist, heißen *vollständig normal*).
($\to$ Trennungsaxiome)

---

normale Körpererweiterung
normal field extension; extension normale

Eine °Körpererweiterung $K \supset k$ heißt *normal*, wenn sie algebraisch ist, und wenn jedes irreduzible Polynom $f \in k[X]$, das in K eine Nullstelle hat, über K in Linearfaktoren zerfällt.

normale Körpererweiterung (Forts.)

Beispiele: $\mathbb{Q}(\sqrt{2}) \supset \mathbb{Q}$ ist normal, $\mathbb{Q}(\sqrt[4]{2}) \supset \mathbb{Q}(\sqrt{2})$ ist normal, aber $\mathbb{Q}(\sqrt[4]{2}) \supset \mathbb{Q}$ ist nicht normal.

Normalenvektor
normal vector; vecteur normal

($\to$ Krümmung (einer Kurve), $\to$ Fläche)

Normalformensatz für äquivalente Matrizen
normal form for equivalent matrices; forme canonique pour les matrices équivalentes

Eine $m \times n$-°Matrix $A \in K^{m \times n}$ (K ein °Körper) besitzt genau dann den °Rang r, wenn sie °äquivalent ist zu einer Matrix der Gestalt

$$\left(\begin{array}{ccc|cc} 1 & & & & \\ & 1 & 0 & & \\ & & \ddots & & 0 \\ 0 & & 1 & & \\ \hline & & & & \\ & 0 & & & 0 \\ & & & & \end{array}\right) \begin{array}{c} \left.\begin{array}{c} \\ \\ \\ \\ \end{array}\right\} r \\ \left.\begin{array}{c} \\ \\ \end{array}\right\} m-r \end{array}$$

$$\underbrace{}_{r} \underbrace{}_{n-r}$$

Normalisator
normalizer; normalisateur

Sei G eine °Gruppe, $P \subset G$ eine Teilmenge. Der *Normalisator* von P in G ist die Untergruppe $N(P) = \{x \in G \mid x^{-1}Px = P\}$, wobei $x^{-1}Px = \{x^{-1}yx \mid y \in P\}$. Ist P eine Untergruppe, so ist $N(P)$ die größte Untergruppe von G, in der P noch °Normalteiler ist.

Besteht P aus einem einzigen Element y, so ist $N(P) = Z(y)$ gleich dem °Zentralisator von y.

Normalkrümmung
normal curvature; courbure normale

($\to$ Krümmung (einer Fläche))

Normalreihe
normal tower, normal series; suite (ou chaîne) de composition

(→ auflösbar)

Normalteiler
distinguished (or invariant) subgroup; sousgroupe distingué

Eine Untergruppe N einer Gruppe G heißt *Normalteiler*, wenn sie eine der folgenden äquivalenten Bedingungen erfüllt:

1) $aN = Na$ für alle $a \in G$
2) $aNa^{-1} \subset N$ für alle $a \in G$
3) $aNa^{-1} = N$ für alle $a \in G$.

Beispiele: Jede Gruppe G (mit neutralem Element e) hat die trivialen Normalteiler $\{e\}$ und G; in einer abelschen Gruppe ist jede Untergruppe Normalteiler; in der °Permutationsgruppe S_3 ist jede 2-elementige Untergruppe kein Normalteiler.

normierter Vektorraum
normed vector space; espace vectoriel normé

Ein °topologischer °Vektorraum heißt *normierbar*, wenn auf ihm eine °Norm erklärt werden kann, welche die gegebene °Topologie induziert.

Ist auf einem Vektorraum bereits eine Norm gegeben, so heißt er *normiert*; meist faßt man ihn dann auch als topologischen Vektorraum auf (mit der von der Norm bzw. der davon abgeleiteten °Metrik $d(x, y) = \|x - y\|$ induzierten Topologie).

normiertes Polynom
normalized (or monic) polynomial; polynôme monique (ou unitaire)

Ein Polynom $a_n X^n + a_{n-1} X^{n-1} + \ldots + a_1 X + a_0 \in K[X]$ (K ein °Körper) heißt *normiert*, wenn $a_n = 1$ ist.

Normtopologie
norm topology; topologie induite par la norme

In einem °normierten °Vektorraum nennt man die von der °Norm $\|\cdot\|$ (d.h. von der °Metrik $d(x, y) = \|x - y\|$) induzierte °Topologie die *Normtopologie*.

nullhomotop
null homotopic; homotope à une application constante

(→ homotop)

Nullmenge
zero set; ensemble de mesure nulle

($\to$ Lebesgue-Maß)

(nicht zu verwechseln mit der *leeren Menge*, $\to$ Mengenlehre)

Nullteiler
zero divisor; diviseur de zéro

Ein Element a eines °Ringes R heißt *rechter* (bzw. *linker*) *Nullteiler* von R, wenn es ein $x \in R \setminus \{0\}$ gibt mit $xa = 0$ (bzw. $ax = 0$). Gibt es weder rechte noch linke Nullteiler in R, so heißt der Ring *nullteilerfrei*.
Beispiel: Im Ring der 2×2-Matrizen ist $\begin{pmatrix} 0 & 0 \\ 0 & 1 \end{pmatrix}$ ein Nullteiler: $\begin{pmatrix} 0 & 0 \\ 0 & 1 \end{pmatrix} \begin{pmatrix} 0 & 1 \\ 0 & 0 \end{pmatrix} = \begin{pmatrix} 0 & 0 \\ 0 & 0 \end{pmatrix}$.
In der Praxis ist oft der Begriff *Nichtnullteiler* wichtiger: Ist b Nichtnullteiler, so folgt aus $bx = 0$ (oder $xb = 0$) stets $x = 0$.

O

offen
open; ouvert

Im $\mathbb{R}^n$ ($n \geq 1$) mit der °euklidischen °Metrik $d(x, y) = \left(\sum_{i=1}^{n} (y_i - x_i)^2 \right)^{1/2}$ heißt eine Teilmenge $X \subset \mathbb{R}^n$ *offen*, wenn es zu jedem Punkt $p \in X$ eine Zahl $\epsilon > 0$ gibt, so daß die ϵ-Umgebung $U_\epsilon(p) = \{x \in \mathbb{R}^n \mid d(x, p) < \epsilon\}$ ganz in X enthalten ist. Dieselbe Definition läßt sich in einem beliebigen °metrischen Raum formulieren.
– Es hat sich herausgestellt, daß dieser Begriff „offen" am besten geeignet ist, topologische Eigenschaften und Methoden vom $\mathbb{R}^n$ auf viel allgemeinere Situationen zu übertragen.

($\to$ Topologie)

offene Abbildung
open mapping; application ouverte

Eine Abbildung zwischen °topologischen Räumen heißt *offen*, wenn das Bild jeder offenen Menge offen ist.

($\to$ Prinzip der offenen Abbildung)

offener Kern
interior; l'intérieur

Ist A eine Teilmenge eines °topologischen Raums X, so heißt $\mathring{A} :=$ Vereinigung aller in A enthaltenen offenen Mengen (= größte in A enthaltene offene Menge) der *offene Kern* von A. Es gelten die Regeln

$$\mathring{A} \subset A, \quad \mathring{X} = X, \quad \mathring{\emptyset} = \emptyset, \quad A \subset B \Rightarrow \mathring{A} \subset \mathring{B}, \quad \widehat{A \cap B} = \mathring{A} \cap \mathring{B},$$
$$\widehat{A \cup B} \subset \mathring{A} \cup \mathring{B}.$$

Beispiel für die letzte Inklusion: $X = \mathbb{R}$ (mit der üblichen Topologie), $A = \mathbb{Q}$, $B = \mathbb{R} \setminus \mathbb{Q}$; dann ist $A \cup B = \mathbb{R} = \widehat{A \cup B}$, aber $\mathring{A} = \mathring{B} = \emptyset$, also $\widehat{A \cup B} \neq \mathring{A} \cup \mathring{B}$.

Operation
action or operation; opération

Sei G eine °Gruppe und X eine nichtleere Menge. Eine °Abbildung $\tau: G \times X \to X$ heißt *Operation* von G auf X, wenn für alle $a, b \in G$ und alle $x \in X$ gilt: $\tau(ab, x) = \tau(a, \tau(b, x))$ und $\tau(e, x) = x$ ($e \in G$ ist das neutrale Element). Man sagt: G operiert von links auf X, und schreibt meist einfacher $a(x)$ oder $a \cdot x$ anstelle von $\tau(a, x)$. Eine Operation kann auch gegeben werden als Gruppenhomomorphismus von G in die Gruppe der bijektiven Abbildungen von X auf sich, indem man einem $a \in G$ die bijektive Abbildung $\tau_a: X \to X$, $x \mapsto \tau(a, x)$ zuordnet.

Die Operation τ heißt

effektiv, wenn die Abbildung $a \mapsto \tau_a$ injektiv ist,

transitiv, wenn es zu jedem Paar (x, y) von Punkten in X stets ein $a \in G$ gibt mit $y = \tau(a, x)$, und

einfach transitiv, wenn dieses a eindeutig bestimmt ist.

Ist $x \in X$, so heißt die Menge

$$G(x) := \{\tau(a, x) | a \in G\}$$

Bahn (oder *Orbit* oder *Transitivitätsbereich*) von x unter der Operation τ. Die Bahnen sind die Äquivalenzklassen der °Äquivalenzrelation $x \sim_\tau y :\Leftrightarrow y \in G(x)$. Die Menge $G_x := \{a \in G | \tau(a, x) = a(x) = x\}$ ist eine Untergruppe von G und heißt *Isotropiegruppe* (oder *Standgruppe* oder *Stabilisator*) von x bzgl. τ.

Beispiele: Die multiplikative Gruppe $Gl(n, K)$ der invertierbaren $n \times n$-Matrizen über K operiert auf K^n, und zwar effektiv, aber nicht transitiv. Die additive Gruppe K^n operiert auf K^n effektiv und einfach transitiv ($\to$ affiner Raum). Die Bahnen bei der Operation der °orthogonalen Gruppe $O(n)$ auf $\mathbb{R}^n$ sind $\{0\}$ und die $(n-1)$-Sphären $\{x \in \mathbb{R}^n: \|x\| = r\}$ mit $r > 0$.

Operator
operator; opérateur

Aus historischen Gründen nennt man Abbildungen zwischen Funktionenräumen oder allgemeiner °topologischen Vektorräumen oft *Operatoren*; speziell heißen °lineare °stetige Abbildungen auch *beschränkte lineare Operatoren*. Der Definitionsbereich ist oft nur ein dichter Teilraum des angegebenen Vektorraums.

Beispiel: Der Vektorraum $X = \mathscr{C}([a, b])$ der stetigen reellwertigen Funktionen auf dem Intervall $[a, b]$ mit der °Supremumsnorm ist ein °Banachraum; die stetig differenzierbaren Funktionen bilden einen in X dichten Untervektorraum Y, und die Abbildung $Y \to X$, $f \mapsto f' = \dfrac{df}{dx}$ ist ein linearer unbeschränkter Operator.

Orbit
orbit; orbite

(→ Operation)

Ordinalzahl
ordinal number; ordinal

Man kann (in der Mengenlehre) jeder Menge M einen mathematischen Begriff *Ordinalzahl* ord(M) zuordnen, so daß zwei °wohlgeordnete Mengen genau dann eine bijektive ordnungserhaltende Abbildung aufeinander zulassen, wenn sie dieselbe Ordinalzahl haben.

(→ Kardinalzahl)

Ordnung
order; ordre

(→ Halbordnung)

Ordnung einer Gruppe
order of a group; ordre d'un groupe

Die Anzahl der Elemente einer (vorwiegend endlichen) °Gruppe heißt *Ordnung* der Gruppe. Die *Ordnung eines Elements* der Gruppe ist die Ordnung der von ihm erzeugten Untergruppe.

Ordnung einer Potenzreihe
order of a power series; ordre d'une série entière

Entwickelt man eine °Potenzreihe (in einer oder mehreren Variablen) nach °homogenen Polynomen, so heißt der niedrigste auftretende Grad eines von Null verschiedenen homogenen Polynoms die *Ordnung* der Potenzreihe.

Beispiel: $x^2 + x^3$ hat die Ordnung 2 (und als Polynom den Grad 3), $x^2y + xy^2 + x^4$ hat die Ordnung 3.

Ordnungstopologie
order topology; topologie d'ordre

Sei X eine (total) geordnete Menge (→ Halbordnung). Dann heißt die °Topologie, deren offene Mengen aus Vereinigungen von offenen Intervallen $]a, b[$ = $\{x \in X | a < x < b\}$ ($a, b \in X$) bestehen, die *Ordnungstopologie* auf X. (Sie stimmt offenbar auf $\mathbb{R}$ mit der üblichen Topologie überein).

Orientierung
orientation; orientation

Eine *Orientierung* in einem reellen Vektorraum V (mit $1 \leq \dim V < \infty$) ist gegeben als Äquivalenzklasse gleich orientierter °Basen; dabei heißen Basen $(v_1, ..., v_n)$ und $(w_1, ..., w_n)$ *gleich orientiert*, wenn die °Determinante der linearen Abbildung $F: V \to V$, $v_i \mapsto w_i$ ($i = 1, ..., n$) positiv ist.

Demnach gibt es zwei mögliche Orientierungen auf jedem reellen Vektorraum; keine ist (abstrakt) vor der anderen ausgezeichnet.

Anschaulich läßt sich für $n = 1, 2, 3$ eine Orientierung folgendermaßen interpretieren: In $\mathbb{R}$ als Richtungssinn; im $\mathbb{R}^2$ als Drehungssinn; im $\mathbb{R}^3$ als Schraubungssinn.

Eine °Hyperebenenspiegelung ändert die Orientierung. Beliebte Frage zur Desorientierung: Ein Spiegel vertauscht links und rechts; warum vertauscht er nicht oben und unten?

orientierungstreu
orientation preserving; (un automorphisme) laissant l'orientation invariante

Eine °Endomorphismus $F: V \to V$ eines endlich-dimensionalen $\mathbb{R}$-Vektorraums heißt *orientierungstreu*, wenn die °Determinante det $F > 0$ ist.

orthogonal
orthogonal; orthogonal(e)

Ist V ein °euklidischer oder °unitärer Vektorraum (mit Skalarprodukt $\langle \ , \ \rangle$), so heißen $u, v \in V$ *orthogonal* (in Zeichen: $u \perp v$), wenn $\langle u, v \rangle = 0$ ist. Teilmengen $A, B \subset V$ heißen *orthogonal*, wenn $a \perp b$ ist für alle $a \in A$ und $b \in B$. Eine Familie $(v_i)_{i \in I}$ von Vektoren in V heißt *orthogonal*, wenn $v_i \perp v_j$ ist für alle $i \neq j$ in I. Ein Endomorphismus F von V heißt *orthogonal*, wenn $\langle F(u), F(v) \rangle = \langle u, v \rangle$ ist für alle $u, v \in V$.

orthogonal (Forts.)

Eine °Matrix $A \in GL(n, \mathbb{R})$ heißt *orthogonal*, wenn eine der folgenden äquivalenten Bedingungen erfüllt ist:

- Es ist $A^{-1} = {}^t A$ (→ transponierte Matrix)
- Die Spaltenvektoren von A bilden eine °Orthonormalbasis von $\mathbb{R}^n$
- Die Zeilenvektoren von A bilden eine Orthonormalbasis von $\mathbb{R}^n$
- Es gibt einen orthogonalen Endomorphismus $F: \mathbb{R}^n \to \mathbb{R}^n$ und eine Orthonormalbasis $B = (b_1, \ldots, b_n)$ von $\mathbb{R}^n$, so daß A die Matrix von F bezüglich B ist.

---

orthogonale Gruppe

orthogonal group; groupe orthogonale

Die Menge $O(n) := \{A \in GL(n, \mathbb{R}): A^{-1} = {}^t A\}$ der orthogonalen $n \times n$-°Matrizen bildet mit der Matrizenmultiplikation eine °Gruppe, die *orthogonale Gruppe*.

(→ klassische Gruppen)

Orthonormalbasis

orthonormal basis; base orthonormale

Eine °Basis $(v_i)_{i \in I}$ eines °euklidischen oder °unitären °Vektorraums V heißt *Orthonormalbasis* (*ONB*), wenn v_i und v_j für alle $i \neq j$ in I orthogonal sind und $\|v_i\| = 1$ ist für alle $i \in I$.

Beispiel: Sei V der $\mathbb{C}$-Vektorraum aller *trigonometrischen Polynome* $\sum_{m \in \mathbb{Z}} c_m e^{imt}$ (nur endlich viele $c_m \in \mathbb{C}$ verschieden von Null). Dann ist bezüglich des °Skalarprodukts $\langle f, g \rangle := \frac{1}{2\pi} \int_0^{2\pi} \overline{f}(t) g(t) \, dt$ das System $(e^{imt})_{m \in \mathbb{Z}}$ eine Orthonormalbasis von V.

Orthonormalisierungssatz

Gram-Schmidt orthogonalization procedure; procédé d'orthogonalization de Gram-Schmidt

Jeder °euklidische oder °unitäre °Vektorraum besitzt eine °Orthonormalbasis (Beweis mit dem *Verfahren von E. Schmidt*).

P

Pappos-Pascal (Satz von)
theorem of P.-P.; théorème de P.-P.

In der projektiven Ebene (→ projektiver Raum) seien zwei verschiedene Geraden Z und Z' und darauf paarweise verschiedene Punkte $p_1, p_2, p_3 \in Z$ und $p'_1, p'_2, p'_3 \in Z'$ gegeben. Dann liegen die Punkte $a = (p_1 \vee p'_2) \cap (p'_1 \vee p_2)$, $b = (p_2 \vee p'_3) \cap (p'_2 \vee p_3)$ und $c = (p_3 \vee p'_1) \cap (p'_3 \vee p_1)$ auf einer Geraden.
($p \vee q$ bezeichnet jeweils die durch die Punkte p und q festgelegte Gerade).

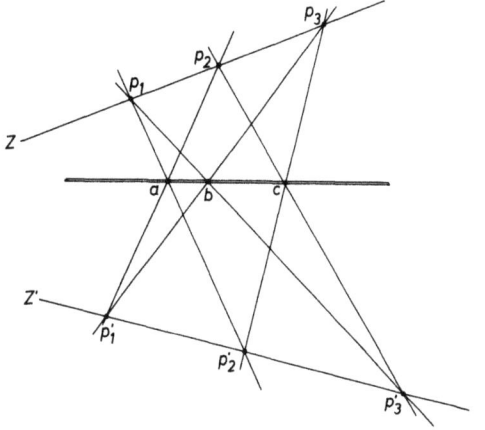

Parabel
parabola; parabole

(→ Kegelschnitt)

parakompakt
paracompact; paracompact

Ein °topologischer Raum X heißt *parakompakt*, wenn er °hausdorffsch ist und wenn gilt: Zu jeder offenen Überdeckung $\mathscr{U} = (U_i)_{i \in I}$ von X gibt es eine feinere Überdeckung $\mathscr{V} = (V_j)_{j \in J}$, die ebenfalls offen und außerdem lokalendlich ist.

Dabei heißt $\mathscr{V}$ *feiner* als $\mathscr{U}$, wenn jedes V_j in (mindestens) einem U_i enthalten ist, und $\mathscr{V}$ heißt *lokalendlich*, wenn jeder Punkt von X eine Umgebung W besitzt, so daß nur für endlich viele Indizes $j \in J$ der Durchschnitt $W \cap V_j \neq \emptyset$ ist.

Hinreichend für die Parakompaktheit ist z.B. jede der folgenden Bedingungen: °kompakt; °metrisch; °regulär mit abzählbarer °Basis; °lokalkompakt und im Unendlichen abzählbar (→ Alexandroff-Kompaktifizierung).

parakompakt (Forts.)

Jeder °abgeschlossene Teilraum eines parakompakten Raumes ist parakompakt; das Produkt aus einem parakompakten und einem kompakten Raum ist parakompakt. Jeder parakompakte Raum ist °normal.
Die Bedeutung der parakompakten Räume besteht darin, daß es bei ihnen zu jeder offenen Überdeckung eine ihr untergeordnete °Partition der Eins gibt. Damit lassen sich z. B. gewisse globale Probleme auf lokale zurückführen.

Parallelogrammgleichung
parallelogramm identity; équation du parallélogramme

Für alle Vektoren u, v eines °euklidischen oder °unitären °Vektorraums gilt

(*) $\quad \|u+v\|^2 + \|u-v\|^2 = 2(\|u\|^2 + \|v\|^2)$.

Umgekehrt stammt jede Norm, die (*) erfüllt, von dem Skalarprodukt

$\langle u, v \rangle := \frac{1}{4}(\|u+v\|^2 - \|u-v\|^2) = \frac{1}{2}(\|u+v\|^2 - \|v\|^2)$ bei einem reellen Vektorraum und

$\langle u, v \rangle := \frac{1}{4}(\|u+v\|^2 - \|u-v\|^2 + i\|u-iv\| - i\|u+iv\|)$ bei einem komplexen Vektorraum her.

(→ Polarisierung)

Parallelverschiebung
parallel transport; transport parallel

Sei $\gamma: I \to \mathbb{R}^3$ eine °Kurve auf einer °Fläche $F \subset \mathbb{R}^3$, und X ein °Vektorfeld längs γ. Dieses heißt *parallel* längs γ, wenn die °kovariante Ableitung von X in Richtung der °Tangentialvektoren von γ verschwindet.
Ist nun in $\gamma(t_0)$ ein Tangentialvektor X_0 gegeben, so gibt es (durch Integration der kovarianten Ableitung längs γ) genau ein paralleles Vektorfeld $X(t)$ längs γ mit $X(t_0) = X_0$. Man sagt: X ist durch *Parallelverschiebung* von X_0 längs γ entstanden.
Zu je zwei Punkten $p = \gamma(t_0)$ und $q = \gamma(t_1)$ auf einer Kurve γ erhält man so eine bijektive Isometrie $T_p F \to T_q F$, die i. allg. jedoch vom Weg zwischen p und q abhängt. Man spricht deshalb auch von einem *(lokalen) Zusammenhang*.

Parsevalsche Gleichung
Parseval's equation; relation de Parseval

Sei H ein °Hilbertraum und $\{x_i \mid i \in I\}$ ein orthonormales System von Vektoren in H (d. h. es ist $\langle x_i, x_j \rangle = 1$ für $i = j$ und $= 0$ sonst). Dann gilt für alle $x \in H$ die *Besselsche Ungleichung*

$$\sum_{i \in I} |\langle x, x_i \rangle|^2 \leq \|x\|^2,$$

und das Bestehen des Gleichheitszeichens in dieser Ungleichung (sie heißt dann *Parsevalsche Gleichung*) für alle $x \in H$ ist äquivalent mit folgenden Bedingungen:

1) $\{x_i | i \in I\}$ ist *maximal* (oder *vollständig*), d.h. ist $\{y_j | j \in J\}$ ein orthonormales System mit $\{x_i | i \in I\} \subset \{y_j | j \in J\}$, so sind beide Mengen gleich

2) Gilt $\langle x, x_i \rangle = 0$ für alle $i \in I$, so folgt $x = 0$

3) Für alle $x \in H$ gilt: $x = \sum_{i \in I} \langle x, x_i \rangle x_i$ (*Fourierentwicklung*)

4) Für alle $x, y \in H$ gilt $\langle x, y \rangle = \sum_{i \in I} \langle x, x_i \rangle \langle x_i, y \rangle$.

(Das Symbol $\sum_{i \in I}$ ist für unendliche, auch überabzählbare Indexmengen I folgendermaßen definiert: $\sum_{i \in I} \alpha_i = \alpha$ genau dann, wenn es zu jedem $\epsilon > 0$ eine endliche Teilmenge $J \subset I$ gibt mit $\left\|\alpha - \sum_{j \in J} \alpha_j\right\| < \epsilon$).

Ein vollständiges orthonormales System $\{x_i | i \in I\}$ mit den Eigenschaften 1)–4) heißt *Hilbert-Basis* oder einfach *Basis* des Hilbert-Raums H. (Es ist im Fall dim $H = \infty$ keine Vektorraum-Basis im algebraischen Sinn!).

Partialbruchzerlegung
partial fraction expansion; décomposition d'une fonction rationnelle en éléments simples

Sind $f, g \in K[X]$ °Polynome in einer Unbestimmten mit Koeffizienten aus einem °Körper K, so läßt sich (im Fall $g \neq 0$) die °rationale Funktion $\frac{f}{g} \in K(X)$ (→ Quotientenkörper) nach dem °euklidischen Algorithmus zunächst in der Form $\frac{f}{g} = h + \frac{r}{g}$ mit $h, r \in K[X]$, °Grad $r <$ Grad g darstellen.

Ist danach $g = g_1^{m_1} \cdot \ldots \cdot g_1^{m_k}$ die Zerlegung von g in irreduzible Elemente (→ Teilbarkeit in Integritätsringen), so gilt der Satz über die *Partialbruchzerlegung*: $\frac{r}{g}$ läßt sich eindeutig darstellen als Summe von Brüchen r_{ij}/g_i^j ($i = 1, \ldots, k; j = 1, \ldots, m_i$) mit $r_{ij} \in K[X]$ und Grad $r_{ij} <$ Grad g_i für alle $j = 1, \ldots, m_i$.

Im Spezialfall $K = \mathbb{R}$ treten also bei der Partialbruchzerlegung von $\frac{r}{g}$ nur Summanden der Gestalt $\frac{A}{(X-a)^\alpha}$ und $\frac{BX + C}{(X^2 + bX + c)^\beta}$ auf; dabei sind A, B, C, a, b, c reelle Zahlen, a ist reelle Wurzel von g, und $b^2 - 4c$ ist < 0, d.h. $X^2 + bX + c$ hat zwei

Partialbruchzerlegung (Forts.)

einfache konjugiert komplexe Nullstellen. Die natürlichen Zahlen α bzw. β liegen zwischen 1 und der Ordnung der Nullstellen a bzw. $\frac{1}{2}(-b \pm \sqrt{b^2-4c})$.

Diese Zerlegung einer rationalen Funktion $\frac{f}{g}$ erlaubt (prinzipiell, d. h. wenn die Primfaktorzerlegung von g bekannt ist) die explizite Berechnung einer Stammfunktion von $\frac{f}{g}$ ($\rightarrow$ Fundamentalsatz der Differential- und Integralrechnung).

partielle Ableitung
partial derivative; dérivée partielle

Sei $U \subset \mathbb{R}^n$ eine offene Menge und $f: U \rightarrow \mathbb{R}$ eine reelle Funktion. f heißt im Punkt $p \in U$ *partiell differenzierbar* bezüglich der i-ten Koordinate (in Richtung der i-ten Koordinate oder nach der i-ten Variablen), wenn der Limes

$$D_i f(p) = \lim_{h \to 0} \frac{f(p + he_i) - f(p)}{h}$$

existiert. Dabei ist $e_i = (0, \ldots, 0, 1, 0, \ldots, 0) \in \mathbb{R}^n$ der i-te Einheitsvektor. Die Zahl $D_i f(p)$ (auch $\frac{\partial f}{\partial x_i}(p)$ geschrieben) heißt i-te *partielle Ableitung* (oder *partielle Ableitung nach x_i*) von f im Punkt p.

Die Funktion f heißt (*stetig*) *partiell differenzierbar*, wenn alle partiellen Ableitungen ($i = 1, \ldots, n$) in jedem Punkt von U existieren (und stetig sind).

Beispiele: a) Die Funktion $f: \mathbb{R}^2 \rightarrow \mathbb{R}$, $(x, y) \mapsto \begin{cases} \dfrac{x}{x^2+y^2} & \text{für } (x, y) \neq (0, 0) \\ 0 & \text{sonst} \end{cases}$

ist in $O \in \mathbb{R}^2$ nicht stetig, aber partiell differenzierbar.

Es gilt jedoch: Ist f stetig partiell differenzierbar, so ist f stetig.

b) Die Funktion $f: \mathbb{R}^2 \rightarrow \mathbb{R}$, $(x, y) \mapsto xy\dfrac{x^2-y^2}{x^2+y^2}$ für $(x, y) \neq (0, 0)$, $f(0, 0) = 0$ ist stetig und zweimal partiell differenzierbar, aber es ist $D_1 D_2 f(0, 0) \neq D_2 D_1 f(0, 0)$.

Es gilt jedoch: Ist $f: U \rightarrow \mathbb{R}$ zweimal stetig partiell differenzierbar, so gilt für alle $p \in U$ und alle $i, j = 1, \ldots, n: D_i D_j f(p) = D_j D_i f(p)$.

($\rightarrow$ total differenzierbar)

partielle Differentialgleichung
partial differential equation; équation aux dérivées partielles

Sei $G \subset \mathbb{R}^n$ ein °Gebiet, und P ein °Polynom in n Unbestimmten, dessen Koeffizienten (zumindest stetige) Funktionen auf G sind. Dann heißt $P\left(\dfrac{\partial}{\partial x_1}, \ldots, \dfrac{\partial}{\partial x_n}\right) y = 0$

eine *partielle Differentialgleichung*. Eine (hinreichend oft partiell differenzierbare) Funktion $f: G \to \mathbb{R}$ heißt *Lösung*, wenn $P\left(\frac{\partial}{\partial x_1}, \ldots, \frac{\partial}{\partial x_n}\right) f \equiv 0$ ist auf G.

In dieser Allgemeinheit sind kaum vernünftige Aussagen zu machen. Von besonderer praktischer Bedeutung (und noch genügend schwierig) sind die Spezialfälle, wo P höchstens vom Grad 2 ist und die Koeffizienten konstant oder wenigstens analytisch sind.

LITERATUR: Hellwig, G.: Partial Differential Equations (Teubner 1977). John, F.: Partial Differential Equations (Springer 1978).

(→ Laplace-Operator (Potentialgleichung), → Schwingungsgleichung, → Wärmeleitungsgleichung)

partielle Integration
integration by parts; intégration par parties

Seien $f, g: [a, b] \to \mathbb{R}$ zwei stetig °differenzierbare Funktionen. Dann gilt

$$\int_a^b f(x) g'(x)\, dx = f(b) g(b) - f(a) g(a) - \int_a^b g(x) f'(x)\, dx.$$

(Folgt aus der Produktregel $(fg)' = f'g + fg'$ für die Differentiation).

Partition
partition; partition

Sei M eine Menge. Eine *Partition* von M ist eine Darstellung von M als Vereinigung disjunkter nicht-leerer Teilmengen: $M = \bigcup_{i \in I} M_i, M_i \neq \emptyset$ für alle $i \in I$ und $M_i \cap M_j = \emptyset$ für alle $i \neq j$.

Durch eine Partition $M = \cup M_i$ wird auf M eine °Äquivalenzrelation definiert, deren Äquivalenzklassen genau die einzelnen Teilmengen M_i sind. Umgekehrt bilden bei jeder Äquivalenzrelation auf M die Äquivalenzklassen eine Partition von M.

Partition der Eins
partition of unity; partition de l'unité

Sei X ein °topologischer Raum und $(f_i: X \to \mathbb{R})_{i \in I}$ eine Familie stetiger Funktionen mit Werten ≥ 0. Diese Familie heißt *Partition der Eins*, wenn es zu jedem $x \in X$ nur endlich viele Indizes $i \in I$ mit $f_i(x) \neq 0$ gibt und wenn $\sum_{i \in I} f_i(x) = 1$ ist für alle $x \in X$. Ist $\mathcal{U} = (U_j)_{j \in J}$ eine offene Überdeckung von X (d.h. $X = \bigcup_{j \in J}$), so heißt die Partition der Eins (f_i) der Überdeckung *untergeordnet*, wenn es zu jedem

Partition der Eins (Forts.)

$i \in I$ ein $j \in J$ gibt, so daß $\overline{\{x \in X | f_i(x) \neq 0\}}$ (= der *Träger* von f_i) in U_j enthalten ist.

In einem °parakompakten Raum gibt es zu jeder offenen Überdeckung eine ihr untergeordnete Partition der Eins.

Ist $X = \mathbb{R}^n$ (oder eine differenzierbare Mannigfaltigkeit), so lassen sich sogar unendlich oft differenzierbare Funktionen f_i konstruieren, die zu einer vorgegebenen offenen Überdeckung eine untergeordnete Partition der Eins bilden.

Pascalsches Dreieck
Pascal's triangle; triangle de Pascal

(→ Binomialkoeffizienten)

---

periodisch
periodic; périodique

Eine Funktion $f\colon \mathbb{R} \to \mathbb{C}$ heißt *periodisch* mit der Periode p, wenn für alle $x \in \mathbb{R}$ gilt: $f(x+p) = f(x)$.

Sind $e_1, \ldots, e_r$ °linear unabhängige Vektoren in $\mathbb{R}^n$ und ist $\Gamma = \mathbb{Z} e_1 + \ldots + \mathbb{Z} e_r$ das von ihnen erzeugte *Gitter* in $\mathbb{R}^n$, so heißt eine Funktion $F\colon \mathbb{R}^n \to \mathbb{C}$ *periodisch* bezüglich Γ, wenn für alle $p \in \Gamma$ und alle $x \in \mathbb{R}^n$ gilt: $F(x) = F(x+p)$, (Es genügt natürlich, $F(x) = F(x+e_i)$ für alle $x \in \mathbb{R}^n$ und $i = 1, \ldots, r$ zu fordern).

In der °Funktionentheorie sind die „*doppeltperiodischen*" °meromorphen Funktionen $\varphi\colon \mathbb{C} \to \mathbb{P}_1$ von besonderer Bedeutung: Sie entsprechen genau den meromorphen Funktionen auf dem zum entsprechenden Gitter in $\mathbb{C}$ gehörigen °Torus und heißen *elliptische Funktionen*.

(→ Fourier-Reihe, → Torus)

Permutation
permutation; permutation

Jede bijektive Abbildung einer Menge M auf sich heißt *Permutation*. Meist denkt man aber bei Permutationen nur an endlich Mengen $M \simeq \{1, \ldots, n\}$. Dann gibt es $n! = n \cdot (n-1) \cdot \ldots \cdot 2 \cdot 1$ bijektive Abbildungen von M auf sich, die mit der Hintereinanderausführung als Verknüpfung eine Gruppe bilden, die *symmetrische Gruppe* S_n. Sie ist für $n \geq 3$ nicht kommutativ.

Spezielle Permutationen sind die *Transpositionen*, die lediglich zwei Elemente vertauschen. Jede Permutation läßt sich (nicht eindeutig) als Komposition von Transpositionen darstellen; dabei tritt stets entweder nur eine gerade Anzahl oder nur eine ungerade Anzahl von Transpositionen auf. Im ersten Fall ordnet man der Permutation das *Signum* +1 zu (und nennt sie *gerade*); im zweiten Fall das Signum −1 (*ungerade* Permutation).

Permutationsgruppe
permutation (sub)group; groupe de permutations

Jede °Untergruppe einer symmetrischen Gruppe (Gruppe aller °Permutationen einer endlichen Menge) heißt *Permutationsgruppe*. Der *Satz von Cayley* besagt: Jede Gruppe ist isomorph zu einer Permutationsgruppe.

p-Gruppe; *p*-Sylowgruppe
p-subgroupe; sous-groupe de Sylow

(→ Sylow-Gruppen)

π (Kreiszahl)
π; π

Eines der berühmtesten Probleme der gesamten Mathematikgeschichte war die „Quadratur des Kreises", d.h. die Konstruktion eines Quadrats mit demselben Flächeninhalt wie eine Kreisscheibe von vorgegebenem Radius. Im Papyrus Rhind (etwa 1650 v. Chr.) heißt es: „Ziehe 1/9 von einem Durchmesser ab und konstruiere das Quadrat über dem Rest, und es wird dieselbe Fläche haben wie der Kreis". Nimmt man unsere Formel $r^2\pi$ für die Kreisfläche, so ist der so erhaltene Wert für π, nämlich $(\frac{16}{9})^2 = 3,16 \ldots$ wenn auch nicht besonders gut, so doch schon deutlich besser als der in der Bibel angegebene Wert 3 (1. Buch der Könige 7,23). Archimedes konnte π zwischen $3\frac{1}{7}$ und $3\frac{10}{71}$ eingrenzen. − Wem die Taschenrechner-Genauigkeit $\pi = 3,14159265 \ldots$ nicht genügt, dem stehen in *G. Fischers* Linearer Algebra (vieweg, 5. Auflage) auf S. 248 an die 2000 Dezimalstellen zur Verfügung (aber stimmen sie auch alle?).

LITERATUR: Beckmann, P.: A History of π (Golem Press, Boulder 1971). Guilloud, J./Bouyer, M.: Un million de décimales de π. Commissariat à l'Energie Atomique, Paris 1974.

(→ transzendent, → Galois-Theorie)

Picard (Satz von)
Picard's theorem; théorème de Picard

(→ Casorati-Weierstraß (Satz von))

Picard-Lindelöf (Iterationsverfahren von)
iteration method of P.-L.; méthode d'itération de P.-L.

(→ Existenz- und Eindeutigkeitssatz für Differentialgleichungen)

Poincaré (Lemma von)
Poincaré's lemma; lemme de Poincaré

In einem °Gebiet $G \subset \mathbb{R}^n$, das sich °diffeomorph auf ein °sternförmiges Gebiet H abbilden läßt, ist jede geschlossene Differentialform exakt, d.h.: $d\omega = 0 \Rightarrow \exists \; \Omega$: $d\Omega = \omega$.

In der Physik wird dieses Lemma oft in der Form „div $B = 0 \Rightarrow \exists \; A: B = \text{rot } A$" oder auch „rot $F = 0 \Rightarrow \exists \; \varphi: F = \text{grad } \varphi$" verwendet (freilich meist ohne die notwendige Voraussetzung an das Gebiet G anzugeben).

Gegenbeispiel: Die Differentialform $\dfrac{y\,dx - x\,dy}{x^2 + y^2}$ auf $\mathbb{R}^2 \setminus \{0\}$ ist geschlossen, aber nicht exakt; sie ist exakt z. B. auf $\mathbb{R}^2 \setminus \{(t, 0) \mid t \leq 0\}$.

Pol
pole; pôle

(→ Singularitäten (isolierte ~ einer holomorphen Funktion))

Polarisierung
polarization; polarisation

Ist $s: V \times V \to \mathbb{K}$ ($\mathbb{K} = \mathbb{R}$ oder $\mathbb{C}$) eine symmetrische °Bilinearform (bzw. °Hermitesche Form), so heißt $q_s: V \to \mathbb{R}$, $v \mapsto s(v, v) = q_s(v)$ die *zugeordnete* °*quadratische Form*. Durch sog. *Polarisierung* erhält man aus q_s die Form s zurück:

für $\mathbb{K} = \mathbb{R}$ ist $s(v, w) = \dfrac{1}{4}(q_s(v+w) - q_s(v-w))$;

für $\mathbb{K} = \mathbb{C}$ ist $s(v, w) = \dfrac{1}{4}(q_s(v+w) - q_s(v-w) + iq_s(v-iw) - iq_s(v+iw))$.

(→ Parallelogrammgleichung)

Polarkoordinaten
polar coordinates; coordonnées polaires

Die °Abbildung $]0, \infty[\times [0, 2\pi[\to \mathbb{R}^2 \setminus \{0\}$, $(r, \varphi) \mapsto (r\cos\varphi, r\sin\varphi)$ ist bijektiv und °differenzierbar; die °Jacobimatrix hat die °Determinante $r\,(>0)$, ist also invertierbar. Nach dem Satz über die °Umkehrabbildung bilden (r, φ) also ein (°lokales) Koordinatensystem in $\mathbb{R}^2 \setminus \{0\}$. Man bezeichnet die so festgelegten (r, φ) als *Polarkoordinaten* des Punktes $(x, y) \in \mathbb{R}^2 \setminus \{0\}$.

(→ komplexe Zahlen)

Polyeder
polyhedron; polyèdre

Ein *Polyeder* P im $\mathbb{R}^n$ ist definiert als Lösungsmenge von endlich vielen linearen Ungleichungen:
$$P = \{(x_1, ..., x_n) \in \mathbb{R}^n \mid a_{i_1} x_1 + ... + a_{i_n} x_n \leq b_i \text{ für } i = 1, ..., k\}.$$
Die °konvexe Hülle von endlich vielen Punkten ist ein Polyeder. Jeder Mathematikfreund kennt die fünf *regulären Polyeder* (mehr gibt es nicht!) im $\mathbb{R}^3$: Tetraeder, Würfel, Oktaeder, Dodekaeder, Ikosaeder.

Polynom
polynomial; polynôme

Sei K ein °Körper. Unter einem *Polynom mit Koeffizienten aus K* versteht man einen „formalen Ausdruck"
$$P(T) = a_0 + a_1 T + a_2 T^2 + ... + a_n T^n,$$
wo $a_0, a_1, ..., a_n \in K$ Koeffizienten sind und T *Unbestimmte* heißt. Zur präzisen Definition geht man so vor:

Sei $K^{(\mathbb{N})}$ der K-°Vektorraum aller °Folgen $(a_0, a_1, ...)$ von Elementen von K, bei denen nur endlich viele a_i von Null verschieden sind; die $e_n = (0, ..., 0, 1, 0, ...)$ (1 an n-ter Stelle) bilden eine Basis von $K^{(\mathbb{N})}$. Es gibt genau eine bilineare Abbildung $K^{(\mathbb{N})} \times K^{(\mathbb{N})} \to K^{(\mathbb{N})}$ (Multiplikation von Polynomen), so daß $e_m e_n = e_{m+n}$ ist für alle $m, n \in \mathbb{N}$. Damit wird $K^{(\mathbb{N})}$ ein °Ring (genauer: eine K-°Algebra). Das Einselement ist $e_0 = (1, 0, ...)$; für alle $n \in \mathbb{N}$ ist $e_n = (e_1)^n$. Indem man $e_1 = T$ setzt, erhält man jedes Element von $K^{(\mathbb{N})}$ in der eindeutigen Darstellung
$$P = \sum_{i \in \mathbb{N}} a_i T^i = a_0 + a_1 T + ... + a_n T^n.$$
Anstelle von $K^{(\mathbb{N})}$ schreibt man dann $K[T]$ und nennt dies den *Polynomring* über K.

Analog definiert man Polynome und Polynomringe in p Unbestimmten $T_1, ..., T_p$ (indem man $\mathbb{N}$ durch $\mathbb{N}^p$ ersetzt) oder Polynome über einem Ring R ($R^{(\mathbb{N})}$ ist dann ein °freier R-°Modul); man findet dann z.B. mit $R = K[T]$: $(K[T])[S] \simeq K[T, S] \simeq (K[S])[T]$.

Polynomringe $R[X_1, ..., X_p]$ sind durch folgende Eigenschaft charakterisiert: Zu jedem Ring S, jedem p-Tupel $(y_1, ..., y_p)$ von Elementen von S und zu jedem Ringhomomorphismus $f: R \to S$ gibt es genau einen Ringhomomorphismus $F: R[X_1, ..., X_p] \to S$ mit $F(X_i) = y_i$ ($i = 1, ..., p$) und $F|R = f$.

Polynomringe sind °noethersch (°*Hilbertscher Basissatz*) und °faktoriell (Satz von °Gauß).

polynomiale Abbildung
polynomial mapping; application polynomiale

Ist $P \in K[T]$ ein °Polynom, so definiert P eine Abbildung $\tilde{P}: K \to K$, $t \mapsto P(t)$, die von P streng zu unterscheiden ist (die Abbildung P kann bei einem °Körper K mit endlicher °Charakteristik die Nullabbildung sein, auch wenn P nicht das Nullpolynom ist, z. B. $P = T + T^2$ bei char $K = 2$). Darüberhinaus definiert P auch eine Abbildung $\tilde{P}_A: A \to A$ für jede assoziative K-°Algebra A (mit Einselement) durch Einsetzen der Elemente von A anstelle der Unbestimmten. Eine Abbildung $f: A \to A$ heißt nun *polynomial*, wenn es ein $P \in K[T]$ gibt mit $f = \tilde{P}_A$. Eine Abbildung $f = (f_1, ..., f_m): A^n \to A^m$ heißt *polynomial*, wenn es Polynome $P_1, ..., P_m \in K[T_1, ..., T_n]$ gibt mit $f_i = \tilde{P}_{iA}$ ($i = 1, ..., m$).

positiv definit
positiv definite; défini positif

Eine °symmetrische °Bilinearform (bzw. °Hermitesche Form) $s: V \times V \to \mathbb{K}$ ($\mathbb{K} = \mathbb{R}$ oder $\mathbb{C}$) heißt *positiv definit*, wenn gilt: $s(v, v) > 0$ für alle $v \in V$ mit $v \neq 0$. Wird s bezüglich einer °Basis von V durch eine symmetrische °Matrix S dargestellt, so ist s genau dann positiv definit, wenn alle °Eigenwerte von S positiv sind. – Fordert man anstelle von > 0 nur ≥ 0, so spricht man von *positiv semidefinit*. Analoge Definitionen für *negativ (semi-) definit*.

Potentialgleichung
potential equation; équation du potentiel

($\to$ Laplace-Operator, $\to$ partielle Differentialgleichungen)

Potenzmenge
power set; ensemble des parties

Sei M eine Menge. Die Menge aller Teilmengen von M wird mit $\mathscr{P}(M)$ bezeichnet und heißt *Potenzmenge* von M. Es gilt stets: $\emptyset \in \mathscr{P}(M)$, $M \in \mathscr{P}(M)$, also z. B. $\mathscr{P}(\emptyset) = \{\emptyset\} \neq \emptyset$.

Ist M eine endliche Menge mit n Elementen, so besteht $\mathscr{P}(M)$ aus 2^n Elementen. Die Potenzmenge einer °abzählbaren Menge ist nicht mehr abzählbar; allgemein ist die °Kardinalzahl von $\mathscr{P}(M)$ stets größer als die Kardinalzahl von M.

Potenzreihe
power series; série entière

Ein °Polynom war ein Ausdruck $a_0 + a_1 T + ... + a_n T^n$; läßt man den letzten Term weg, so erhält man eine *Potenzreihe* $a_0 + a_1 T + ...$! Präziser definiert man folgendermaßen:

Sei K ein °Körper und $K^{\mathbb{N}}$ der K-°Vektorraum aller °Folgen $(a_n)_{n \in \mathbb{N}}$. Das Produkt $(a_n)(b_n) = (c_n)$ mit $c_n = \sum_{p+q=n} a_p b_q$ macht $K^{\mathbb{N}}$ zu einem °Ring (genauer: einer K-°Algebra). Nun identifiziert man K mit $K \cdot (1, 0, 0, \ldots) \subset K^{\mathbb{N}}$ und schreibt T für $(0, 1, 0, \ldots)$, findet $T^n = (0, \ldots, 0, 1, 0, \ldots)$ (1 an n-ter Stelle) und kann endlich schreiben $(a_n)_{n \in \mathbb{N}} = \sum_{n=0}^{\infty} a_n T^n = a_0 + a_1 T + a_2 T^2 + \ldots$ Diese $\sum_{n=0}^{\infty} a_n T^n$ heißen *formale Potenzreihen* mit Koeffizienten aus K in der Unbestimmten T, und man notiert den Ring der formalen Potenzreihen über K üblicherweise mit $K[[T]]$.

Analog definiert man mit $K^{\mathbb{N}^p}$ den Ring der formalen Potenzreihen in p Unbestimmten $T_1, \ldots, T_p$, notiert als $K[[T_1, \ldots, T_p]]$.

Im Fall $K = \mathbb{R}$ oder $\mathbb{C}$ sind die Unterringe $K\{T\} \subset K[[T]]$ (bzw. $K\{T_1, \ldots, T_p\} \subset K[[T_1, \ldots, T_p]]$) der *konvergenten Potenzreihen* von besonderer Bedeutung in der Analysis (→ Konvergenzradius); dabei heißt $\Sigma\, a_n T^n$ *konvergent*, wenn es ein $r > 0$ gibt, so daß die Reihe $\Sigma\, |a_n| r^n$ konvergiert.

Potenzreihenringe sind (unter anderem) °noethersch, °faktoriell und °lokal.

Prähilbertraum
prehilbert space; espace préhilbertien

(→ Hilbertraum)

präkompakt
precompact; précompact

Ein °metrischer Raum M heißt *präkompakt*, wenn M für jedes $\epsilon > 0$ durch endlich viele °Kugeln mit Radius ϵ überdeckt werden kann. Eine Teilmenge heißt *präkompakt*, wenn sie als metrischer Raum (mit der induzierten Metrik) präkompakt ist.

Beispiele: In $\mathbb{R}$ mit der üblichen Metrik $d(x, y) = |x - y|$ ist eine Teilmenge genau dann präkompakt, wenn sie beschränkt ist. Nimmt man jedoch die Metrik $d(x, y) = \left| \dfrac{x}{1+|x|} - \dfrac{y}{1+|y|} \right|$ (welche dieselbe übliche Topologie induziert!), so sind alle Teilmengen (auch $\mathbb{R}$ selbst) präkompakt.

Primelement
prime element; élément premier

(→ Teilbarkeit in Integritätsringen)

Primfaktorzerlegung
decomposition into primes; décomposition en facteurs premiers

Zu jeder natürlichen °Zahl $n > 1$ gibt es eindeutig bestimmte °Primzahlen $p_1, \ldots, p_r$ und positive natürliche Zahlen $a_1, \ldots, a_r$ mit $n = p_1^{a_1} \cdot \ldots \cdot p_r^{a_r}$ (*Fundamentalsatz der elementaren Zahlentheorie*).

(→ faktoriell)

Primideal
prime ideal; idéal premier

Ein °Ideal P in einem °Ring R heißt *Primideal*, wenn gilt:

a) $P \neq R$
b) Sind $a, b \in R$ und ist $ab \in P$, so ist $a \in P$ oder $b \in P$.

P ist genau dann Primideal, wenn $R \setminus P$ multiplikativ abgeschlossen ist (d.h. $a, b \in R \setminus P \Rightarrow ab \in R \setminus P$); ist R kommutativ mit Einselement, so ist P genau dann ein Primideal, wenn R/P ein °Integritätsring ist.

Ein Ideal von $\mathbb{Z}$ oder von $K[X]$ (K ein °Körper, → Polynom) ist genau dann prim, wenn es von einem irreduziblen Element erzeugt wird (→ Hauptidealring, → Teilbarkeit in Integritätsringen).

Ist $f: S \to R$ ein Ringhomomorphismus und $P \subset R$ ein Primideal, so ist auch $f^{-1}(P) \subset S$ ein Primideal.

primitive Einheitswurzel
primitive root of unity; racine de l'unité primitive

Eine n-te Einheitswurzel a heißt *primitiv*, wenn $a^m \neq 1$ ist für alle $m < n$.

Beispiel: $\exp\left(\dfrac{\pi i}{3}\right)$ ist primitive 6-te Einheitswurzel, $\exp\left(\dfrac{2\pi i}{3}\right)$ ist keine primitive 6-te Einheitswurzel.

Ist p eine Primzahl, so ist jede p-te Einheitswurzel $\neq 1$ primitiv. Allgemein gibt es genau $\varphi(n)$ primitive n-te Einheitswurzeln (→ Eulersche φ-Funktion, → Kreisteilungspolynom).

primitives Element
primitive element; élément primitif

Jede °endliche °separable °Körpererweiterung besitzt ein *primitives Element* (*Satz vom primitiven Element*). Das bedeutet: In $K \supset k$ (mit den obigen Voraussetzungen) gibt es ein $\alpha \in K$, so daß jeder Körper L mit $k \subset L \subset K$, welcher α enthält, schon $= K$ ist. Man schreibt dafür $K = k(\alpha)$ und sagt: K entsteht durch *Adjunktion* von α.

Primkörper
prime field; corps premier

Ein °Körper heißt *Primkörper*, wenn er keine echten Unterkörper enthält. Jeder Körper enthält genau einen Primkörper (Durchschnitt aller Unterkörper); dieser ist isomorph entweder zu $\mathbb{Q}$ (wenn der Körper °Charakteristik Null hat), oder zu $\mathbb{Z}_p = \mathbb{Z}/p\mathbb{Z}$ (im Fall von Charakteristik p, p eine Primzahl).

Primzahl
prime number; nombre premier

Eine natürliche Zahl $p \in \mathbb{N}$ heißt *Primzahl*, wenn $p \geq 2$ ist und p durch keine andere natürliche Zahl außer 1 und p selbst teilbar ist.

Primzahlsatz
prime number theorem; théorème des nombres premiers

Sei $\pi: \mathbb{R}^+ \to \mathbb{N}$ definiert durch $\pi(x) := $ Anzahl der Primzahlen $\leq x$. Dann gilt:

$$\pi(x) \sim \frac{x}{\log x}, \quad \text{d.h.} \quad \lim_{x \to \infty} \pi(x) \cdot \frac{\log x}{x} = 1.$$

Mit anderen Worten: Die *Dichte* $\frac{\pi(x)}{x}$ der Primzahlen im Intervall $[0, x]$ verhält sich asymptotisch (für $x \to \infty$) wie $\frac{1}{\log x}$.

(Vermutet von Gauß und Legendre, bewiesen unabhängig voneinander um 1896 von Hadamard und La Vallée-Poussin mit funktionentheoretischen Mitteln).

Prinzip der offenen Abbildung
open mapping principle; théorème de l'application ouverte

Seien X, Y °Banach-Räume und $T: X \to Y$ eine stetige °lineare surjektive Abbildung. Dann ist T offen, d.h. das Bild jeder offenen Menge ist offen.
(Beweis mit Hilfe des Baireschen Satzes, → Bairescher Raum).
Anwendungen: Satz vom °inversen Operator; Satz vom °abgeschlossenen Graphen.

Produkttopologie
product topology; topologie produit

Sei $(X_i)_{i \in I}$ eine Familie °topologischer Räume. Auf dem °kartesischen Produkt $\prod_{i \in I} X_i$ bilden die Mengen der Gestalt $\prod_{i \in I} U_i$, wo die U_i offen in X_i und nur endlich viele davon $\neq X_i$ sind, eine °Basis einer °Topologie, der *Produkttopologie*. Dies

Produkttopologie (Forts.)

ist die gröbste Topologie, für die alle Projektionen $p_j: \prod_{i \in I} X_i \to X_j$ ($j \in I$) °stetig sind.

(→ Initialtopologie)

Projektion
projection; projection

Sei V ein K-°Vektorraum. Ein °Endomorphismus $f: V \to V$ heißt *Projektion*, wenn es Untervektorräume $U, W \subset V$ gibt mit $V = U \oplus W$ und für alle $x = u + w$ gilt: $f(x) = u$ ($u \in U, w \in W$). Äquivalent: f ist Projektion, wenn gilt: $f \circ f = f$ (man nehme $W = \mathrm{Ker}\, f$, $U = \mathrm{Bild}\, f$). Ist V °unitär (bzw. °euklidisch), so heißt f *orthogonale Projektion*, wenn zusätzlich $W = U^\perp = \{x \in V | \langle x, u \rangle = 0$ für alle $u \in U\}$ (°orthogonales Komplement) gilt, oder äquivalent: wenn f zusätzlich °selbstadjungiert ist.

---

projektiver Raum
projective space; espace projective

Sei V ein °Vektorraum über einem °Körper K. Die Menge der 1-dimensionalen Untervektorräume (d.h. der Geraden durch 0) wird mit $\mathbb{P}(V)$ bezeichnet und heißt der zu V gehörige *projektive Raum*. Ist $\dim V = n + 1$, so ist $\dim \mathbb{P}(V) = n$ die (projektive) *Dimension* von $\mathbb{P}(V)$. So ist z.B. $\mathbb{P}(0) = \emptyset$ und $\dim \emptyset = -1$. Für $n = 1$ spricht man von der *projektiven Geraden*; für $n = 2$ von der *projektiven Ebene* (*über K*).

Ist $V = K^{n+1}$, so bezeichnet man mit $\mathbb{P}_n(K) = \mathbb{P}(K^{n+1})$ den (kanonischen) *n-dimensionalen projektiven Raum über K*.

Als °topologische Räume (und °differenzierbare Mannigfaltigkeiten) kann man $\mathbb{P}_1(\mathbb{R})$ identifizieren mit S^1 (Kreislinie), $\mathbb{P}_1(\mathbb{C})$ mit S^2 (°Riemannsche Zahlenkugel, besser: – sphäre), $\mathbb{P}_3(\mathbb{R})$ mit $SO(3)$ (alle °orthogonalen 3×3-°Matrizen mit °Determinante $+ 1$; dies ist eine °kompakte 3-dimensionale Untermannigfaltigkeit des Raums aller Matrizen, also des $\mathbb{R}^9$).

$\mathbb{P}_2(\mathbb{R})$ entsteht, indem man bei einer Halbkugelschale diametral gegenüberliegende Punkte des Randes identifiziert, oder auch, indem man ein °Möbiusband entlang des Randes (der °homöomorph zu einer Kreislinie ist) mit einer Kreisscheibe verklebt. Leider läßt sich dies im Anschauungsraum nicht mehr gut darstellen.

Ein Punkt $p \in \mathbb{P}_n(K)$ wird festgelegt durch ein $(n+1)$-Tupel $x = (x_0, x_1, \ldots, x_n) \in K^{n+1} \setminus \{0\}$, und $y = (y_0, y_1, \ldots, y_n) \in K^{n+1} \setminus \{0\}$ definiert denselben Punkt $p \in \mathbb{P}_n(K)$ genau dann, wenn es ein $\alpha \in K \setminus \{0\}$ gibt mit $y = \alpha x$ (d.h. wenn y und x auf derselben Geraden durch 0 liegen). Man schreibt dann oft $p = [x] = (x_0 : x_1 : \ldots : x_n) = (y_0 : y_1 : \ldots : y_n)$ und nennt $x_0 : x_1 : \ldots : x_n$ *homogene Koordinaten* von p in $\mathbb{P}_n(K)$. Die Abbildung $K^{n+1} \setminus \{0\} \to \mathbb{P}_n(K)$, $x \mapsto [x]$ läßt $\mathbb{P}_n(K)$ als Quotientenraum von $K^{n+1} \setminus \{0\}$ nach der Äquivalenzrelation $x \sim y : \Leftrightarrow (\exists \alpha \in K \setminus \{0\}: y = \alpha x)$ erscheinen.

Projektivität
projectivity; isomorphisme d'espaces projectifs

Seien V und W °Vektorräume über einem °Körper K. Eine Abbildung $f: \mathbb{P}(V) \to \mathbb{P}(W)$ (→ projektiver Raum) heißt *projektiv*, wenn es eine injektive (!) °lineare Abbildung $F: V \to W$ gibt mit $f(Kv) = K \cdot F(v)$ für alle $v \in V$, $v \neq 0$. Eine bijektive projektive Abbildung heißt *Projektivität*.

Die °Gruppe der Projektivitäten auf $\mathbb{P}_n(K) = \mathbb{P}(K^{n+1})$ ist isomorph zur °Faktorgruppe $PGL(n, K) := GL(n+1, K)/K^* \cdot (\mathbb{1})$, wo $K^* \cdot (\mathbb{1})$ die Vielfachen ($\neq 0$) der $(n+1) \times (n+1)$-Einheitsmatrix bezeichnet (dies ist ein °Normalteiler in $GL(n+1, K)$).

punktweise Konvergenz
pointwise convergence; convergence simple

(→ Konvergenz von Funktionenfolgen)

Pythagoras
Pythagoras; Pythagore

Griechischer Philosoph und Mathematiker des 6. Jh. v. Chr. Bekannt u.a. durch einen nach ihm benannten Satz der Elementargeometrie, der bei manchen Gebildeten stellvertretend steht für ihre mathematischen Errungenschaften aus der Gymnasialzeit.

pythagoreische Zahlentripel
pythagorean number triples; nombres pythagoriciens

Die ganzzahligen Lösungen (x, y, z) der Gleichung $x^2 + y^2 = z^2$ heißen *pythagoreische Zahlentripel*. Beispiele: $(3, 4, 5)$, $(5, 12, 13)$, allgemein $((a^2 - b^2), 2ab, (a^2 + b^2))$ und Vielfache davon.

Q

quadratische Form
quadratic form; forme quadratique

Eine Abbildung $q: V \to K$ eines K-Vektorraums V nach K heißt *quadratische Form*, wenn gilt:

i) $q(\alpha v) = \alpha^2 q(v)$ für alle $v \in V$ und $\alpha \in K$

ii) die Abbildung $s: V \times V \to K$, $(v, w) \mapsto q(v+w) - q(v) - q(w)$ ist eine °Bilinearform auf V. (Sie ist stets symmetrisch).

quadratische Form (Forts.)

Jede symmetrische Bilinearform s auf V induziert eine quadratische Form q_s auf V durch $q_s(v) := s(v,v)$; umgekehrt erhält man im Fall char $K \neq 2$ ($\to$ Charakteristik) aus q_s durch °Polarisierung die Bilinearform s zurück: $s(v,w) = \frac{1}{2}(q_s(v+w) - q_s(v) - q_s(w))$.

($\to$ Parallelogrammgleichung)

Quadrik
quadric; quadrique

Sei K ein °Körper mit Charakteristik $\neq 2$ (am besten $K = \mathbb{R}$ oder $K = \mathbb{C}$...) und $n \in \mathbb{N}, n \geqslant 2$. Eine Teilmenge $Q \subset K^n$ heißt *Quadrik*, wenn es ein °Polynom in n Unbestimmten vom Grad 2 (der Gestalt $P(t_1, \ldots, t_n) = \sum\limits_{1 \leqslant i < j \leqslant n} a_{ij} t_i t_j + \sum\limits_{1 \leqslant i \leqslant n} a_{0i} t_i + a_{00}$, mit Koeffizienten $a_{ij} \in K$) gibt, so daß $Q = \{(x_1, \ldots, x_n) \in K^n : P(x_1, \ldots, x_n) = 0\}$ genau gleich der Nullstellenmenge dieses quadratischen Polynoms ist.

In Matrizenschreibweise setzt man $x' = {}^t(1, x_1, \ldots, x_n)$ (als Spaltenvektor) und $A' = (\alpha_{ij})$ ($i, j = 0, 1, \ldots, n$) mit $\alpha_{ii} := a_{ii}$ und $\alpha_{ij} = \alpha_{ji} = a_{ij}/2$ für $i < j$; dann ist

$$P(x_1, \ldots, x_n) = {}^t x' \cdot A' \cdot x',$$ wo A' eine symmetrische Matrix ist.

Beispiele: Für $K = \mathbb{R}$ und $m = 2$ erhält man Kreise, Ellipsen, Parabeln, Hyperbeln (und Doppelgeraden); für $n = 3$ Ellipsoide (speziell Sphären), Hyperboloide, Paraboloide, Zylinder und Kegel.

($\to$ Hauptachsentransformation (affine $\sim$ von reellen Quadriken))

quasikompakt
(Terminologie uneinheitlich)

($\to$ kompakt)

Quaternionen
quaternions; quaternions

In Analogie zur Multiplikation auf $\mathbb{R}^2$, die der Multiplikation komplexer Zahlen entspricht, suchte man auch auf $\mathbb{R}^n$ ($n \geqslant 3$) eine Multiplikation zu definieren, die möglichst alle algebraischen Eigenschaften der Multiplikation in $\mathbb{R}$ und $\mathbb{C} = \mathbb{R}^2$ besitzt. (Man kann heute beweisen, daß dies nicht möglich ist). Schließlich gelang es W. R. Hamilton im Jahre 1843, auf $\mathbb{R}^4$ eine nicht-kommutative Multiplikation anzugeben, mit der $\mathbb{R}^4$ (in heutiger Terminologie) ein Schiefkörper wird, der *Quaternionenkörper* ($\to$ Körper).

Man notiert ihn ℍ (wie *H*amilton), sieht ihn als 4-dimensionalen °Vektorraum über ℝ mit einer Basis $1, i, j, k$ und definiert die Multiplikation durch $i^2 = j^2 = k^2 = -1$, $ij = -ji = k, jk = -kj = i, ki = -ik = j$ sowie lineare Fortsetzung (so daß die Distributivgesetze gelten). Dann sind $\mathbb{R} \to \mathbb{H}$, $\alpha \mapsto \alpha \cdot 1$ und $\mathbb{C} \to \mathbb{H}$, $u = \alpha + i\beta \mapsto \alpha + i\beta$ Unterkörper, und ℍ erscheint auch als 2-dimensionaler ℂ-Vektorraum: $\mathbb{H} = \mathbb{C} + \mathbb{C} \cdot j$. Die *Konjugation* $h = \alpha + i\beta + j\gamma + k\delta \mapsto \bar{h} := \alpha - i\beta - j\gamma - k\delta$ ist ein Körperautomorphismus von ℍ, und $\|h\| := (h\bar{h})^{1/2}$ ist eine °Norm auf ℍ (die übliche euklidische Norm auf $\mathbb{R}^4$). Vielfach nützlich (auch in der theoretischen Physik) ist die Matrizendarstellung $\mathbb{H} \to GL(4, \mathbb{R})$,

$$h = \alpha + i\beta + j\gamma + k\delta \mapsto \begin{pmatrix} \alpha & \beta & \gamma & \delta \\ -\beta & \alpha & -\delta & \gamma \\ -\gamma & \delta & \alpha & -\beta \\ -\delta & -\gamma & \beta & \alpha \end{pmatrix} = \begin{pmatrix} u & v \\ -\bar{v} & \bar{u} \end{pmatrix}$$

mit $u = \begin{pmatrix} \alpha & \beta \\ -\beta & \alpha \end{pmatrix}$, $v = \begin{pmatrix} \gamma & \delta \\ -\delta & \gamma \end{pmatrix}$; die Quaternionenmultiplikation ist gerade die Matrizenmultiplikation und natürlich beschreibt $h = u + vj$ (mit $u = \alpha + i\beta, v = \gamma + i\delta$) die oben erwähnte Zerlegung $\mathbb{H} = \mathbb{C} + \mathbb{C} \cdot j$.

Die Quaternionen der Norm 1 bilden eine multiplikative Gruppe; als Menge stellen sie die drei-dimensionale Einheitssphäre S^3 in $\mathbb{R}^4$ dar, und insgesamt ist diese Gruppe die (2-blättrige) universelle Überlagerung der Gruppe $SO(3)$ der Drehungen des $\mathbb{R}^3$.

Quotientengruppe
quotient group; groupe quotient

(→ Faktorgruppe)

Quotientenkörper (eines Integritätsrings)
quotient field; corps des fractions

Beim elementaren Aufbau des °Zahlensystems konstruiert man den Körper der rationalen Zahlen ℚ aus dem °Integritätsring ℤ, indem man auf $\mathbb{Z} \times (\mathbb{Z} \setminus \{0\})$ die Äquivalenzrelation $(a, b) \sim (a', b') :\Leftrightarrow ab' = a'b$ erklärt, für eine Äquivalenzklasse $\frac{a}{b}$ schreibt und rechnet $\frac{a}{b} + \frac{c}{d} = \frac{ad + bc}{bd}$ und $\frac{a}{b} \cdot \frac{c}{d} = \frac{ac}{bd}$. Der Ring ℤ wird vermöge $a = \frac{a}{1}$ als Unterring von ℚ aufgefaßt.

Diese Konstruktion läßt sich in genau derselben Weise durchführen für einen beliebigen Integritätsring R; man erhält einen Körper $Q(R)$, den *Quotientenkörper* von R und eine injektive Abbildung $i: R \to Q(R)$, die zusammen durch folgende Eigenschaft charakterisiert sind: Zu jedem Körper K und jedem Ringhomomorphismus $f: R \to K$ gibt es genau einen Körperhomomorphismus $F: Q(R) \to K$, so daß $f = F \circ i$ ist.

Quotientenkörper (eines Integritätsrings) (Forts.)

Beispiel: Der Körper $\mathcal{M}(\mathbb{C})$ der auf $\mathbb{C}$ °meromorphen Funktionen ist der Quotientenkörper des Integritätsrings $\mathcal{O}(\mathbb{C})$ der auf $\mathbb{C}$ °holomorphen Funktionen.

Quotientenmenge
quotient set; ensemble quotient

(→ Äquivalenzrelation)

Quotientenring
quotient ring; anneau quotient

(→ Restklassenring)

Quotiententopologie
quotient topology; topologie quotient

Sei X ein °topologischer Raum, R eine °Äquivalenzrelation auf X und $Y = X/R$ die Quotientenmenge mit der kanonischen Abbildung $p: X \to Y$. Dann ist $\{V \subset Y \mid p^{-1}(V) \text{ ist offen in } X\}$ eine °Topologie auf Y, die *Quotiententopologie*. Sie ist die feinste Topologie, bei der p °stetig ist, und wird charakterisiert durch folgende Eigenschaft: Eine Abbildung $g: Y \to Z$ (in einen topologischen Raum Z) ist genau dann stetig, wenn $g \circ p: X \to Z$ stetig ist.

(→ Finaltopologie)

Quotientenvektorraum
quotient vector space; espace vectoriel quotient

Sei V ein K-°Vektorraum und $W \subset V$ ein Untervektorraum. Auf der °Faktorgruppe V/W der zugrundeliegenden additiven Gruppen definiert man eine Multiplikation mit Skalaren durch $\alpha \cdot (x + W) = \alpha x + W$ ($\alpha \in K, x \in V$). Damit wird V/W ein K-Vektorraum, der *Quotientenvektorraum* von V nach W.

Ist V endlich-dimensional, so gilt die Dimensionsformel $\dim V = \dim W + \dim V/W$.

R

Radikalerweiterung
radical extension; extension radicielle

Eine °Körpererweiterung $K \supset k$ heißt *Radikalerweiterung*, wenn es eine Kette $K = L_m \supset L_{m-1} \supset \ldots \supset L_0 = k$ von Zwischenkörpern gibt, so daß für jedes $i = 0, \ldots, m - 1$ gilt: $L_{i+1} = L_i(b_i)$ mit einer Nullstelle b_i eines Polynoms der Gestalt $X^{n_i} - a_i$, $a_i \in L_i$.

Sind $L \supset k$ und $K \supset L$ Radikalerweiterungen, so auch $K \supset k$. Jede Radikalerweiterung ist eine endliche, also °algebraische Körpererweiterung; sie braucht jedoch i. allg. nicht °Galois-Erweiterung zu sein.

Ein Polynom $f \in k[X]$ heißt über k *durch Radikale lösbar*, wenn es eine Radikalerweiterung $K \supset k$ gibt, so daß f über K in Linearfaktoren zerfällt. Dies ist genau dann der Fall, wenn die Galois-Gruppe von f über k °auflösbar ist. Es folgt: Über einem Körper der °Charakteristik 0 ist jedes Polynom vom Grad ≤ 4 durch Radikale lösbar, nicht aber jedes Polynom eines Grades $n \geq 5$.

Radon-Maß
Radon measure; mesure de Radon

Eine Linearform auf dem $\mathbb{R}$-Vektorraum aller °Treppenfunktionen auf $\mathbb{R}^n$ (oder aller stetigen Funktionen mit kompaktem Träger) heißt *Radon-Maß*, wenn sie *positiv* ist, d. h. Funktionen mit nichtnegativen Werten auch eine nichtnegative Zahl zuordnet.

Beispiele: $f \mapsto \int f \, dv$ ($\to$ Lebesgue-Integral, oder auch $\to$ Riemann-Integral); $f \mapsto f(x_0)$ für ein $x_0 \in \mathbb{R}^n$ ($\to$ Dirac-Maß).

Rand
frontier or *border; frontière* ou *bord*

Sei A eine Teilmenge eines °topologischen Raumes X. Der *Rand* von A ist definiert durch $\mathrm{Rd}\, A := \bar{A} \cap (\overline{X \setminus A}) = \bar{A} \setminus \mathring{A}$.

Beispiele: $X = \mathbb{R}$; $\mathrm{Rd}([0, 1]) = \mathrm{Rd}(]0, 1[) = \{0, 1\}$; $\mathrm{Rd}(\{0\}) = \{0\}$; $\mathrm{Rd}(\mathbb{R}) = \emptyset$; $\mathrm{Rd}(\mathbb{Q}) = \mathbb{R}$.

($\to$ abgeschlossene Hülle, $\to$ offener Kern)

Rang (einer differenzierbaren Abbildung)
rank; rang

Eine differenzierbare Abbildung $f \colon U \to V$ ($U \subset \mathbb{R}^n$, $V \subset \mathbb{R}^m$ offen oder auch U, V °differenzierbare Mannigfaltigkeiten) hat in $p \in U$ den *Rang* r, wenn die Funktionalmatrix (°Jacobimatrix) von f an der Stelle $p \in U$ den Rang r hat. (Der Rang

Rang (einer differenzierbaren Abbildung) (Forts.)

ist unabhängig von den gewählten °lokalen Koordinaten). Für alle Punkte p' in einer (kleinen) Umgebung von p ist dann der Rang $\geq r$ (Halbstetigkeit des Ranges). Ist der Rang von f konstant $= r$, so hat f in geeigneten Koordinaten lokal jeweils die Gestalt $(x_1, \ldots, x_n) \mapsto (x_1, \ldots, x_r, 0, \ldots, 0)$ (*Satz vom konstanten Rang*).

Rang (einer Matrix)
rank; rang

Sei M eine $m \times n$-°Matrix über einem °Körper K. Der *Rang* von M ist gleich der Zahl r, die durch eine der folgenden äquivalenten Bedingungen festgelegt ist:

1) Je $r + 1$ Zeilen von M sind linear abhängig, und es gibt r °linear unabhängige Zeilen in M

2) Je $r + 1$ Spalten von M sind linear abhängig, und es gibt r linear unabhängige Spalten in M

3) Jede $(r + 1) \times (r + 1)$-Unterdeterminante von M ist $= 0$, und es gibt eine $r \times r$-Unterdeterminante $\neq 0$

4) Das Bild der zugeordneten linearen Abbildung $L(M): K^n \to K^m$ hat die °Dimension r

5) Der °Kern der zugeordneten linearen Abbildung $L(M): K^n \to K^m$ hat die Dimension $n - r$.

---

rationale Abbildung
rational mapping; application rationnelle

Sei K ein °Körper, und seien P und Q zwei °Polynome in $K[X_1, \ldots, X_n]$ mit $Q \neq 0$. Dann heißt die auf $K^n \setminus \{x \in K^n \mid Q(x) = 0\}$ definierte Funktion *rational*. Eine Abbildung $h: K^n \to K^m$ heißt *rational*, wenn ihre Komponentenfunktionen $h_1, \ldots, h_m$ rationale Funktionen sind („in Wirklichkeit" ist h nur auf einer Teilmenge von K^n definiert, dem Komplement der Nullstellen aller Nenner-Polynome). Eine Abbildung h heißt *birational*, wenn sie auf einer Teilmenge (die Komplement der Nullstellen von endlich vielen Polynomen ist) bijektiv ist und h und h^{-1} rational sind.

---

rationale Zahl
rational number; nombre rationnel

($\to$ Zahlen (Aufbau des Zahlensystems))

Realteil
real part; partie réelle

($\to$ komplexe Zahlen)

reduzibel
reducible; réductible

(→ Teilbarkeit in Integritätsringen)

reelle Zahlen
real numbers; nombres réels

Die *reellen Zahlen* (die „Punkte der Zahlengeraden") bilden die Grundlage für die Infinitesimal- und Integralrechnung. Wohl wegen der Anschaulichkeit der Zahlengeraden schien ihre Existenz kein Problem zu sein (Cauchy hielt 1821 sein °Kriterium, wodurch die °Vollständigkeit von $\mathbb{R}$ axiomatisch definiert werden kann, für evident), bis 1871 Cantor (eben durch Cauchyfolgen) und 1872 Dedekind (durch seinen °Dedekindschen Schnitt) erstmals die Vervollständigung von $\mathbb{Q}$ zu $\mathbb{R}$ korrekt definierten. Doch wenige Jahrzehnte später ergaben sich für die Grundlagenforscher gerade daraus Probleme, und bis heute sind sich gewöhnliche Mathematiker und Logiker nicht immer einig darüber, was eine reelle Zahl ist.
(→ Zahlen (Aufbau des Zahlensystems))

reflexiv
reflexive; réflexif (-ve)

Ein °Banachraum X heißt *reflexiv*, wenn er eine der folgenden äquivalenten Bedingungen erfüllt:

i) Die kanonische Abbildung von X in sein °Bidual ist ein Isomorphismus
ii) Die abgeschlossene Vollkugel $\{x \in X: \|x\| \leq 1\}$ ist in der °schwachen Topologie °kompakt
iii) Auf dem °Dualraum stimmen die schwache Topologie und die schwach-*-Topologie überein.

X ist genau dann reflexiv, wenn X' es ist. Abgeschlossene Unterräume reflexiver Räume sind reflexiv.

Regelfläche
ruled surface; surface réglée

Eine °Fläche $F \subset \mathbb{R}^3$ heißt *Regelfläche*, falls sie in der Umgebung eines jeden Punktes parametrisiert werden kann in der Form $\varphi(u, v) = \gamma(u) + v \cdot a(u)$. Die Flächenkurven $u = $ const. sind also Geradenstücke und heißen *Erzeugende*, die Flächenkurven $v = $ const. heißen *Leitkurven*. Ist die Flächennormale längs Erzeugender konstant, so heißt die Regelfläche eine *Torse*.
Beispiele für Torsen (als spezielle Regelflächen) sind Zylinder, Kegel, und Tangentialflächen von Raumkurven γ, bei denen γ' und γ'' in jedem Punkt linear unabhängig

Regelfläche (Forts.)

sind (und alle Torsen sind lokal von dieser Gestalt). Das parabolische Hyperboloid $\{(x, y, z) \in \mathbb{R}^3 \mid xy = z\}$ ist Beispiel einer Regelfläche, die keine Torse ist.

regelmäßige n-Ecke
regular polygon; polygone régulier

Ein regelmäßiges n-Eck (d. h. eine n-te °primitive °Einheitswurzel) ist (nach Gauß) genau dann mit Zirkel und Lineal konstruierbar, wenn eine der folgenden äquivalenten Bedingungen erfüllt ist:

1) Die °Primfaktorzerlegung von n ist von der Gestalt $n = 2^m \cdot p_1 \cdot \ldots \cdot p_r$, wo $p_1, \ldots, p_r$ paarweise verschiedene °Fermatsche Primzahlen sind

2) Die °Eulersche φ-Funktion hat für n als Wert $\varphi(n)$ eine Potenz von 2.

So sind die regelmäßigen n-Ecke für $n \leq 8$ und z. B. auch für $n = 17$, $n = 257$ mit Zirkel und Lineal konstruierbar, nicht dagegen das regelmäßige 9-Eck.

(→ Galois-Theorie (Hauptsatz))

regulär
regular; régulier

Ein °topologischer Raum heißt *regulär* (oder ein *T3-Raum*), wenn er °hausdorffsch ist und eine der folgenden äquivalenten Bedingungen erfüllt:

i) Für jeden Punkt bilden die °abgeschlossenen °Umgebungen eine °Umgebungsbasis

ii) Ist A eine abgeschlossene Teilmenge von X und $x \in X \setminus A$, so besitzen x und A disjunkte Umgebungen.

iii) Ist A eine abgeschlossene, K eine (quasi-) °kompakte Teilmenge von X und ist $A \cap K = \emptyset$, so besitzen A und K disjunkte Umgebungen.

(Es gibt Beispiele von hausdorffschen Räumen, die nicht regulär sind, und von nicht hausdorffschen Räumen, in denen i)–iii) gelten).

Jeder °metrische Raum ist regulär.

Die Regularität ist von Bedeutung beim folgenden *Fortsetzungssatz*: Ist A °dicht im topologischen Raum X und $g: A \to Y$ eine stetige Abbildung in einen *regulären* topologischen Raum Y, so kann g auf höchstens eine Weise zu einer stetigen Abbildung $f: X \to Y$ fortgesetzt werden.

Reihe (unendliche)
series; série

Sei $(a_m)_{m \in \mathbb{N}}$ eine °Folge reeller (oder komplexer) Zahlen. Die Folge der Partialsummen

$$s_n = \sum_{k=0}^{n} a_k, \quad \text{also} \quad \left(\sum_{k=0}^{n} a_k\right)_{n \in \mathbb{N}}$$

heißt *(unendliche) Reihe* und wird als $\sum_{k=0}^{\infty} a_k$ notiert. Die Reihe heißt *konvergent* (bzw. *divergent*), wenn die Folge $(s_n)_{n \in \mathbb{N}}$ °konvergent (bzw. divergent) ist. Ist $\sum_{k=0}^{\infty} a_k$ konvergent mit dem Limes $s = \lim_{n \to \infty} s_n$, so schreibt man einfach $s = \sum_{k=0}^{\infty} a_k$.

Beispiele: Die *geometrische Reihe* $\sum_{k=0}^{\infty} q^k$ ist für $|q| < 1$ konvergent mit Limes $\frac{1}{1-q}$ und sonst divergent. Die *Leibnizsche Reihe* $\sum_{k=1}^{\infty} (-1)^k \frac{1}{k}$ ist konvergent mit Limes $\ln 2$; die *harmonische Reihe* $\sum_{k=1}^{\infty} \frac{1}{k}$ ist divergent.

(→ Konvergenzkriterien für Reihen)

rektifizierbar
rectifiable; rectifiable

Eine °Kurve $f: [a, b] \to \mathbb{R}^n$ heißt *rektifizierbar* mit der Länge („Bogenlänge") L, wenn zu jedem $\epsilon > 0$ ein $\delta > 0$ existiert mit der Eigenschaft: Für jede Unterteilung $a = t_0 < t_1 < \ldots < t_k = b$ mit $\max_{i=1,\ldots,k} |t_i - t_{i-1}| < \delta$ gilt $\left| \sum_{i=1}^{k} \|f(t_i) - f(t_{i-1})\| - L \right| < \epsilon$.

Jede stetig °differenzierbare Kurve ist rektifizierbar und es ist

$$L = \int_a^b \|f'(t)\| \, dt = \int_a^b \sqrt{\sum_{i=1}^{n} \left(\frac{df_i}{dt}(t)\right)^2} \, dt.$$

Der Wert von L bleibt bei stetig differenzierbaren *Parametertransformationen* $\varphi: [a, b] \to [\alpha, \beta]$ (φ bijektiv und φ und φ^{-1} stetig differenzierbar) unverändert: Mit $g: [\alpha, \beta] \to \mathbb{R}^n$, $f = g \circ \varphi$ ist $\int_a^b \|f'(t)\| \, dt = \int_a^b \|g'(\tau)\| \, d\tau$.

rektifizierbar (Forts.)

Ist die Kurve f *regulär*, d.h. stetig differenzierbar mit $f'(t) \neq 0$ für alle t, so ist insbesondere $t \mapsto \tau = \int_a^t \|f'(s)\|\, ds$ eine stetig differenzierbare Parametertransformation.
Die Parametrisierung mit diesem Parameter τ heißt *Parametrisierung nach der Bogenlänge*.

---

rektifizierende Ebene
rectifying plane; plan rectifiant

($\to$ Frenetsches Dreibein)

---

relativkompakt
relatively compact; relativement compact

($\to$ kompakt)

Repräsentant
representative; représentant

($\to$ Äquivalenzrelation)

Residuensatz
residue theorem (or formula); théorème des résidus

Sei $G \subset \mathbb{C}$ ein Gebiet, $S \subset G$ eine in G diskrete Punktmenge und $f: G \setminus S \to \mathbb{C}$ eine °holomorphe Funktion (d.h. jeder Punkt von S ist isolierte °Singularität von f).

1. Version: Ist dann $M \subset G$ eine °kompakte Menge, deren Rand $\partial M = \overline{M} \setminus \mathring{M}$ die Menge S nicht trifft und nur aus stückweise stetig differenzierbaren Kurven besteht, die mit der Randorientierung (M „links vom Rand") versehen sind, so gilt:

$$\frac{1}{2\pi i} \cdot \int_{\partial M} f(z)\, dz = \sum_{s \in S \cap M} \mathrm{res}_s f. \quad (\to \text{Residuum}).$$

2. Version: Ist dann γ ein Zykel (= ganzzahlige Linearkombination von geschlossenen Wegen: $\gamma = \sum_{i=1}^n \alpha_i \gamma_i$) in $G \setminus S$, der keinen Punkt von $\mathbb{C} \setminus G$ umläuft ($\to$ Umlaufzahl), so umläuft γ nur endlich viele Punkte von S und es gilt

$$\frac{1}{2\pi i} \int_\gamma f(z)\, dz = \sum_{s \in S} \nu_\gamma(s)\, \mathrm{res}_s f,$$

wo $\nu_\gamma(s)$ die °Umlaufzahl von γ um s ist.

(Zum Begriff des Residuums $\mathrm{res}_\zeta f$ siehe unten).

Der *Residuensatz* ist von Bedeutung u.a. für die Berechnung gewisser reeller Integrale: Ist z.B. $R(z) = \dfrac{P(z)}{Q(z)}$ ein Quotient von Polynomen mit $\deg Q \geqslant \deg P + 2$ und $Q(x) \neq 0$ für alle $x \in \mathbb{R}$, so ist $\displaystyle\int_{-\infty}^{\infty} R(x)\,dx = 2\pi i \sum_{\mathrm{Im}\,\zeta > 0} \mathrm{res}_\zeta R$.

Beweisidee:

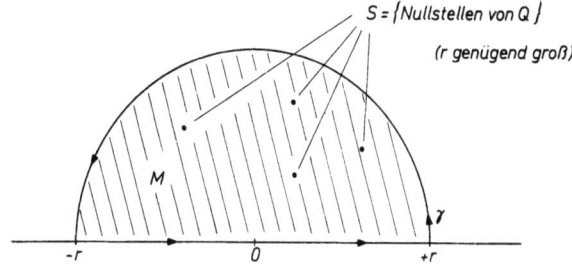

Residuum
residue; résidu

Sei $K \setminus \{z_0\} := \{z \in \mathbb{C} \mid 0 < |z - z_0| < r\}$ eine gelochte Kreisscheibe, $f: K \setminus \{z_0\} \to \mathbb{C}$ °holomorph und $\displaystyle\sum_{n=-\infty}^{\infty} c_n (z - z_0)^n$ die °Laurententwicklung von f in $K \setminus \{z_0\}$.

Dann heißt der Koeffizient c_{-1} von $\dfrac{1}{z - z_0}$ das *Residuum* von f in z_0, in Zeichen: $c_{-1} = \mathrm{res}_{z_0} f$.

Im Spezialfall $f(z) = \dfrac{g(z)}{(z - z_0)^m}$ $(m > 0)$ mit einem in z_0 holomorphen g ist $\mathrm{res}_{z_0}(f) = \dfrac{1}{(m-1)!} g^{(m-1)}(z_0)$, d.h. der $(m-1)$-te Taylorkoeffizient von g bei der Entwicklung um z_0. Insbesondere ist das Residuum von $f(z) = \dfrac{g(z)}{z - z_0}$ in z_0 gleich $g(z_0)$.

Resolventenmenge
resolvent set; ensemble résolvant

Sei X ein °Banachraum über $\mathbb{K} = \mathbb{R}$ oder $\mathbb{C}$ und $A: X \to X$ eine °stetige °lineare Abbildung. Die Menge $R(A) = \{\xi \in \mathbb{K} : A - \xi \cdot id_X \text{ ist bijektiv}\}$ heißt *Resolventenmenge* des Operators A, und die Abbildung $R(A) \to \mathrm{Hom}(X, X)$, $\xi \mapsto R_\xi = (A - \xi \cdot id_X)^{-1}$ seine *Resolventenfunktion*.

(Man beachte, daß nach dem Satz vom °inversen Operator der Umkehrhomomorphismus $(A - \xi \cdot id_X)^{-1}$ wieder stetig ist).

Resolventenmenge (Forts.)

Die Resolventenmenge ist stets °offen in $\mathbb{K}$ und die Resolventenfunktion ist °analytisch, d. h. wird lokal durch eine konvergente Potenzreihe mit Koeffizienten aus $\text{Hom}(X, X)$ gegeben.

($\to$ Spektrum)

Restklassenmodul
factor module; module quotient

Sei M ein R-°Modul und $A \subset M$ ein Untermodul. Dann wird die °Faktorgruppe M/A (der zugrundeliegenden additiven Gruppen) durch die Festsetzung $r \cdot (x + A) := rx + A$ ($r \in R$, $x \in M$) wieder zu einem R-Modul, dem *Restklassenmodul* (oder auch *Quotientenmodul*) von M nach A, und der °kanonische °Homomorphismus $M \to M/A$ ist ein Modul-°Epimorphismus.

Restklassenring
residue class ring, factor ring; anneau quotient

Ist I ein °Ideal in einem °Ring R, so kann man die °Faktorgruppe R/I (bzgl. der Addition) bilden. Mit der durch $(a + I)(b + I) := ab + I$ auf den Elementen von R/I definierten Multiplikation wird R/I zu einem Ring, dem *Restklassenring* (*Faktorring*, *Quotientenring*) von R nach I. Die °kanonische Abbildung $R \to R/I$ ist ein surjektiver Ringhomomorphismus (°Epimorphismus).

Beispiel: $R = \mathbb{Z}$, $I = m \cdot \mathbb{Z}$ mit einem $m \in \mathbb{N}$; $\mathbb{Z}/m\mathbb{Z}$ besteht aus den Kongruenzklassen modulo m ($\to$ kongruent). Ist m eine °Primzahl, so ist $\mathbb{Z}/m\mathbb{Z}$ ein Körper.

Retrakt
retract; rétracte

Ein Teilraum A eines °topologischen Raumes X heißt *Retrakt* von X, wenn es eine stetige Abbildung $r: X \to A$ (eine *Retraktion*) mit $r|A = id_A$ gibt.

Beispiel: $S^n = \{x \in \mathbb{R}^{n+1} : \|x\| = 1\}$ ist Retrakt von $\mathbb{R}^{n+1} \setminus \{0\}$ (mit der Retraktion $r(x) := \frac{x}{\|x\|}$), aber nicht von $\mathbb{R}^{n+1}$.

Riccatische Differentialgleichung
Riccati equation; équation différentielle de Riccati

Eine °Differentialgleichung der Form $y' = A(x) + B(x)y + C(x)y^2$ heißt *allgemeine*, und $y' = \beta x^\alpha + y^2$ (mit $\alpha, \beta \in \mathbb{R}$, $\beta \neq 0$) *spezielle Riccatische Differentialgleichung*. Sie kann genau dann explizit durch elementare Funktionen (auszudrücken durch endlich viele algebraische, trigonometrische und Exponentialfunktionen) gelöst werden, wenn $\alpha = -2$ oder von der Form $\alpha = -\frac{4n}{2n-1}$ mit $n \in \mathbb{Z}$ ist.

Riemann-Integral
Riemann integral; intégrale de Riemann

Ist $\varphi: [a, b] \to \mathbb{R}$ eine °Treppenfunktion zur Unterteilung $a = x_0 < x_1 < \ldots < x_n = b$, mit den Werten $\varphi(]x_{k-1}, x_k[) = c_k$, so heißt

$$\int_a^b \varphi(x)\, dx := \sum_{k=1}^n c_k(x_k - x_{k-1})$$

das *Integral* von φ. Ist $f: [a, b] \to \mathbb{R}$ eine (beliebige) beschränkte Funktion, so definiert man *Ober-* und *Unterintegral* von f durch

$$\inf \left\{ \int_a^b \varphi(x)\, dx \mid \varphi \text{ Treppenfunktion mit } \varphi(x) \geq f(x) \text{ für alle } x \in [a, b] \right\}$$

und

$$\sup \left\{ \int_a^b (x)\, dx \mid \varphi \text{ Treppenfunktion mit } \varphi(x) \leq f(x) \text{ für alle } x \in [a, b] \right\}.$$

Die Funktion f heißt *Riemann-integrierbar*, wenn Ober- und Unter-Integral übereinstimmen; der gemeinsame Wert wird mit $\int_a^b f(x)\, dx$ bezeichnet und heißt *Riemann-Integral* von f.

Alle °stetigen, alle monotonen Funktionen sind Riemann-integrierbar; die Funktion $f: [0, 1] \to \mathbb{R}$, $f(x) = 1$ falls $x \in \mathbb{Q}$ und $= 0$ sonst, ist nicht Riemann-integrierbar.

Die Riemann-integrierbaren Funktionen auf $[a, b]$ bilden einen Vektorraum V; das Integral, aufgefaßt als Abbildung $V \to \mathbb{R}$, $f \mapsto \int_a^b f(x)\, dx$ ist eine Linearform, die zusätzlich monoton ist:

$$f \leq g \text{ (d.h. } f(x) \leq g(x) \text{ für alle } x \in [a, b]) \Rightarrow \int_a^b f(x)\, dx \leq \int_a^b g(x)\, dx.$$

($\to$ Lebesgue-Integral)

Riemannsche Fläche
Riemann surface; surface de Riemann

Es war einer von Riemanns schönsten Geniestreichen, eine „mehrdeutige" °holomorphe Funktion (wie z. B. $\pm\sqrt{z}$ oder $\{\log z + 2\pi i k \mid k \in \mathbb{Z}\}$) dadurch eindeutig zu machen, daß man ihren Definitionsbereich gemäß der Mehrdeutigkeit vervielfacht und die einzelnen „Blätter" so miteinander „verheftet", wie es der °analytischen Fortsetzung (→ Monodromiesatz) entspricht. – Heute nimmt man einfach eine (komplex) 1-dimensionale komplexe Mannigfaltigkeit (→ differenzierbare Mannigfaltigkeit) per definitionem als *Riemannsche Fläche* und treibt darauf die °Funktionentheorie, sobald man entsprechende globale Fragen behandelt. Ist zusätzlich eine (nicht-konstante) holomorphe Abbildung von der Riemannschen Fläche nach $\mathbb{C}$ oder $\mathbb{P}_1(\mathbb{C})$ (→ Riemannsche Zahlenkugel) gegeben, so spricht man von einer *konkreten Riemannschen Fläche*.

Beispiele: 1) Die Riemannsche Fläche zu $\pm\sqrt{z}$ ist $\mathbb{C}$, zusammen mit der Abbildung $\mathbb{C} \to \mathbb{C}$, $t \mapsto t^2 = z$. Diese Abbildung läßt sie als *zweiblättrige Überlagerung* der ursprünglichen komplexen Zahlenebene (mit Koordinate z) erscheinen. Die bezüglich z zweideutige Funktion $\sqrt{z}$ wird in der t-Koordinate eindeutig (und ist dort einfach gleich der Identität in t).

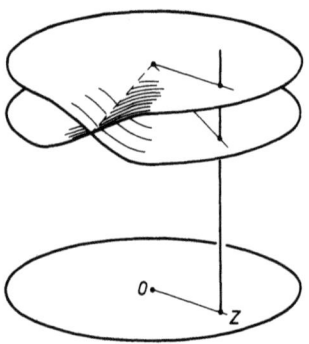

Riemannsche Fläche zu $\pm\sqrt{z}$

Riemannsche Fläche des Logarithmus

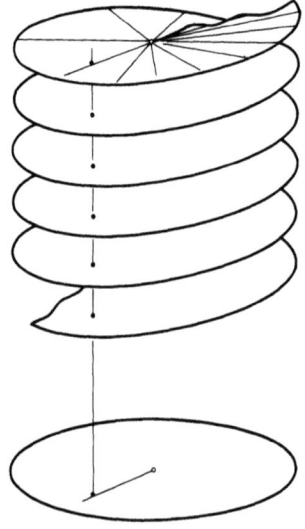

Dasselbe Beispiel kann man ergänzen zur °kompakten Riemannschen Fläche $\mathbb{P}_1(\mathbb{C})$; die zweiblättrige Überlagerung $(t_0 : t_1) \mapsto (t_0^2 : t_1^2)$ ist dann über den Punkten $0 = (1:0)$ und $\infty = (0:1)$ verzweigt (→ projektiver Raum).

2) Analog erhält man die Riemannsche Fläche des °Logarithmus als Überlagerung $\mathbb{C} \to \mathbb{C}^* = \mathbb{C} \setminus \{0\}$, $t \mapsto e^t = z$; dies läßt sich bildlich als Wendelfläche darstellen.

3) Betrachtet man die zweideutige holomorphe Funktion $\sqrt{z(z-1)(z-i)}$, so findet man nach etwas sorgfältigerer Überlegung (bei Hinzunahme des Punktes ∞) als Riemannsche Fläche einen °Torus, der mit vier Verzweigungspunkten 0, 1, i, ∞ der Riemannschen Zahlenkugel zweiblättrig überlagert ist.

LITERATUR: Hurwitz A./Courant R.: Funktionentheorie (Springer 1964). Forster O.: Riemannsche Flächen (Springer 1977).

Riemannscher Abbildungssatz
Riemann mapping theorem; théorème de Riemann

Jedes von $\mathbb{C}$ verschiedene °einfach °zusammenhängende Gebiet läßt sich °biholomorph auf die offene Einheitskreisscheibe abbilden.

Riemannscher Hebbarkeitssatz
Riemann removable singularity theorem; (frz. Übersetzung nicht üblich)

Ist $U \subset \mathbb{C}$ offen, $z_0 \in U$ und die °holomorphe Funktion $f: U \setminus \{z_0\} \to \mathbb{C}$ in einer Umgebung von z_0 beschränkt, so läßt sich f holomorph auf ganz U fortsetzen (d.h. z_0 ist hebbare °Singularität).

Riemannsche Summe
Riemann sum; somme de Riemann

Sei $f: [a, b] \to \mathbb{R}$ eine Funktion, $a = x_0 < x_1 < \ldots < x_n = b$ eine Unterteilung von $[a, b]$ und ξ_k für $k = 1, \ldots, n$ ein beliebiger Punkt aus $[x_{k-1}, x_k]$. Dann heißt

$$\sum_{k=1}^{n} f(\xi_k)(x_k - x_{k-1})$$

Riemannsche Summe der Funktion f bezüglich der Unterteilung $(x_k)_{0 \leq k \leq n}$ und der Stützstellen $(\xi_k)_{1 \leq k \leq n}$.

Ist f °Riemann-integrierbar, so gibt es zu jedem $\epsilon > 0$ ein $\delta > 0$, derart daß sich die Riemannsche Summe bezüglich jeder Unterteilung mit $\max(x_k - x_{k-1}) < \delta$ und beliebiger Wahl der Stützstellen höchstens um ϵ von $\int_a^b f(x)\,dx$ unterscheidet.

Riemannsche Zahlenkugel
Riemann sphere; sphère de Riemann

Die Einheits°sphäre S^2 im $\mathbb{R}^3$, gegeben durch $x^2 + y^2 + z^2 = 1$, läßt sich (abgesehen vom „Nordpol" $(0, 0, 1)$) durch $(x, y, z) \mapsto \dfrac{x + iy}{1 - z} = \zeta$ bijektiv auf die °kom-

Riemannsche Zahlenkugel (Forts.)

plexe Zahlenebene (komplexe Koordinate ζ) abbilden; die Umkehrabbildung wird beschrieben durch $x = \dfrac{\zeta + \bar\zeta}{1+|\zeta|^2}$, $y = \dfrac{\zeta - \bar\zeta}{i(1+|\zeta|^2)}$, $z = \dfrac{|\zeta|^2 - 1}{|\zeta|^2 + 1}$. Diese *stereographische Projektion* führt Kreise durch den Nordpol in Geraden in $\mathbb{C}$ über, allgemein Kreise in Kreise, und ist winkeltreu. Es zeigt sich, daß in vielen Fragen der °Funktionentheorie die Einführung eines Punktes „∞" mit Rechenregeln $\dfrac{1}{\infty} = 0$, $\dfrac{1}{0} = \infty$ usw. viele Betrachtungen vereinfacht und Fallunterscheidungen vermeiden hilft ($\rightarrow$ meromorphe Funktionen); das Bild der Zahlenkugel mit der stereographischen Projektion auf $\mathbb{C}$ bietet für diesen Punkt ∞ den Nordpol $(0, 0, 1)$ zur Interpretation an. — Eine ernsthaftere Betrachtung erlaubt schließlich die Identifikation der „Zahlenkugel" mit dem komplex eindimensionalen °projektiven Raum $\mathbb{P}_1(\mathbb{C})$, und, nebenbei gesagt, auch mit der °Alexandroff-Kompaktifizierung von $\mathbb{R}^2$.

Die Gruppe der °biholomorphen Abbildungen von $\mathbb{P}_1(\mathbb{C})$ auf sich stimmt überein mit der Gruppe $\mathbb{P}GL(1, \mathbb{C}) = GL(2, \mathbb{C})/\mathbb{C} \cdot 1\!\!1$ aller Projektivitäten, d.h. aller bijektiven „linearen" Abbildungen der Gestalt $(z_0 : z_1) \mapsto (az_1 + bz_0 : cz_1 + dz_0)$ mit $\binom{a\ b}{c\ d} \in GL(2, \mathbb{C})$. Man schreibt sie meist (mit $z = z_1/z_0$) in der inhomogenen Form $z \mapsto \dfrac{az+b}{cz+d}$ und nennt sie *gebrochen lineare Transformationen* oder *Möbiustransformationen.*

Riemannsche Zetafunktion
Riemann's Zeta function; fonction zeta de Riemann

Die Reihe $\displaystyle\sum_{n=1}^{\infty} \dfrac{1}{n^s}$ konvergiert für $s > 1$ (und divergiert für $s \leq 1$). Als Funktion von s betrachtet wird sie als *Riemannsche Zetafunktion* $\zeta(s)$ bezeichnet. Sie ist von großer Bedeutung in der °Zahlentheorie.

LITERATUR: Edwards, H. M.: Riemann's Zeta Function (Academic Press 1974).

Riesz (Satz von)
theorem of Riesz; théorème de Riesz

Ein °hausdorffscher °topologischer Vektorraum ist genau dann °lokalkompakt, wenn er endlich-dimensional ist.

Riesz-Fischer (Satz von)
theorem of Riesz-Fischer; théorème de Riesz-Fischer

($\rightarrow L^p$-Räume)

Ring
ring; anneau

Eine nichtleere Menge R zusammen mit zwei Verknüpfungen „Addition" + und „Multiplikation" · heißt *Ring*, wenn gilt: $(R, +)$ ist °abelsche °Gruppe, die Multiplikation ist assoziativ $(a \cdot (b \cdot c) = (a \cdot b) \cdot c)$ und distributiv bzgl. der Addition $(a \cdot (b + c) = a \cdot b + a \cdot c$ sowie $(a + b) \cdot c = a \cdot c + b \cdot c)$. Der Ring heißt *kommutativ*, wenn die Multiplikation kommutativ ist; er hat ein *Einselement* (notiert 1), wenn $1 \cdot a = a \cdot 1$ ist für alle $a \in R$ mit diesem $1 \in R$.
Beispiele: $\mathbb{Z}$, $\mathbb{Q}$, $\mathbb{R}$, $\mathbb{C}$ (→ Zahlen) sind Ringe mit der üblichen Addition und Multiplikation, $\mathbb{N}$ ist kein Ring. Die Menge aller $n \times n$-°Matrizen mit Elementen in einem Ring bildet selbst einen (für $n \geq 2$ nichtkommutativen) Ring. Ist R ein Ring und X eine Menge, so bildet die Menge aller Abbildungen von X nach R (mit elementweiser Addition bzw. Multiplikation) wieder einen Ring. °Polynome und °Potenzreihen bilden Ringe.

Rolle (Satz von)
(Übersetzungen scheinen nicht üblich zu sein)

Seien $a < b$ reelle Zahlen und $f: [a, b] \to \mathbb{R}$ eine Funktion mit $f(a) = f(b)$, die im abgeschlossenen °Intervall $[a, b]$ °stetig und im offenen Intervall $]a, b[$ °differenzierbar ist. Dann gibt es ein $x \in\ ]a, b[$ mit $f'(x) = 0$. (→ Mittelwertsatz)

Rotation
rotation; rotation

(→ Drehung, → Vektoranalysis)

Rouché (Satz von)
theorem of Rouché; théorème de Rouché

Sei $G \subset \mathbb{C}$ ein °Gebiet und $M \subset G$ eine °kompakte Menge, deren Rand $\partial M = \overline{M} \setminus \overset{\circ}{M}$ aus geschlossenen stückweise stetig °differenzierbaren °Kurven besteht. Ist dann $h: [0, 1] \times G \to \mathbb{C}$, $(t, z) \mapsto h_t(z)$ eine stetige Abbildung derart, daß jedes $h_t: G \to \mathbb{C}$ °holomorph ist und keine Nullstellen auf ∂M hat, so haben h_0 und h_1 gleichviele Nullstellen in M (mit Vielfachheit gezählt).
(Andere Version: Sind f und g holomorph auf G, so daß f auf ∂M keine Nullstelle hat und $|g(z)| < |f(z)|$ für alle $z \in \partial M$ gilt, so haben f und $f + g$ gleichviele Nullstellen in M).
Zum Beweis verwendet man das Integral $\dfrac{1}{2\pi i} \displaystyle\int_{\partial M} \dfrac{h'_t(z)}{h_t(z)}\, dz$, welches die Anzahl der Nullstellen von h_t in M angibt, stetig von t abhängt und deshalb konstant für $t \in [0, 1]$ ist.

S

Sarrus (Regel von)
Sarrus diagram; règle de Sarrus

Zur Berechnung einer 3 × 3-°Determinante det $\begin{pmatrix} a_{11} & a_{12} & a_{13} \\ a_{21} & a_{22} & a_{23} \\ a_{31} & a_{32} & a_{33} \end{pmatrix}$ nach der *Regel von Sarrus* bildet man die Summe der drei Produkte „von links oben nach rechts unten" und subtrahiert davon die Summe der drei Produkte „von links unten nach rechts oben", wobei man sich die ersten zwei Spalten der Matrix noch einmal rechts danebengeschrieben denkt:

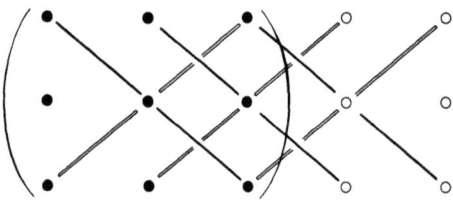

Schiefkörper
skew field (noncommutative field); corps non commutative

(→ Körper)

Schmiegebene
osculating plane; plan osculateur

(→ Krümmung (einer Kurve))

Schranke
bound; borne

(→ Supremum)

---

schwache Topologie
weak topology; topologie affaiblie

Sei X ein °topologischer Vektorraum und X' der °Dualraum (bestehend aus allen °stetigen °Linearformen auf X). Dann ist die °Initialtopologie bezüglich aller $\varphi \in X'$ gröber und i. allg. verschieden von der ursprünglichen Topologie auf X; sie heißt *schwache Topologie* (oder *Topologie der punktweisen Konvergenz*) auf X.

Beispiel: In ℓ^2 ($\to \ell^p$-Räume) konvergiert die Folge der „Einheitsvektoren" $e_n = (0, \ldots, \ldots, 0, 1, 0, \ldots)$ (1 an n-ter Stelle) in der schwachen Topologie gegen 0, nicht aber in der Normtopologie.

schwach-*-Topologie
*weak * topology; topologie faible (sur X')*

Sei X ein °normierter Vektorraum über $\mathbb{K} = \mathbb{R}$ oder $\mathbb{C}$, X' der °Dualraum und $i: X \to X''$ die kanonische injektive lineare Abbildung von X in sein °Bidual $X'' = (X')'$. Dann heißt die °Initialtopologie bezüglich aller $F: X' \to \mathbb{K}$ mit $F \in i(X) \subset X''$ die *schwach-*-Topologie* auf X'. Sie ist gröber und i.allg. verschieden von der °schwachen Topologie auf X'. Wichtig ist in diesem Zusammenhang der folgende Satz: Für einen °normierten Vektorraum X ist im Dualraum X' die abgeschlossene Vollkugel $\{f \in X' \mid \|f\| \leq 1\}$ in der schwach-*-Topologie °kompakt.

Schwarzsches Lemma
Schwarz's lemma; lemme de Schwarz

Sei $f: E \to E$ eine °holomorphe Abbildung der Einheitskreisscheibe $E := \{z \in \mathbb{C} \mid |z| < 1\}$ in sich mit $f(0) = 0$. Dann gilt $|f(z)| \leq |z|$ für alle $z \in E$ und $|f'(0)| \leq 1$. Ist $|f'(0)| = 1$ oder ist $|f(z)| = |z|$ für ein $z \in E$, so ist f gleich einer Drehung $f(z) = e^{i\alpha} z$ um einen festen Winkel $\alpha \in \mathbb{R}$.

Schwarzsches Spiegelungsprinzip
Schwarz reflexion principle; principe de symétrie

Sei $U \subset \mathbb{C}$ der Durchschnitt einer in $\mathbb{C}$ offenen Menge mit der abgeschlossenen Halbebene $\{z \in \mathbb{C} \mid \operatorname{Im} z \geq 0\}$; $f: U \to \mathbb{C}$ sei stetig, $f|U$ sei °holomorph und für jedes $z \in U \cap \mathbb{R}$ sei $f(z)$ reellwertig. Dann ist die durch

$$f(z) := \begin{cases} f(z) & \text{für } z \in U \\ \overline{f(\bar{z})} & \text{für } z \in \bar{U} := \{z \in \mathbb{C} \mid \bar{z} \in U\} \end{cases}$$

auf $U \cup \bar{U}$ wohldefinierte Funktion holomorph.

Schwingungsgleichung
wave equation; équation des ondes

Sei $U \subset \mathbb{R}^n$ offen (Koordinaten $x = (x_1, \ldots, x_n)$) und $I \subset \mathbb{R}$ ein Intervall (Koordinate $t =$ Zeit). Für Funktionen $f: U \times I \to \mathbb{R}$ heißt dann

$$\frac{\partial^2 f}{\partial x_1^2} + \ldots + \frac{\partial^2 f}{\partial x_n^2} - \frac{1}{c^2} \frac{\partial^2 f}{\partial t^2} = \Delta f - \frac{1}{c^2} \frac{\partial^2 f}{\partial t^2} = 0$$

die *Schwingungsgleichung* (*Wellengleichung*).

Schwingungsgleichung (Forts.)

In der Physik ist meist $n = 1$, 2 oder 3; $c > 0$ steht für die Wellenausbreitungsgeschwindigkeit. Spezielle Lösungen sind z. B. $f(x, t) = \frac{1}{r} \cos(r - ct)$ mit $r = \|x\| = \sqrt{x_1^2 + \ldots + x_n^2}$.

Allgemein gilt: Für jede beliebige zweimal stetig differenzierbare Funktion $\varphi \colon \mathbb{R} \to \mathbb{R}$ und jedes $k \in \mathbb{R}^n$ ist (mit $\langle k, x \rangle := k_1 x_1 + \ldots + k_n x_n$) die Funktion $f \colon \mathbb{R}^n \times \mathbb{R} \to \mathbb{R}$, $f(x, t) := \varphi(\langle k, x \rangle - c \cdot \|k\| \cdot t)$ eine Lösung der Schwingungsgleichung.

selbstadjungiert
self adjoint; auto-adjoint

(→ adjungierte Abbildung)

---

semidirektes Produkt
semidirect product; produit sémidirect

Seien G_1 und G_2 °Gruppen, $\Phi \colon G_2 \to \mathrm{Aut}(G_1)$ ein °Homomorphismus von G_2 in die Automorphismengruppe von G_1. Dann ist $G_1 \times G_2$ zusammen mit der Verknüpfung $(x_1, x_2) \cdot (y_1, y_2) := (x_1 \cdot \Phi(x_2)(y_1), x_2 y_2)$ eine Gruppe; sie heißt *semidirektes Produkt* von G_1 und G_2 bezüglich Φ; Bezeichnung: $G_1 \times_\Phi G_2$.

Das direkte Produkt $G_1 \times G_2$ erhält man, wenn Φ gleich der konstanten Abbildung auf id_{G_1} ist.

---

semilinear
semilinear; sémilinéaire

Eine Abbildung $f \colon V \to W$ von $\mathbb{C}$-°Vektorräumen heißt *semilinear*, wenn für alle $v, v_1, v_2 \in V$ und $\alpha \in \mathbb{C}$ gilt:

- $f(v_1 + v_2) = f(v_1) + f(v_2)$
- $f(\alpha v) = \bar{\alpha} f(v)$ ($\bar{\alpha}$ konjugiert komplex zu α).

Diese Definition wird verallgemeinert auf Vektorraumhomomorphismen über einem beliebigen Körper K, sofern ein (nicht-trivialer) Körper-Automorphismus $\varphi \colon K \to K$ vorliegt und für alle $\alpha \in K$ gilt: $f(\alpha v) = \varphi(\alpha) f(v)$.

---

semilokal einfach zusammenhängend
semilocally simply connected; sémilocalement simplement connexe

Ein °topologischer Raum X heißt *semilokal einfach zusammenhängend*, wenn jeder Punkt x eine Umgebung $U(x)$ besitzt derart, daß jeder in $U(x)$ liegende geschlossene °Weg nullhomotop in X ist (→ homotop, Homotopiegruppe, → universelle Überlagerung).

Beispiel: $X := \bigcup_{\substack{n \in \mathbb{N} \\ n \geq 1}} \left\{ (x, y) \in \mathbb{R}^2 : \left(x - \frac{1}{n}\right)^2 + y^2 = \frac{1}{n^2} \right\} \subset \mathbb{R}^2$ ist wegzusammenhängend, aber nicht semilokal einfach zusammenhängend. Dieses X besitzt keine °universelle Überlagerung.

separabel (Polynom, Körpererweiterung)
separable; séparable

Ein °Polynom mit Koeffizienten in einem °Körper k heißt *separabel*, wenn jeder über k irreduzible Faktor des Polynoms in seinem °Zerfällungskörper nur einfache Nullstellen besitzt. Der Körper k heißt *vollkommen*, wenn jedes Polynom aus $k[X]$ separabel ist. Jeder Körper der °Charakteristik 0 und auch jeder endliche Körper ist vollkommen. Der Körper $k = (\mathbb{Z}/p\mathbb{Z})(X)$ (p eine Primzahl) der rationalen Funktionen in einer Unbestimmten über dem Körper $\mathbb{Z}/p\mathbb{Z}$ ist nicht vollkommen, denn das Polynom $Y^p - X \in k[Y]$ ist irreduzibel, aber nicht separabel. (Zum Nachweis betrachte man die formale Ableitung $pY^{p-1} = 0$ in $\mathbb{Z}/p\mathbb{Z}(X)[Y]$).

Eine °Körpererweiterung $K \supset k$ heißt *separabel*, wenn jedes Element von K Nullstelle eines separablen Polynoms aus $k[X]$ ist.

separiert
separated; séparé

(→ hausdorffsch)

Sesquilinearform
sesquilinear form; forme sesquilinéaire

Eine Abbildung $s: V \times W \to \mathbb{C}$ (V, W sind $\mathbb{C}$-°Vektorräume) heißt *Sesquilinearform*, wenn gilt:
- $s(\ , w): V \to K$, $v \mapsto s(v, w)$ ist für jedes $w \in W$ °semilinear
- $s(v,\ ): W \to K$, $w \mapsto s(v, w)$ ist für jedes $v \in V$ °linear.

(→ Hermitesche Form)

σ-Algebra
σ-algebra; clan

(→ meßbarer Raum)

Signatur
signature; signature

Sei V ein n-dimensionaler °Vektorraum über $\mathbb{R}$ (bzw. $\mathbb{C}$), und ρ eine °quadratische (bzw. °hermitesche) Form auf V. Ist dann p die maximale Dimension der Untervektorräume $V' \subset V$, auf denen ρ °positiv definit ist, und q die maximale Dimension derjenigen Untervektorräume $V'' \subset V$, auf denen ρ negativ definit ist, so heißt $p - q$ die *Signatur* von ρ.

($\rightarrow$ Sylvestersches Trägheitsgesetz)

Signum
sign; signe

Ist $\pi: \{1, 2, ..., n\} \rightarrow \{1, 2, ..., n\}$ eine °Permutation, so heißt $\epsilon(\pi) := \prod_{i<j} \frac{\pi(j) - \pi(i)}{j - i}$ das *Signum* von π. Es ist $\epsilon(\pi) = (-1)^m$, wo m die Anzahl der Paare (i, j) mit $i < j$ und $\pi(i) > \pi(j)$ ist, und auch $\epsilon(\pi) = (-1)^k$, wenn sich π durch Hintereinanderausführen von k Transpositionen (Vertauschungen von nur zwei Zahlen) darstellen läßt.

Permutationen mit Signum $+1$ heißen *gerade*, solche mit Signum -1 heißen *ungerade Permutationen*.

simultan diagonalisierbar
simultanuously diagonalizable; simultanement diagonalisable

Selbstadjungierte ($\rightarrow$ adjungierte Abbildung) (bzw. °unitäre) °Endomorphismen $f_1, ..., f_m$ eines °euklidischen (bzw. °unitären) °Vektorraums V der °Dimension $n < \infty$ heißen *simultan diagonalisierbar*, wenn es eine °Orthonormalbasis $B = (v_1, ..., v_n)$ von V gibt, so daß jedes v_i Eigenvektor ($\rightarrow$ Eigenwert) eines jeden f_j ($j = 1, ..., m$) ist. Die °Matrizen von $f_1, ..., f_m$ bezüglich der Basis B haben dann alle Diagonalgestalt. Notwendig und hinreichend für simultane Diagonalisierbarkeit ist die Bedingung, daß die $f_1, ..., f_m$ paarweise vertauschen: $f_i \circ f_j = f_j \circ f_i$ für alle $i, j \in \{1, ..., m\}$.

singuläre Matrix
singular matrix; matrice singulière

Eine $n \times n$-°Matrix über einem °Körper heißt *singulär*, wenn sie nicht °invertierbar ist (äquivalent: wenn ihr °Rang $< n$ ist; oder: wenn ihre °Determinante $= 0$ ist).

Singularität
singularity; singularité

„Eine Singularität innerhalb einer Gesamtheit ist eine Stelle der Einzigartigkeit, der Besonderheit, der Entartung, der Unbestimmtheit oder der Unendlichkeit" (E. Brieskorn: *Singularitäten*. Jber. d. Dt. Math.-Verein. 78 (1976) 93–112).

Singularitäten (isolierte ~ einer holomorphen Funktion)
isolated singularities of a holomorphic function; singularités isolées d'une fonction holomorphe

Ist $U \subset \mathbb{C}$ offen, $z_0 \in U$ und $f: U \setminus \{z_0\} \to \mathbb{C}$ °holomorph, so heißt z_0 eine *isolierte Singularität* von f. Man unterscheidet drei Typen:

z_0 *hebbare Singularität* :$\Longleftrightarrow$ f läßt sich zu einer auf U holomorphen Funktion fortsetzen

($\to$ Riemannscher Hebbarkeitssatz)

z_0 *Pol* :$\Longleftrightarrow$ es gibt ein $m \geq 1$, so daß $(z - z_0)^m f(z)$ eine hebbare Singularität bei z_0 hat, nicht aber $(z - z_0)^{m-1} f(z)$. Die Zahl m heißt dann *Ordnung* der Polstelle ($\to$ meromorph).

z_0 *wesentliche Singularität* :$\Longleftrightarrow$ z_0 weder hebbar noch Pol.

Beispiele: In $z_0 = 0$ hat $\frac{\sin z}{z}$ eine hebbare Singularität, $\frac{1}{z^m}$ einen Pol (der Ordnung m), und $\exp\left(\frac{1}{z}\right)$ eine wesentliche Singularität.

Sinus
sine; sinus

($\to$ trigonometrische Funktion)

Skalar
scalar; scalaire

Bei einem K-°Vektorraum V werden die Elemente des °Körpers K (im Gegensatz zu den Vektoren von V) oft als *Skalare* und der Körper K als *Skalarenkörper* bezeichnet.

Skalarprodukt
scalar (dot, inner) product; produit scalaire

Eine °symmetrische °Bilinearform s auf einem °Vektorraum V heißt *Skalarprodukt*, wenn sie positiv definit ist, d. h. $s(v, v) > 0$ ist für alle $v \neq 0$. Auf dem $\mathbb{R}$-Vektor-

Skalarprodukt (Forts.)

raum $\mathbb{R}^n$ ($n \geq 1$) hat man das *kanonische Skalarprodukt* $\langle x, y \rangle = \sum_{i=1}^{n} x_i y_i$ ($x = (x_1, \ldots, x_n)$, $y = (y_1, \ldots, y_n)$); alle anderen Skalarprodukte auf dem $\mathbb{R}^n$ erhält man durch Wahl einer symmetrischen $n \times n$-°Matrix $S = (S_{ij})$ über $\mathbb{R}$ mit lauter positiven °Eigenwerten durch $s(x, y) = \sum_{i, j=1}^{n} S_{ij} x_i y_j = {}^t x \cdot S \cdot y$. Anschaulich wird für $n \leq 3$ das Skalarprodukt $\langle x, y \rangle$ (für $x, y \neq 0$) gegeben durch $\|x\| \cdot \|y\| \cos(\angle(x, y))$, wo $\angle(x, y)$ den Winkel zwischen den Vektoren x, y bezeichnet und $\|x\|, \|y\|$ ihre Länge. Diese Beziehung dient umgekehrt für beliebiges n zur Definition der Länge (Norm) eines Vektors: $\|x\| = +\sqrt{\langle x, x \rangle}$ und des Winkels zwischen zwei Vektoren $\neq 0$: $\angle(x, y) = \arccos \dfrac{\langle x, y \rangle}{\|x\| \cdot \|y\|} \in [0, \pi]$

($\rightarrow$ Cauchy-Schwarzsche Ungleichung).

Spatprodukt
parallelepipedial product; produit mixte

Sind $u = (u_1, u_2, u_3)$, $v = (v_1, v_2, v_3)$ und $w = (w_1, w_2, w_3)$ Vektoren in $\mathbb{R}^3$, so ist ihr *Spatprodukt* definiert durch

$$[u, v, w] := \det \begin{pmatrix} u_1 & u_2 & u_3 \\ v_1 & v_2 & v_3 \\ w_1 & w_2 & w_3 \end{pmatrix} = \langle u \times v, w \rangle = \langle v \times w, u \rangle = \langle w \times u, v \rangle$$

($\rightarrow$ Determinante, $\rightarrow$ Skalarprodukt, $\rightarrow$ Vektorprodukt)

Der Wert des Spatprodukts entspricht dem Volumen des von u, v, w aufgespannten Parallelotops (= *Spates*):

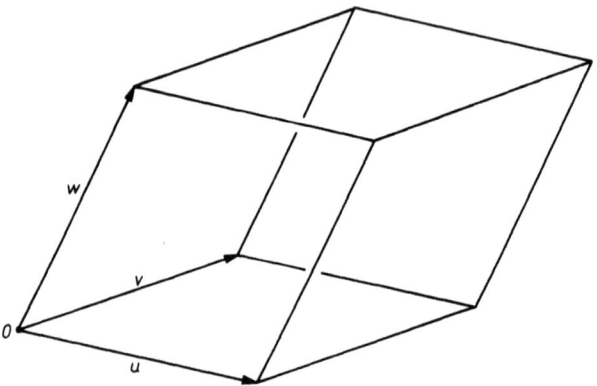

Spektralradius
spectral radius; rayon spectral

Sei B eine $\mathbb{C}$-°Banach-°Algebra und $\gamma: B \to C(\operatorname{Spec} B)$ der kanonische Homomorphismus (→ Spektrum einer Banach-Algebra). Jedes Element b von B läßt sich als °lineare °stetige Abbildung („Operator") $B \to B$, $x \mapsto bx$ auffassen und hat ein Spektrum $S(b)$ als Operator (→ Spektrum eines Operators). Zwischen beiden Spektren besteht folgender Zusammenhang:

a) $\gamma(b)$: $\operatorname{Spec} B \to \mathbb{C}$ hat das Bild $\gamma(b)(\operatorname{Spec} B) = S(b)$

b) Es gilt $\sup\{|\xi|: \xi \in S(b)\} = \lim_{n\to\infty} \|b^n\|^{1/n} = \gamma(b)$.

Diese Zahl heißt *Spektralradius* von b (für alle $b \in B$).

Spektrum (einer Banach-Algebra)
spectrum; spectre

Sei B eine kommutative $\mathbb{C}$-°Banach-°Algebra. Jedem °maximalen °Ideal $\mathfrak{m} \subset B$ entspricht genau ein stetiger $\mathbb{C}$-Algebra-Homomorphismus $B \to B/\mathfrak{m} \simeq \mathbb{C}$ und umgekehrt (zu $\rho: B \to \mathbb{C}$ ist $\rho^{-1}(0) \subset B$ ein maximales Ideal). Somit kann die Menge $\operatorname{Spec}(B)$ der maximalen Ideale von B aufgefaßt werden als Teilmenge von B' (→ Dualraum). Man versieht $\operatorname{Spec}(B)$ mit der von der °schwach-∗-Topologie auf B' induzierten Topologie und nennt $\operatorname{Spec}(B)$ das *Spektrum* der Banach-Algebra B. Es ist ein °kompakter °topologischer Raum; also ist die Algebra $C(\operatorname{Spec} B)$ der komplexwertigen stetigen Funktionen auf $\operatorname{Spec} B$ wieder eine Banach-Algebra, und der kanonische $\mathbb{C}$-Algebra-Homomorphismus $\gamma: B \to C(\operatorname{Spec} B)$, $b \mapsto (\mathfrak{m} \mapsto f_{\mathfrak{m}}(b))$ (hier ist $f_{\mathfrak{m}}: B \to \mathbb{C}$ der zum maximalen Ideal $\mathfrak{m} \in \operatorname{Spec} B$ gehörende $\mathbb{C}$-Algebrahomomorphismus) ist z.B. ein Isomorphismus von Banach-Algebren, wenn B eine sog. B^*-*Algebra* ist.

Spektrum (eines linearen Operators)
spectrum (of a linear operator); spectre (d'un opérateur linéaire)

Sei X ein °Banach-Raum über $\mathbb{K} = \mathbb{R}$ oder $\mathbb{C}$ und $A: X \to X$ eine °stetige °lineare Abbildung (ein Operator). Die Menge $S(A) := \{\sigma \in \mathbb{K} : A - \sigma\,id_X \text{ ist nicht bijektiv}\}$ heißt *Spektrum* von A, ihre Elemente heißen *Spektralwerte*.

Ist X ein komplexer Banach-Raum, so ist das Spektrum von A stets nicht-leer, kompakt und enthalten in $\{z \in \mathbb{C} : |z| \leq \|A\|\}$.

Ein $\lambda \in \mathbb{K}$ heißt *Eigenwert* von A, falls $\operatorname{Ker}(A - \lambda\,id_X) \neq 0$ ist; $\operatorname{Ker}(A - \lambda\,id_X)$ heißt *Eigenraum* zu λ.

Alle Eigenwerte sind Spektralwerte, aber die Umkehrung gilt nur in endlicher Dimension.

Spektrum (eines linearen Operators) (Forts.)

Beispiel ($\to \ell^p$-Räume): Die Abbildung $\ell^2 \to \ell^2$, $(x_0, x_1, \ldots) \to (0, x_0, x_1, \ldots)$ ist linear, stetig und injektiv, aber nicht surjektiv. Somit ist 0 Spektralwert, aber nicht Eigenwert.

Ein °hermitescher Operator hat nur reelle Spektralwerte, ein °unitärer Operator hat nur Spektralwerte vom Betrag 1.

---

speziell orthogonale Gruppe
special orthogonal group; groupe orthogonal spécial

($\to$ klassische Gruppen)

---

sphärische Abbildung
spherical map; application sphérique

($\to$ Gauß-Abbildung)

Spiegelung
reflection; symétrie (orthogonale)

($\to$ Hyperebenenspiegelung)

Spur
trace; trace

Die Summe der Diagonalelemente einer $n \times n$-°Matrix $A = (a_{ij})$ heißt *Spur*: $\text{Spur}(A) = a_{11} + \ldots + a_{nn}$.

Es gilt $\text{Spur}(AB) = \text{Spur}(A) \cdot \text{Spur}(B)$. Ist $P_A = \det(A - T \cdot E_n)$ das °charakteristische Polynom von A, so ist die $\text{Spur}(A)$ bis auf das Vorzeichen gleich dem Koeffizienten von T^{n-1} in P_A; ist S eine °invertierbare $n \times n$-°Matrix, so ist also wegen $P_A = P_{SAS^{-1}}$ auch $\text{Spur}(A) = \text{Spur}(SAS^{-1})$, und man kann von der *Spur* eines °Endomorphismus (eines endlich-dimensionalen) °Vektorraums sprechen.

Stabilisator
stabilizer; stabilisateur

($\to$ Operation)

Stammfunktion
primitive (function); primitive (d'une fonction)

($\to$ Fundamentalsatz der Differential- und Integralrechnung)

Standgruppe
stabilizer; stabilisateur, groupe d'isotropie

(→ Operation)

starke Topologie
strong topology; topologie forte

Sei X ein °lokalkonvexer °topologischer Vektorraum und X' sein (topologischer) °Dualraum. Die Familie von Halbnormen (→ Norm) $\|f\|_B := \sup_{x \in B} \|f(x)\|$, wo B die °beschränkten Teilmengen von X durchläuft, definiert eine °Topologie auf X' (Initialtopologie), die sog. *starke Topologie* (→ schwache Topologie). Ist X ein °normierter Raum, so ist die starke Topologie gleich der Normtopologie auf X' bezüglich der Norm $\|f\| = \sup_{\|x\| \leqslant 1} |f(x)|$.

steigend (Funktion)
increasing (function); (fonction) croissante

Eine Abbildung $f: X \to Y$ zwischen zwei geordneten Mengen (→ Halbordnung) $(X, \leqslant)$ und $(Y, \leqslant)$ heißt *steigend* (oder *wachsend*), wenn gilt: $x \leqslant x' \Rightarrow f(x) \leqslant f(x')$ für alle $x, x' \in X$, und *fallend*, wenn $x \leqslant x'$ stets $f(x) \geqslant f(x')$ impliziert. Speziell erhält man für $X = \mathbb{N}$ und $Y = \mathbb{R}$ (mit der üblichen $\leqslant$-Relation) den Begriff der steigenden bzw. fallenden Folge, und für $X = Y = \mathbb{R}$ (oder Teilmengen davon) den der steigenden bzw. fallenden Funktion. Eine Funktion oder Folge, die entweder steigend oder fallend ist, heißt *monoton*.

Steinitz

(→ Austauschsatz)

stereographische Projektion
stereographic projection; projection stéréographique

(→ Riemannsche Zahlenkugel)

sternförmig
starlike; étoilé

Ein °Gebiet $G \subset \mathbb{R}^n$ heißt *sternförmig*, wenn es einen Punkt $p \in G$ gibt, so daß mit jedem $q \in G$ auch alle Punkte der Strecke $\overline{pq}$ in G liegen.
Beispiel: Jede °konvexe Menge ist sternförmig bezüglich eines jeden ihrer Punkte. Die Menge $([-1, +1] \times \mathbb{R}) \cup (\mathbb{R} \times [-1, +1]) \subset \mathbb{R}^2$ ist sternförmig bzgl. eines jeden

sternförmig (Forts.)

Punktes von $[-1, +1] \times [-1, +1]$ (aber nicht konvex). $\mathbb{R}^2 \setminus \{0\}$ ist nicht sternförmig.

---

stetig
continuous; continu(e)

Sind (X, d) und (Y, d') °metrische Räume (z. B. Teilmengen von $\mathbb{R}^n$, $\mathbb{R}^m$, $n, m \geq 1$, mit der üblichen Distanzfunktion), so heißt eine Abbildung $f: X \to Y$ *stetig im Punkt* $p \in X$, wenn eine der folgenden äquivalenten Bedingungen erfüllt ist:

i) Für alle $\epsilon > 0$ gibt es ein $\delta > 0$, so daß gilt (für alle $x \in X$):
$$d(x, p) < \delta \Rightarrow d'(f(x), f(p)) < \epsilon.$$

ii) Für jede gegen p °konvergierende °Folge (x_n) in X konvergiert $(f(x_n))$ in Y gegen $f(p)$.

Die Abbildung f heißt *stetig*, wenn sie in jedem Punkt stetig ist.

In allgemeinen °topologischen Räumen hat man andere Definitionen für die Stetigkeit, die für den Fall, daß die Topologie von einer Metrik induziert wird, mit den obigen äquivalent sind:

iii) Für jedes $x \in X$ gilt: Das Urbild jeder Umgebung von $f(x)$ ist eine Umgebung von x.

iv) Urbilder °offener Mengen sind offen.

v) Urbilder °abgeschlossener Mengen sind abgeschlossen.

vi) Für jede Teilmenge $A \subset X$ gilt $f(\overline{A}) \subset \overline{f(A)}$ ($\to$ abgeschlossene Hülle).

Stirlingsche Formel
Stirling's formula; formule de Stirling

Es gilt $\lim\limits_{n \to \infty} \dfrac{n!}{\sqrt{2\pi n} \cdot \left(\frac{n}{e}\right)^n} = 1.$

Für die Verwendung zur angenäherten Berechnung von $n!$ für große n hat man die Fehlerabschätzung

$$\sqrt{2\pi n}\, n^n\, e^{-n} < n! < \sqrt{2\pi n}\, n^n\, e^{-n} \exp \frac{1}{12(n-1)} \ .$$

Stokes (Satz von)
theorem of Stokes; théorème de Stokes

$$\int_G d\omega = \int_{\partial G} \omega$$

Es wird also ein Integral über ein (orientiertes, beschränktes) °Gebiet G auf ein Integral über den (orientierten) °Rand ∂G des Gebietes zurückgeführt. Allerdings ist dabei der Integrand $d\omega$ (eine °Differentialform auf dem Gebiet G) als °äußere Ableitung einer Differentialform ω auf dem Rand zu erkennen, d.h. man muß bei der Anwendung von links nach rechts eine „Stammfunktion" finden.

Beispiele:

a) $\dim G = 1$, $G = [a, b]$; $\partial G = \{a, b\}$, $\omega = f\colon [a, b] \to \mathbb{R}$,

$$d\omega = df = \frac{df}{dx}dx, \quad \int_a^b \frac{df}{dx}dx = f(b) - f(a)$$

(°*Fundamentalsatz der Differential- und Integralrechnung*).

b) $\dim G = 2$, $G \subset \mathbb{R}^2$ glatt berandetes Gebiet, $\omega = f\,dx + g\,dy$, $d\omega = \left(\dfrac{\partial g}{\partial x} - \dfrac{\partial f}{\partial y}\right) dx \wedge dy$;

$$\int_G \left(\frac{\partial g}{\partial x} - \frac{\partial f}{\partial y}\right) dx \wedge dy = \int_{\partial G} f\,dx + g\,dy$$

(*Integralsatz von Green-Gauß*)

c) $\dim G = 3$, $G \subset \mathbb{R}^3$ glatt berandetes Gebiet,

$$\omega = a_1 dy \wedge dz + a_2 dz \wedge dx + a_3 dx \wedge dy, \quad d\omega = \left(\frac{\partial a_1}{\partial x} + \frac{\partial a_2}{\partial y} + \frac{\partial a_3}{\partial z}\right) dx \wedge dy \wedge dz;$$

$$\int_{\partial G} a_1 dy \wedge dz + a_2 dz \wedge dx + a_3 dx \wedge dy = \int_G \operatorname{div} a\, dx \wedge dy \wedge dz$$

(*Integralsatz von Gauß-Ostrogradski*)

d) $\dim G = 2$, $G \subset \mathbb{R}^3$ °Fläche im Raum, ∂G glatte Raumkurve:

$$\omega = A_1 dx + A_2 dy + A_3 dz, \quad d\omega = \left(\frac{\partial A_3}{\partial y} - \frac{\partial A_2}{\partial z}\right) dy \wedge dz + \left(\frac{\partial A_1}{\partial z} - \frac{\partial A_3}{\partial x}\right) dz \wedge dx$$
$$+ \left(\frac{\partial A_2}{\partial x} - \frac{\partial A_1}{\partial y}\right) dx \wedge dy;$$

$$\int_{\partial G} (A_1 dx + A_2 dy + A_3 dz) = \int_G \operatorname{rot} A$$

(*klassischer Satz von Stokes*)   ($\to$ Vektoranalysis, $\to$ Flächenintegrale)

Stone-Weierstraß

(→ Approximationssatz)

---

sublinear
sublinear; sous-linéaire

(→ Hahn-Banach-Sätze)

---

summierbare Funktion
summable function; fonction sommable

(→ Lebesgue-Integral)

Supremum
supremum; suprémum

Sei D eine Teilmenge von $\mathbb{R}$. Eine Zahl $s \in \mathbb{R}$ heißt *Supremum* (*bzw. Infimum*) von D (in Zeichen: sup D, inf D), wenn s die kleinste obere (bzw. größte untere) Schranke von D ist. Dabei ist s obere (bzw. untere) *Schranke* von D, wenn für alle $x \in D$ gilt: $x \leq s$ (bzw. $x \geq s$).

Die Existenz des Supremums für jede nach oben beschränkte Teilmenge von $\mathbb{R}$ ist äquivalent mit der °*Vollständigkeit* von $\mathbb{R}$.

Ist die Menge D nicht nach oben (bzw. unten) beschränkt, so ist es manchmal nützlich, sup $D = +\infty$ (bzw. inf $D = -\infty$) zu setzen.

Im Falle, daß das Supremum (bzw. Infimum) einer Menge D selbst zur Menge D gehört, spricht man auch von *Maximum* (*bzw. Minimum*) der Menge D.

Supremumsnorm
supremum norm; „norme sup"

Sei K eine Menge und $f: K \to \mathbb{R}$ eine Funktion. Dann heißt $\|f\|_K := \sup_{x \in K} |f(x)|$ die *Supremumsnorm* von f.

(Auf dem $\mathbb{R}$-Vektorraum aller beschränkten Funktionen auf K ist $\| \ \|_K$ eine Norm).

Analoge Definition für Funktionen mit Werten in $\mathbb{C}$ oder in einem °Banachraum.

(→ Konvergenz von Funktionenfolgen)

---

surjektiv
surjective or onto; surjectif, -ve

(→ Abbildung)

Sylow-Gruppen
Sylow subgroup; sous-groupe de Sylow

Sei G eine °Gruppe, e ihr neutrales Element und p eine °Primzahl. Eine Untergruppe $S \subset G$ heißt *p-Sylow-Gruppe* in G, wenn gilt:

a) Zu jedem $a \in S$ gibt es ein (i. allg. von a abhängiges) $k \in \mathbb{N}$ mit $a^{p^k} = e$

b) Ist $H \subset G$ eine Untergruppe mit der Eigenschaft a), und ist $S \subset H$, so folgt $S = H$ (S ist „maximal").

Das *Theorem von Sylow* besagt:

Ist G eine endliche Gruppe und p eine Primzahl, so gilt:

1) $S \subset G$ ist genau dann eine p-Sylow-Gruppe in G, wenn die Anzahl der Elemente von S (die Ordnung von S) gleich p^k ist und die Ordnung von G durch p^k, nicht aber durch p^{k+1} teilbar ist.

2) Zu jeder Untergruppe H mit der Eigenschaft a) gibt es eine p-Sylow-Gruppe S in G mit $H \subset S$.

3) a) Mit S ist auch jede zu S °konjugierte Untergruppe von G eine p-Sylow-Gruppe in G

b) Je zwei p-Sylow-Gruppen in G sind konjugiert.

4) Die Anzahl s der p-Sylow-Gruppen in G ist ein Teiler der °Ordnung von G und es gilt $s \equiv 1 \bmod p$.

Dieses Theorem ist von großer Bedeutung für die Theorie endlicher Gruppen.

Sylvestersches Trägheitsgesetz
Sylvester's theorem of inertia; loi d'inertie de Sylvester

Sei V ein endlich-dimensionaler °Vektorraum über $\mathbb{R}$ (bzw. $\mathbb{C}$), s eine symmetrische °Bilinearform (bzw. °Hermitesche Form) auf V, $B = (b_1, \ldots, b_n)$ eine °Basis von V und $M_B(s) = (s(b_i, b_j))_{i,j=1,\ldots,n}$ die °Matrix von s bezüglich B. Dann gilt:

Die ganzen Zahlen

Rang$(s) :=$ °Rang$(M_B(s))$,

Index$(s) :=$ Anzahl der positiven °Eigenwerte von $M_B(s)$,

Signatur$(s) :=$ Index$(s) -$ Anzahl der negativen Eigenwerte von $M_B(s)$

sind unabhängig von der gewählten Basis B.

(Zum Beweis zerlege man $V = V^+ \oplus V^- \oplus V_0$ mit $V^+ = \{v \in V: s(v, v) > 0\}$, $V^- = \{v \in V: s(v, v) < 0\}$ und $V_0 = \{v \in V: s(v, w) = 0$ für alle $w \in V\}$; es ist Rang$(s) = \dim V - \dim V_0$, Index$(s) = \dim V^+$ und Signatur$(s) = \dim V^+ - \dim V^-$.)

Sylvestersches Trägheitsgesetz (Forts.)

Insbesondere gibt es eine Basis von V derart, daß bezüglich dieser Basis die Matrix von s die Gestalt

$$\begin{pmatrix} E_k & 0 & 0 \\ 0 & -E_l & 0 \\ 0 & 0 & 0 \end{pmatrix}$$

hat, wo E_k (bzw. E_l) die k- (bzw. l-) reihige Einheitsmatrix und Rang$(s) = k + l$, Index$(s) = k$ und Signatur$(s) = k - l$ ist.

symmetrische Bilinearform
symmetric bilinear form; forme bilinéaire symétrique

($\rightarrow$ Bilinearform)

symmetrische Gruppe
symmetric group; groupe symétrique

($\rightarrow$ Permutation)

symmetrische Matrix
symmetric matrix; matrice symétrique

Eine $n \times n$-°Matrix $M = (a_{ij})$ heißt *symmetrisch*, wenn $a_{ij} = a_{ji}$ ist für alle $i, j \in \{1, \dots, n\}$; das bedeutet ${}^t M = M$ (${}^t M =$ °transponierte Matrix). Sie heißt *antisymmetrisch*, wenn $a_{ij} = -a_{ji}$ ist (insbesondere $a_{ii} = 0$), oder gleichbedeutend ${}^t M = -M$.

Jede Matrix läßt sich als Summe einer symmetrischen und einer antisymmetrischen Matrix darstellen: $M = \frac{1}{2}(M + {}^t M) + \frac{1}{2}(M - {}^t M)$.

symmetrischer Tensor
symmetric tensor; tenseur symétrique

Sei V ein n-dimensionaler °Vektorraum, $(b_1, \dots, b_n)$ eine Basis von V. Jede °Permutation $\pi: \{1, \dots, r\} \to \{1, \dots, r\}$ induziert auf dem r-fachen °Tensorprodukt einen Automorphismus $\hat{\pi}: V \otimes \dots \otimes V \to V \otimes \dots \otimes V$ durch Permutation der Faktoren in den Basisvektoren $b_{i_1} \otimes \dots \otimes b_{i_r}$. Ein Tensor $t \in V \otimes \dots \otimes V$ heißt *symmetrisch*, wenn für alle Permutationen π gilt: $\hat{\pi}(t) = t$, und *antisymmetrisch*, wenn für alle π gilt: $\hat{\pi}(t) = \epsilon(\pi) \cdot t$, wo $\epsilon(\pi)$ das °Signum der Permutation π ist.

Beispiel: $x \otimes y + y \otimes x$ ist symmetrisch,
$x \otimes y - y \otimes x$ ist antisymmetrisch.

Antisymmetrische Tensoren entsprechen genau den alternierenden °multilinearen Abbildungen.

symplektisch
symplectic; symplectique

Sei K ein °Körper und $n \in \mathbb{N}$ ($n > 0$). Die *kanonische alternierende °Bilinearform* auf K^{2n} ist definiert durch die °Matrix $J_n = \begin{pmatrix} 0 & I_n \\ -I_n & 0 \end{pmatrix}$, wo I_n die $n \times n$-Einheitsmatrix ist.

Eine $2n \times 2n$-Matrix M über K heißt *symplektisch*, wenn gilt ${}^tMJ_n M = J_n$; das bedeutet: Der durch M definierte Automorphismus $K^{2n} \to K^{2n}$ läßt die kanonische alternierende Bilinearform invariant. Die symplektischen Matrizen bilden eine Untergruppe von $GL(2n, K)$ (sogar von $SL(2n, K)$), die *symplektische Gruppe*. (→ klassische Gruppen)

synthetische Geometrie
synthetic geometry; géométrie synthétique

Im Gegensatz zur elementaren °analytischen Geometrie (wo die zugrundeliegenden Räume mit Hilfe eines °Körpers erklärt und die Beweise mit algebraischen Methoden geführt werden) legt man bei der *synthetischen Geometrie* die geometrischen Objekte durch algebrafreie Definitionen und Axiome fest und beweist Sätze „geometrisch" ohne Zuhilfenahme algebraischer Methoden. Bei diesem Aufbau erscheint die Einführung von Koordinaten mit Werten in einem Körper (so daß man den Anschluß an die analytische Geometrie erreicht) als Höhepunkt. Es müssen dazu die Bedingungen der Sätze von °Desargues und °Pappos-Pascal erfüllt sein.

T

Tangens
tangent; tangente

(→ trigonometrische Funktionen)

Tangente
tangent; tangente

Sei $\gamma\colon [a, b] \to \mathbb{R}^n$ ($n \geqslant 2$) eine °stetige Abbildung (eine °Kurve im weitesten Sinn), und $p = \gamma(t_0)$ ein Punkt auf der Kurve. Man sagt, γ besitzt im Punkt p eine *Tangente*, wenn es °Folgen (t_n) in $[a, b]$ gibt, die gegen t_0 °konvergieren, so daß $\gamma(t_n) \neq p$ ist für alle $n \in \mathbb{N}$, und wenn für jede derartige Folge die Geraden durch die Punkte p und $\gamma(t_n)$ gegen eine Grenzlage streben; dies ist gleichbedeutend damit, daß es einen

Tangente (Forts.)

Vektor $x_p \in \mathbb{R}^n$, $x_p \neq 0$ und zu jeder Folge $t_n \to t_0$ (wie oben) eine Folge von reellen Zahlen $c_n \in \mathbb{R}$ gibt, so daß $\lim_{n \to \infty} c_n \cdot (\gamma(t_n) - \gamma(t_0)) = x_p$ ist. Die Gerade $p + \mathbb{R} \cdot x_p$ ist dann *Tangente* (und x_p heißt *Tangentenvektor*) an γ im Punkt p.

Beispiele: Für eine Funktion $f: [a, b] \to \mathbb{R}$ beschreibt $\gamma: [a, b] \to \mathbb{R}^2$, $t \mapsto (t, f(t))$ den Graphen von f als Kurve; ist f im Punkt t_0 °differenzierbar, so kann man für jede Folge $t_n \to t_0$ die Werte $c_n := \dfrac{1}{t_n - t_0}$ nehmen und $x_p = (1, f'(t_0))$. Die Funktion $f(t) = \sqrt{t}$ auf $[0, \infty[$ ist im Punkt 0 nicht differenzierbar; trotzdem hat $\gamma: [0, \infty[\to \mathbb{R}^2$, $t \mapsto (t, \sqrt{t})$ in 0 die Tangente $\mathbb{R} \cdot (0, 1)$ (für $t_n \to 0$ kann man $c_n = (t_n)^{-1/2}$ nehmen). Die Graphen der stetigen Funktionen $|t|$ und $t \cdot \sin(1/t)$ haben im Nullpunkt keine Tangente.

Tangentialebene
tangent plane; plan tangent

(→ Fläche)

Tangentialraum
tangent space; espace tangent

Sei M eine °differenzierbare Mannigfaltigkeit und $p \in M$. Bezeichnet man mit $\mathscr{E}(p)$ die $\mathbb{R}$-°Algebra aller differenzierbaren °Funktionskeime, so heißt jede $\mathbb{R}$-lineare Abbildung $\xi: \mathscr{E}(p) \to \mathbb{R}$ mit der Produktregel $\xi(fg) = \xi(f) \cdot g(p) + f(p) \cdot \xi(g)$ eine *Derivation* oder ein *Tangentialvektor* im Punkt p.

Die Tangentialvektoren in p bilden einen $\mathbb{R}$-°Vektorraum $T_p M$ der °Dimension $\dim M$; zu jedem °lokalen Koordinatensystem $(y_1, \ldots, y_n)$ bilden die Derivationen $f \mapsto \dfrac{\partial f}{\partial y_i}(p)$ $(i = 1, \ldots, n)$ eine °Basis von $T_p M$.

Äquivalente Definitionen für *Tangentialvektor im Punkt p*:

a) Ein *Tangentialvektor* in $p \in M$ ist eine Äquivalenzklasse von differenzierbaren Abbildungen $w:]-\epsilon, +\epsilon[\to M$ ($\epsilon \in \mathbb{R}$, $\epsilon > 0$) bezüglich der Äquivalenzrelation $w \sim w' :\Leftrightarrow$ für alle differenzierbaren Funktionen f auf einer Umgebung von $p \in M$ ist $\dfrac{d}{dt}(f \circ w)\Big|_{t=0} = \dfrac{d}{dt}(f \circ w')\Big|_{t=0}$. ($w$ ist eine °Kurve in M durch den Punkt p, und ein Tangentialvektor ist ein Tangentenvektor an eine Kurve in M durch p).

b) Ein *Tangentialvektor* in $p \in M$ ist eine Zuordnung, die jeder Karte φ um p einen Vektor $v = (v_1, \ldots, v_n) \in \mathbb{R}^n$ zuordnet, so daß für den Vektor $w \in \mathbb{R}^n$, der einer anderen Karte ψ zugeordnet ist, gilt: $w = D(\psi \circ \varphi^{-1})|_{\varphi(p)} \cdot v$. (Hier sind v bzw. w die Komponenten ein und desselben Tangentialvektors bezüglich der verschiedenen Basen, die den partiellen Ableitungen nach den durch φ bzw. ψ gegebenen lokalen Koordinaten entsprechen).

Tangentialvektor
tangent vector; vecteur tangent

($\to$ Tangentialraum, $\to$ Kurve)

Taylor-Reihe
Taylor series; série de Taylor

a) Sei $I \subset \mathbb{R}$ ein °Intervall und $f\colon I \to \mathbb{R}$ eine $(n+1)$-mal stetig differenzierbare Funktion. Dann gilt für $a \in I$ und $x \in I$ die *Taylorsche Formel*

$$f(x) = f(a) + \frac{f'(a)}{1!}(x-a) + \frac{f''(a)}{2!}(x-a)^2 + \ldots + \frac{f^{(n)}(a)}{n!}(x-a)^n + R_{n+1}(x),$$

wobei man das *Restglied* $R_{n+1}(x)$ am besten in der Integralform

$$R_{n+1}(x) = \frac{1}{n!} \int\limits_a^x (x-t)^n f^{(n+1)}(t)\, dt$$

angibt. Daraus erhält man ($\to$ Mittelwertsatz der Integralrechnung) die *Lagrangesche Form*

$$R_{n+1}(x) = \frac{f^{(n+1)}(\xi)}{(n+1)!}(x-a)^{n+1}$$

mit einem geeigneten ξ zwischen a und x.

Ist $f\colon I \to \mathbb{R}$ beliebig oft differenzierbar, so heißt

$$\sum_{n=0}^{\infty} \frac{f^{(n)}(a)}{n!}(x-a)^n$$

die *Taylorreihe* von f mit Entwicklungspunkt a.

Der °Konvergenzradius der Taylorreihe ist jedoch nicht notwendig > 0 ($\to$ Borel (Satz von)), und selbst wenn die Taylorreihe konvergent ist, braucht die Taylorreihe nicht gegen die Funktion f zu konvergieren (Beispiel: $f(x) = \exp(-1/x^2)$ für $x \neq 0$, $f(0) = 0$). Es gilt aber: Wird die Funktion $f\colon I \to \mathbb{R}$ für alle $x \in I$ durch die Potenzreihe $f(x) = \sum\limits_{n \in \mathbb{N}} c_n (x-a)^n$ dargestellt, so ist die Taylorreihe von f gleich dieser Potenzreihe (und konvergiert also gegen f).

b) In mehreren Veränderlichen $x = (x_1, \ldots, x_n) \in \mathbb{R}^n$ verwendet man die Abkürzungen $\alpha = (\alpha_1, \ldots, \alpha_n) \in \mathbb{N}^n$, $|\alpha| := \alpha_1 + \ldots + \alpha_n$, $\alpha! := \alpha_1! \, \alpha_2! \cdot \ldots \cdot \alpha_n!$,

Taylor-Reihe (Forts.)

$x^\alpha := x_1^{\alpha_1} \cdot \ldots \cdot x_n^{\alpha_n}$, und (für eine $|\alpha|$-mal stetig differenzierbare Funktion f)

$$D^\alpha f := D_1^{\alpha_1} D_2^{\alpha_2} \ldots D_n^{\alpha_n} f = \frac{\partial^{|\alpha|} f}{\partial x_1^{\alpha_1} \ldots \partial x_n^{\alpha_n}}.$$

Dann lautet die *Taylorsche Formel* für eine $(k+1)$-mal stetig differenzierbare Funktion $f: U \to \mathbb{R}$ ($U \subset \mathbb{R}^n$ offen, $x \in U$, und $\xi \in \mathbb{R}^n$ so, daß $x + t\xi \in U$ für alle $t \in [0, 1]$):

$$f(x + \xi) = \sum_{|\alpha| < k} \frac{D^\alpha f(x)}{\alpha!} \xi^\alpha + \sum_{|\alpha| = k+1} \frac{D^\alpha f(x + \theta \xi)}{\alpha!} \xi^\alpha$$

mit einem geeignetem $\theta \in [0, 1]$. Wie im Fall einer Variablen erhält man unter geeigneten Voraussetzungen analog die *Taylor-Reihe* einer Funktion mehrerer Veränderlicher mit der entsprechenden Konvergenzaussage.

Teilbarkeit in Integritätsringen
divisibility in domains (of integrity); divisibilité dans les anneaux intègres

Seien R ein °Integritätsring, $a, b \in R$. Dann heißt b *Teiler* von a (und man schreibt $b|a$), wenn es ein $c \in R$ mit $a = bc$ gibt. Die Elemente a und b heißen *assoziiert*, wenn $a|b$ und $b|a$ gilt; dann ist $a = bu$ mit einer °Einheit $u \in R^*$.

Ein Element $p \in R$ heißt *Primelement*, wenn $p \neq 0$, $p \notin R^*$ und gilt: $p|ab \Rightarrow p|a$ oder $p|b$ (für alle $a, b \in R$). Ein Element $q \in R$ heißt *irreduzibel*, wenn $q \neq 0$, $q \notin R^*$ und gilt: $q = ab \Rightarrow a \in R^*$ oder $b \in R^*$ (für alle $a, b \in R$). Ein Element heißt *reduzibel*, wenn es nicht irreduzibel ist.

Jedes Primelement ist irreduzibel; in einem °Hauptidealring gilt auch die Umkehrung. Im Ring $\mathbb{Z}[\sqrt{-5}] = \{a + ib\sqrt{5} \mid a, b \in \mathbb{Z}\}$ ist z.B. das Element 3 irreduzibel, aber wegen $3|(2 + i\sqrt{5})(2 - i\sqrt{5})$ und $3 \nmid (2 \pm i\sqrt{5})$ kein Primelement.

Weitere Beispiele: Im Ring der ganzen Zahlen $\mathbb{Z}$ sind die Begriffe Primelement, irreduzibel, Primzahl gleichwertig. Im Polynomring $\mathbb{R}[X]$ ist das Polynom $2 \cdot (X+1)$ irreduzibel; als Polynom in $\mathbb{Z}[X]$ aufgefaßt ist es wegen $2 \notin \mathbb{Z}^*$ und $X+1 \notin \mathbb{Z}^*$ jedoch reduzibel.

Sind $a_1, \ldots, a_n$ Elemente des Integritätsringes R, so heißt $d \in R$ *größter gemeinsamer Teiler* (ggT) von $a_1, \ldots, a_n$, wenn $d|a_1, \ldots, d|a_n$ und wenn gilt: Jedes $d' \in R$ mit $d'|a_1, \ldots, d'|a_n$ ist ein Teiler von d.

Ein Element $v \in R$ heißt *kleinstes gemeinsames Vielfaches* (kgV) von $a_1, \ldots, a_n$, wenn $a_1|v, \ldots, a_n|v$ und wenn gilt: Jedes $v' \in R$ mit $a_1|v', \ldots, a_n|v'$ ist durch v teilbar: $v|v'$.

Die Elemente $a_1, \ldots, a_n$ heißen *teilerfremd*, wenn jeder größte gemeinsame Teiler von $a_1, \ldots, a_n$ eine Einheit ist.

teilerfremd
coprime; premiers entre eux

(→ Teilbarkeit in Integritätsringen)

Teilraum (eines topologischen Raumes)
subspace; sous-espace

(→ induzierte Topologie)

Teilung der Eins
partition of unity; partition de l'unité

(→ Partition der Eins)

Tensoren
tensors; tenseurs

Sei V ein n-dimensionaler °Vektorraum über K, $(b_1, \ldots, b_n)$ eine °Basis von V und $(b^1, \ldots, b^n)$ die dazu duale Basis im °Dualraum $V^* = \text{Hom}_K(V, K)$ (d.h. $b^i(b_j) = \delta_{ij} = 1$ für $i = j$ und $= 0$ sonst). Dann heißt eine $(p + q)$-lineare Abbildung $V^p \times V^{*q} \to K$ ein *p-fach kovarianter und q-fach kontravarianter Tensor* (→ multilineare Abbildung). Aufgrund kanonischer Isomorphismen $\text{Hom}_K(W_1 \times W_2, K) = (W_1 \times W_2)^* \simeq W_1^* \times W_2^*$ für endlich-dimensionale Vektorräume W_1, W_2 folgt, daß ein p-fach kovarianter und q-fach kontravarianter Tensor $V^p \times V^{*q} \to K$ als Element des °Tensorprodukts $\underbrace{V^* \otimes \ldots \otimes V^*}_{p\text{-mal}} \otimes \underbrace{V \otimes \ldots \otimes V}_{q\text{-mal}}$ aufgefaßt werden kann.

Beispiel: Sei $V = \mathbb{R}^3$ mit dem °euklidischen °Skalarprodukt, so daß man einen kanonischen Isomorphismus $V \simeq V^*$, $x \mapsto (y \mapsto \langle x, y \rangle)$ hat. Dann sind alle Tensorprodukte $V \otimes V$, $V^* \otimes V$, $V \otimes V^*$ und $V^* \otimes V^*$ kanonisch isomorph, und ein Tensor $t \in V \otimes V$, gegeben (bezüglich der kanonischen Basis e_1, e_2, e_3) durch eine 3×3-Matrix (t_{ij}) mit $t = \Sigma \, t_{ij} \, e_i \otimes e_j$, kann interpretiert werden

a) als °Bilinearform auf einem der Vektorraumprodukte $V \times V$, $V^* \times V$, $V \times V^*$, $V^* \times V^*$

b) als lineare Abbildung von V nach V^* oder von V^* nach V

c) als Endomorphismus $V \to V$ oder $V^* \to V^*$.

Tensorprodukt (von Multilinearformen)
tensor product of multilinear forms; produit tensoriel de formes multilinéaires

Seien $f: V_1 \times \ldots \times V_r \to K$ und $g: W_1 \times \ldots \times W_s \to K$ °Multilinearformen. Das *Tensorprodukt* $f \otimes g$ ist definiert als Multilinearform $V_1 \times \ldots \times V_r \times W_1 \times \ldots \times W_s \to K$ durch $(f \otimes g)(v, w) := f(v) \cdot g(w)$, wo $v \in V_1 \times \ldots \times V_r$ und $w \in W_1 \times \ldots \times W_s$.

Tensorprodukt (von Multilinearformen) (Forts.)

Beispiel: Ist $r = s = 1$ und $V_1 = W_1 = V$, so ergibt das Tensorprodukt zweier Linearformen $f: V \to K$ und $g: V \to K$ einen 2-fach kovarianten °Tensor $f \otimes g: V \times V \to K$ (d.h. $f \otimes g \in V^* \otimes V^*$).

Tensorprodukt (von Vektorräumen)
tensor product of vector spaces; produit tensoriel d'espaces vectoriels

Seien $V_1, \ldots, V_r$ °Vektorräume über K. Dann gibt es einen (bis auf Isomorphie eindeutig bestimmten) Vektorraum $V_1 \otimes \ldots \otimes V_r$ zusammen mit einer °linearen Abbildung $p: V_1 \times \ldots \times V_r \to V_1 \otimes \ldots \otimes V_r$, so daß gilt: Für alle Vektorräume W und alle multilinearen Abbildungen $f: V_1 \times \ldots \times V_r \to W$ gibt es genau eine lineare Abbildung $\varphi: V_1 \otimes \ldots \otimes V_r \to W$ mit $f = \varphi \circ p$. Der Vektorraum $V_1 \otimes \ldots \otimes V_r$ heißt *Tensorprodukt* von $V_1, \ldots, V_r$, seine Elemente heißen *Tensoren (der Stufe r)*.

Sind die V_i endlich-dimensional der Dimension d_i ($i = 1, \ldots, r$), so hat $V_1 \otimes \ldots \otimes V_r$ die Dimension $d_1 \cdot \ldots \cdot d_r$; ist $(b_{i1}, \ldots, b_{id_i})$ Basis von V_i, so besteht eine Basis von $V_1 \otimes \ldots \otimes V_r$ aus allen Elementen der Gestalt $b_{1\alpha_1} \otimes b_{2\alpha_2} \otimes \ldots \otimes b_{r\alpha_r}$ mit $\alpha_1 \in \{1, \ldots, d_1\}, \ldots, \alpha_r \in \{1, \ldots, d_r\}$.

Beispiel: Sei $r = 2$, $V_1 = V_2 = V$, $\dim V = n$; dann ist ein Tensor t in $V \otimes V$ bezüglich einer Basis $b_1, \ldots, b_n$ von V festgelegt durch die n^2 Werte (t_{ij}) in

$$t = \sum_{i,j=1}^{n} t_{ij} \, b_i \otimes b_j.$$

Theorema egregium
Gauss' equation; formules de Gauss

Die Gaußsche Krümmung (→ Krümmung einer Fläche) K hängt nur von den Koeffizienten der 1. °Fundamentalform und ihren ersten und zweiten Ableitungen ab. Sie gehört also zur °inneren Geometrie einer °Fläche (obwohl sie üblicherweise eingeführt wird über die 2. Fundamentalform, d.h. Eigenschaften der speziellen Einbettung der Fläche in den Raum).

Tietze-Urysohn (Fortsetzungssatz von)
Tietze extension theorem; théorème de prolongement de T.-U.

Sei A eine °abgeschlossene Teilmenge des °normalen Raumes X, ferner $(Y_\lambda)_{\lambda \in \Lambda}$ eine °Familie von °Intervallen in $\mathbb{R}$ und $Y := \prod_{\lambda \in \Lambda} Y_\lambda$ (mit der °Produkttopologie). Dann läßt sich jede °stetige Abbildung von A nach Y zu einer stetigen Abbildung von X nach Y fortsetzen. (Spezialfall: $Y = \mathbb{R}^n$!)

Tonelli (Satz von)
Tonelli's theorem; théorème de Tonelli

Sei f eine Funktion mit Werten ≥ 0 auf $\mathbb{R}^n = \mathbb{R}^p \times \mathbb{R}^q$, welche außerhalb einer Menge vom Maß Null Limes einer Folge von Treppenfunktionen ist. Wenn dann eines der folgenden Integrale existiert, so existieren alle und sind einander gleich:

$$\int_{\mathbb{R}^n} f\,dv, \quad \int_{\mathbb{R}^p} \left(\int_{\mathbb{R}^q} f\,dv_2 \right) dv_1, \quad \int_{\mathbb{R}^q} \left(\int_{\mathbb{R}^p} f\,dv_1 \right) dv_2.$$

(→ Lebesgue-Integral, → Fubini (Satz von))

Topologie (als mathematische Disziplin)
topology; topologie

Die *mengentheoretische Topologie* ist um die Jahrhundertwende als eigenständige Theorie entstanden, um (speziell in der Analysis) die Begriffe Stetigkeit, Limes, Konvergenz, hinreichend nahe usw. zu präzisieren und auf allgemeinere Situationen zu übertragen (G. Cantor, Frechet, Hausdorff u.a.). In neuerer Zeit ist sie vor allem in Zusammenhang mit °topologischen Vektorräumen in der °Funktionalanalysis von Bedeutung.

Die *algebraische Topologie*, in der ursprünglich Eigenschaften geometrischer Gebilde studiert wurden, die unter beliebigen stetigen Deformationen erhalten bleiben (wie z.B. die Anzahl der Löcher in einer Brezel), ist historisch etwas älter (Riemann, Poincaré). Heute ist sie zu einer ziemlich abstrakten, aber überaus mächtigen Disziplin geworden.

LITERATUR: Führer L.: Allgemeine Topologie und Anwendungen (Vieweg 1977). Schubert H.: Topologie (Teubner 1964). Seifert H./Threlfall W.: Lehrbuch der Topologie (1934; Chelsea Nachdruck).

Topologie (als topologische Struktur)
topology; topologie

Sei X eine Menge. Eine *Topologie* (oder *topologische Struktur*) auf X wird gegeben durch eine Menge $\mathcal{T}$ von Teilmengen von X mit folgenden Eigenschaften:

a) $\emptyset$ und X gehören zu $\mathcal{T}$
b) Durchschnitte von endlich vielen Elementen von $\mathcal{T}$ gehören zu $\mathcal{T}$
c) Vereinigungen von beliebig vielen Elementen von $\mathcal{T}$ gehören zu $\mathcal{T}$.

Die Elemente von $\mathcal{T}$ heißen dann *offene Mengen* von X.

(Es gibt zahlreiche andere äquivalente Möglichkeiten, eine Topologie auf einer Menge zu erklären).

Beispiele: Die Menge der °offenen Mengen eines °metrischen Raumes (speziell des $\mathbb{R}^n$ mit der °euklidischen Metrik) definiert eine Topologie, die *von der Metrik induzierte Topologie*. –

Topologie (als topologische Struktur) (Forts.)

Auf jeder Menge X hat man zwei extreme (triviale) Topologien: Die *gröbste Topologie* $\mathcal{T}_c = \{\emptyset, X\}$ und die *diskrete Topologie* $\mathcal{T}_d = \mathcal{P}(X)$ (alle Teilmengen sind offen).

Sind $\mathcal{T}, \mathcal{T}'$ zwei Topologien auf X, so heißt $\mathcal{T}$ *gröber* als $\mathcal{T}'$, wenn jede bezüglich $\mathcal{T}$ offene Menge auch offen bezüglich $\mathcal{T}'$ ist (d.h. wenn $\mathcal{T} \subset \mathcal{T}'$ gilt); und $\mathcal{T}'$ heißt dann *feiner* als $\mathcal{T}$.

---

topologischer Raum
topological space; espace topologique

Eine Menge X zusammen mit einer °Topologie $\mathcal{T}$ auf X heißt *topologischer Raum*.

---

topologischer Vektorraum
topological vector space; espace vectoriel topologique

Sei $\mathbb{K} = \mathbb{R}$ oder $\mathbb{C}$. Ein $\mathbb{K}$-°Vektorraum X, der außerdem ein °topologischer Raum ist, heißt *topologischer Vektorraum*, wenn Addition und Multiplikation mit Skalaren stetig sind (als Abbildungen $X \times X \to X$ und $\mathbb{K} \times X \to X$).

Beispiele: Jeder endlich-dimensionale $\mathbb{K}$-Vektorraum ist isomorph zu einem $\mathbb{R}^n$ oder $\mathbb{C}^n$ und mit der üblichen Topologie darauf ein topologischer Vektorraum. Dies sind die einzigen °lokalkompakten topologischen Vektorräume. °Hilberträume und °normierte Räume (mit der °Normtopologie) sind Beispiele von i. allg. ∞-dimensionalen topologischen Vektorräumen.

Topologische Vektorräume treten in der Praxis meist als Funktionenräume auf.

Torse
developable surface; surface développable

($\to$ Regelfläche)

Torsion (eines Moduls)
torsion of a module; torsion d'un module

Sei M ein °Modul über einem °Integritätsring R. Die Menge $T = \{t \in M | \exists r \in R \setminus \{0\}: rt = 0\}$ ist ein Untermodul von M, der *Torsionsmodul* von M. Man sagt, M hat *Torsion*, falls sein Torsionsmodul $\neq 0$ ist.

Beispiel: Ist $I \subset R$ ein °Ideal und $M = R/I$ der °Restklassenring, so hat $M = R/I$ als R-Modul genau dann keine Torsion, wenn I ein °Primideal ist.

Torsion (einer Raumkurve)
torsion of a space curve; torsion d'une courbe gauche

Sei $\gamma: I \to \mathbb{R}^3$ eine durch die °Bogenlänge parametrisierte (genügend oft °differenzierbare) Raumkurve ($\to$ Kurve), d.h. $\|\gamma'(t)\| = 1$ für alle $t \in I$. Weiter sei $\gamma''(t) = \kappa(t)\, n(t) \neq 0$ (mit der °Krümmung $\kappa(t)$ und dem Normalenvektor $n(t)$). Der Binormalenvektor $b(t) = \gamma'(t) \times n(t)$ steht senkrecht auf der Schmiegebene und hat konstante Länge 1. Deshalb ist $b'(t) = \lim\limits_{h \to 0} \dfrac{b(t+h) - b(t)}{h}$ ein Maß dafür, wie sehr sich die Kurve γ in der Umgebung des Punktes $\gamma(t)$ von der Schmiegebene entfernt. Man überlegt sich, daß $b'(t)$ und $n(t)$ dieselbe Gerade erzeugen; also wird durch $b'(t) = \tau(t)\, n(t)$ eine Zahl $\tau(t)$, die *Torsion* von γ im Punkt $\gamma(t)$ definiert. (Manche Autoren definieren die Torsion mit dem entgegengesetzten Vorzeichen).

($\to$ Frenetsche Formeln)

Torus
torus; tore

Seien $e_1, \ldots, e_n$ linear unabhängige Vektoren im $\mathbb{R}^n$. Die von ihnen erzeugte Untergruppe $\Gamma := \mathbb{Z}e_1 + \ldots + \mathbb{Z}e_n$ von $(\mathbb{R}^n, +)$ heißt *Gitter*. Der Quotient von $\mathbb{R}^n$ nach der Äquivalenzrelation $x \sim y :\Longleftrightarrow \exists\, \gamma \in \Gamma: y = x + \gamma$ heißt *n-dimensionaler Torus* (oft notiert als $\mathbb{T}_n$). Für $n = 1$ erhält man als anschauliches Bild die Kreislinie S^1, für $n = 2$ die „klassische" Ringfläche, die im $\mathbb{R}^3$ durch Rotation um die z-Achse des Kreises mit Mittelpunkt $(R, 0, 0)$ und Radius r ($0 < r < R$) in der x-z-Ebene erzeugt werden kann (Gleichung $z^2 = r^2 - (\sqrt{x^2 + y^2} - R)^2$).

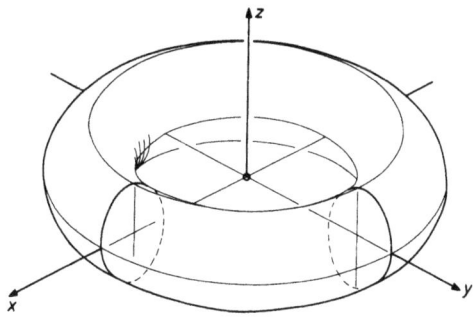

Allgemein ist jeder n-dimensionale Torus homöomorph (und diffeomorph) zu $S^1 \times \ldots \times S^1$ (n-mal).

Torus (Forts.)

Zwei-dimensionale Tori sind in der Funktionentheorie von besonderer Bedeutung: Da trägt $\mathbb{T}_2$ eine von $\mathbb{R}^2 \simeq \mathbb{C}$ vererbte komplexe Struktur, die aber entscheidend von der Wahl der Basisvektoren des Gitters abhängt. (→ Riemannsche Fläche)

---

total differenzierbar
differentiable; différentiable

Sei $U \subset \mathbb{R}^n$ offen und $f: U \to \mathbb{R}^m$ eine Abbildung. f heißt im Punkt $x \in U$ *total differenzierbar* (oder einfach *differenzierbar* oder *linear approximierbar*), wenn es eine °lineare Abbildung $A: \mathbb{R}^n \to \mathbb{R}^m$ gibt, so daß gilt:

$$\lim_{\xi \to 0} \frac{1}{\|\xi\|} (f(x + \xi) - f(x) - A \cdot \xi) = 0.$$

(Für die Limesbildung sind alle $\xi \in \mathbb{R}^n \setminus \{0\}$ zugelassen, für die $x + \xi \in U$ ist).

Die Matrix (a_{ij}) der linearen Abbildung A besteht aus den partiellen Ableitungen der Komponentenfunktionen f_i ($i = 1, \ldots, m$) von f, genommen an der Stelle $x \in U$: $a_{ij} = \dfrac{\partial f_i}{\partial x_j}(x)$.

Man nennt A das *Differential* (oder die *Funktionalmatrix* oder *Jacobimatrix*) von f im Punkt x und schreibt $A = Df(x) = J_f(x) = \left(\dfrac{\partial f_i}{\partial x_j}(x) \right)$.

Die Abbildung $f = (f_1, \ldots, f_m)$ ist genau dann total differenzierbar, wenn alle f_i ($i = 1, \ldots, m$) total differenzierbar sind, und dann ist f auch stetig und alle f_i sind °partiell differenzierbar. Umgekehrt gilt: Ist f stetig (!) partiell differenzierbar, so ist f total differenzierbar. Die Umkehrungen der Implikationen

stetig partiell differenzierbar ⇒ total differenzierbar ⇒ partiell differenzierbar

gelten jedoch i. allg. nicht.

---

total unzusammenhängend
totally disconnected; totalement discontinu(e)

Ein °topologischer Raum, dessen °Zusammenhangskomponenten nur aus je einem Punkt bestehen, heißt *total unzusammenhängend*.
Beispiel: $\mathbb{Q}$ mit der von $\mathbb{R}$ induzierten Topologie.

Trägheitsgesetz
theorem of inertia; loi d'inertie

(→ Sylvestersches Trägheitsgesetz)

---

transitiv
transitive; transitif

(→ Äquivalenzrelation, → Operation)

Translation
translation; translation

(→ affiner Raum)

---

transponierte Matrix
transposed matrix; matrice transposée

Ist $M = (a_{ij})$ eine $m \times n$-°Matrix, so entsteht daraus die *transponierte Matrix* ^tM durch „Spiegelung an der Diagonalen", genauer: $^tM = (b_{rs})$ mit $b_{rs} := a_{sr}$ für alle $r = 1, \ldots, n$ und alle $s = 1, \ldots, m$.
Die Spalten von ^tM entsprechen also der Reihe nach genau den Zeilen von M.

Transposition
transposition; transposition

(→ Permutation)

---

transzendent
transcendental; transcendant

Sei $K \supset k$ eine °Körpererweiterung. Ein Element $a \in K$ heißt *transzendent* über k, wenn es nicht algebraisch (→ algebraische Körpererweiterung) über k ist.
Beispiele: In der Körpererweiterung $\mathbb{Q} \subset \mathbb{R}$ sind die Zahlen e (Hermite 1873) (→ Exponentialreihe) und $°\pi$ (Lindemann 1882) transzendent über $\mathbb{Q}$. Die ersten Beispiele transzendenter Zahlen stammen von Liouville (1844). − In der Körpererweiterung $k \subset k(T)$ ist T transzendent über k.
LITERATUR: Siegel, C. L.: Transzendente Zahlen (BI 1967).

Trennungsaxiome
separation axioms; axiomes de séparation

Für viele Untersuchungen und Aussagen in der °Topologie ist es wichtig, die Möglichkeiten zu präzisieren, wie sich in gegebenen °topologischen Räumen verschiedene Punkte und °abgeschlossene disjunkte Punktmengen durch disjunkte Umgebungen „trennen" lassen. Dabei haben sich folgende *Trennungsaxiome* herausgebildet:

T_0: Von je zwei verschiedenen Punkten besitzt mindestens einer eine Umgebung, die den anderen nicht enthält (Kolmogoroff).

Trennungsaxiome (Forts.)

T_1: Von je zwei verschiedenen Punkten besitzt jeder eine Umgebung, die den anderen nicht enthält (Frechet).
(Äquivalent: Jede 1-elementige Menge ist abgeschlossen).

T_2: Je zwei verschiedene Punkte besitzen disjunkte Umgebungen (Hausdorff).

T_3: Zu jeder abgeschlossenen Menge A und jedem Punkt außerhalb A gibt es disjunkte Umgebungen (Vietoris).

T_4: Zu je zwei disjunkten abgeschlossenen Mengen gibt es disjunkte Umgebungen (Tietze).

Ein topologischer Raum, der einem T_i-Axiom ($i = 0, 1, \ldots, 4$) genügt, heißt T_i-Raum. Ein T_2-Raum heißt *hausdorffsch*; ein Raum, der gleichzeitig T_1 und T_3 erfüllt, heißt *regulär*; erfüllt er gleichzeitig T_1 und T_4, so heißt er *normal*. Es gilt: normal ⇒ regulär ⇒ T_2 ⇒ T_1 ⇒ T_0, aber für jede Umkehrung gibt es Gegenbeispiele.

LITERATUR: Steen L. A./Seebach J. A.: Counterexamples in Topology (2nd ed. Springer 1978)

Treppenfunktion
step function; fonction en escalier

Eine Funktion $f\colon [a, b] \to \mathbb{R}$ heißt *Treppenfunktion*, wenn es eine Unterteilung $a = x_0 < x_1 < \ldots < x_m = b$ des °Intervalls $[a, b]$ gibt, so daß f auf jedem offenen Teilintervall $]x_k, x_{k+1}[$ konstant ist.

Allgemeiner definiert man eine *Treppenfunktion* auf dem $\mathbb{R}^n$, indem man die Existenz endlich vieler paarweise disjunkter beschränkter n-dimensionaler Intervalle $I_1, \ldots, I_m \subset \mathbb{R}^n$ fordert, so daß f auf jedem I_k konstant und außerhalb $\bigcup_{k=1}^{m} I_k$ identisch $\equiv 0$ ist.

Die Menge aller Treppenfunktionen auf einem festgelegten Definitionsbereich bildet einen Untervektorraum des Vektorraums aller reellen Funktionen darauf.

(→ Lebesgue-Integral)

---

trigonometrische Funktionen (Kreisfunktionen)
trigonometric functions; fonctions trigonométriques

Anschaulich sind die *Kreisfunktionen* am Einheitskreis um den Mittelpunkt der x-y-Ebene als Funktionen des °Winkels φ erklärt:

Sinus: $\quad \sin \varphi = y$

Cosinus: $\quad \cos \varphi = x$

Tangens: $\quad \tan \varphi = \dfrac{\sin \varphi}{\cos \varphi} = \dfrac{y}{x}$ („Steigung")

Cotangens: $\quad \cot \varphi = \dfrac{1}{\tan \varphi} = \dfrac{x}{y}$.

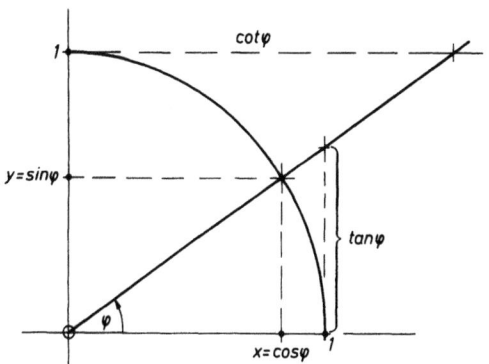

Faßt man die Ebene als °komplexe Zahlenebene auf $((x, y) \leftrightarrow z = x + iy)$, so liegt unmittelbar die °Eulersche Formel $e^{i\varphi} = \cos \varphi + i \sin \varphi$ vor Augen. Man kann sich davon zu einer sauberen mathematischen Definition anleiten lassen: Durch Einsetzen von $i\varphi$ in die °Exponentialreihe $\sum_{n=0}^{\infty} \frac{z^n}{n!}$ und Trennung von Real- und Imaginärteil findet man die Reihenentwicklungen

$$\sin \varphi = \sum_{n=0}^{\infty} (-1)^n \frac{\varphi^{2n+1}}{(2n+1)!} = \varphi - \frac{\varphi^3}{3!} + \frac{\varphi^5}{5!} - \cdots,$$

$$\cos \varphi = \sum_{n=0}^{\infty} (-1)^n \frac{\varphi^{2n}}{(2n)!} = 1 - \frac{\varphi^2}{2!} + \frac{\varphi^4}{4!} - \cdots,$$

die für alle $\varphi \in \mathbb{R}$ (oder auch $\mathbb{C}$) absolut konvergieren (→ Konvergenz von Funktionenfolgen) und Sinus und Cosinus als °analytische Funktionen definieren. Alle bekannten Eigenschaften lassen sich aus diesen Reihenentwicklungen herleiten, insbesondere die *Additionstheoreme*

$$\sin(\varphi + \psi) = \sin \varphi \cos \psi + \cos \varphi \sin \psi,$$
$$\cos(\varphi + \psi) = \cos \varphi \cos \psi - \sin \varphi \sin \psi,$$

oder die Ableitungen $(\sin \varphi)' = \cos \varphi$, $(\cos \varphi)' = -\sin \varphi$, und schließlich die „Kreisgleichung" $\sin^2 \varphi + \cos^2 \varphi = 1$.

Wegen der Nullstellen $\pi \cdot \mathbb{Z}$ des Sinus und $\frac{\pi}{2} + \pi \cdot \mathbb{Z}$ des Cosinus sind die Funktionen Tangens bzw. Cotangens nur außerhalb der Punkte $\frac{\pi}{2} + \pi \cdot \mathbb{Z}$ bzw. $\pi \cdot \mathbb{Z}$ definiert und im übrigen periodisch mit Periode π. Auf jedem Intervall, auf dem eine trigonometrische Funktion injektiv (d.h. monoton) ist, hat man ihre Umkehrfunktion; diese heißen insgesamt *Arcusfunktionen* (oder altmodisch *zyklometrische Funktionen*) und im einzelnen *Arcussinus* arcsin, *Arcuscosinus* arccos, *Arcustangens* arctan, und

trigonometrische Funktionen (Kreisfunktionen) (Forts.)

Arcuscotangens arccot. Meist nimmt man zur Bildung der Umkehrfunktionen beim Sinus und Tangens das Intervall $\left[-\frac{\pi}{2}, \frac{\pi}{2}\right]$, und beim Cosinus und Cotangens das Intervall $[0, \pi]$, und nennt die so festgelegten Arcusfunktionen *Hauptwerte* der Umkehrfunktionen. Wegen der Beziehungen arcsin + arccos = $\frac{\pi}{2}$ und arctan + arccot = $\frac{\pi}{2}$ kann man sich meist mit den Funktionen arcsin und arctan begnügen; es ist gelegentlich nützlich, ihre Ableitungen auswendig zu kennen: $\frac{d}{dt}(\arcsin t) = \frac{1}{\sqrt{1-t^2}}$, $\frac{d}{dt}(\arctan t) = \frac{1}{1+t^2}$.

Tychonoff (Satz von)
theorem of Tychonov; théorème de Tychonoff

Sei $X = \prod_{i \in I} X_i$ ein nicht-leeres Produkt °topologischer Räume mit der °Produkttopologie. Dann ist X genau dann °kompakt, wenn alle X_i kompakt sind.

U

Überlagerung
covering; revêtement

Seien $X, \tilde{X}$ °wegzusammenhängende °topologische Räume. Eine surjektive Abbildung $p: \tilde{X} \to X$ heißt *Überlagerung*, wenn jeder Punkt $x \in X$ eine °offene °Umgebung $U(x)$ besitzt mit der Eigenschaft: Das Urbild $p^{-1}(U(x))$ ist disjunkte Vereinigung offener Mengen $\tilde{U}_i$ ($i \in I$) von X, und die Beschränkung $p \,|\, \tilde{U}_i \to U(x)$ ist für jedes $i \in I$ ein Homöomorphismus.
Beispiel: $\mathbb{R} \to S^1 = \{(x, y) \in \mathbb{R}^2 \,|\, x^2 + y^2 = 1\}$, $t \mapsto (\cos t, \sin t)$ ist eine Überlagerung.

Ultrafilter
ultrafilter; ultrafiltre

Ein °Filter $\mathcal{U}$ auf der Menge X heißt *Ultrafilter*, wenn für jeden Filter $\mathcal{F}$ auf X mit $\mathcal{U} \subset \mathcal{F}$ gilt: $\mathcal{U} = \mathcal{F}$.
Mit Hilfe des °Zornschen Lemmas beweist man: Zu jedem Filter gibt es einen feineren Ultrafilter.

Ein Filter $\mathscr{F}$ auf X ist genau dann Ultrafilter, wenn für jede Teilmenge $A \subset X$ gilt: Entweder A oder $X \setminus A$ gehört zu $\mathscr{F}$.

Umgebung
neighbourhood; voisinage

In einem °metrischen Raum X (speziell im $\mathbb{R}^n$ mit der euklidischen Metrik) heißt eine Teilmenge $U \subset X$ *Umgebung* des Punktes $p \in X$, wenn gilt: Es gibt ein $\epsilon > 0$, so daß die ϵ-*Umgebung* $U_\epsilon(p) = \{x \in X \mid d(x, p) < \epsilon\}$ in U enthalten ist. Äquivalent: U enthält eine °offene Menge, welche p enthält. Diese Definition gilt in beliebigen °topologischen Räumen.

Ist $A \subset X$ eine Teilmenge, so heißt $U \subset X$ *Umgebung* von A, wenn U Umgebung eines jeden Punktes von A ist (äquivalent: wenn A im °offenen Kern $\overset{\circ}{U}$ enthalten ist).

Umgebungsbasis
fundamental system of neighbourhoods; système fondamental de voisinages

Ein System $\mathscr{U}$ von Umgebungen eines Punktes p in einem topologischen Raum heißt *Umgebungsbasis* von p, wenn jede °Umgebung von p eine Menge enthält, die Element von $\mathscr{U}$ ist.

Beispiel: In $\mathbb{R}$ (mit der üblichen Topologie) ist $\mathscr{U} = \left\{ \left]-\frac{1}{n}, \frac{1}{n}\right[\mid n \in \mathbb{N}, n > 0 \right\}$ eine Umgebungsbasis von 0.

Umgebungsfilter
neighbourhood filter; filtre de voisinages

($\to$ Filter)

Umkehrabbildung (Satz über die)
inverse mapping theorem; théorème de l'application inverse

Sei $U \subset \mathbb{R}^n$ offen und $f: U \to \mathbb{R}^n$ eine °stetige (°total) °differenzierbare Abbildung. Ist dann die Funktionalmatrix von f in einem Punkt $a \in U$ invertierbar, so gibt es offene Umgebungen $U_1 \subset U$ von a und V_1 von $b = f(a)$, so daß $f|U_1 \to V_1$ bijektiv und die Umkehrabbildung $f^{-1}: V_1 \to U_1$ stetig differenzierbar ist mit der Funktionalmatrix $D(f^{-1})(b) = (Df(a))^{-1}$.

($\to$ implizite Funktionen)

Umlaufszahl
winding number; indice d'un point par rapport à un circuit

Ist $\gamma: [a, b] \to \mathbb{C}\setminus\{0\}$ eine geschlossene stetige °Kurve, so gibt es eine Unterteilung $a = t_0 < t_1 < \ldots < t_n = b$ von $[a, b]$, daß jedes Kurvenstück $\gamma([t_{k-1}, t_k])$ ganz in einer offenen Halbebene liegt, deren Rand durch 0 geht. Dann gibt es genau einen Winkel $\varphi_k \in]-\pi, \pi[$, so daß die Drehung um den Winkel φ_k den Punkt $\frac{\gamma(t_{k-1})}{|\gamma(t_{k-1})|}$ in den Punkt $\frac{\gamma(t_k)}{|\gamma(t_k)|}$ überführt. Insgesamt ergibt sich $\frac{\gamma(t_0)}{|\gamma(t_0)|} e^{i(\varphi_1 + \ldots + \varphi_n)} = \frac{\gamma(t_n)}{|\gamma(t_n)|}$, und wegen $\gamma(t_0) = \gamma(t_n)$ gibt es also eine ganze Zahl $\nu_\gamma(0) \in \mathbb{Z}$ mit $\varphi_1 + \ldots + \varphi_n = 2\pi \cdot \nu_\gamma(0)$. Dieses $\nu_\gamma(0)$ ist unabhängig von der gewählten Unterteilung und heißt *Umlaufszahl* von γ um den Punkt 0; analog definiert man die Umlaufszahl um einen beliebigen Punkt, der nicht auf $\gamma([a, b])$ liegt. Es läßt sich elementar zeigen, daß $\nu_\gamma(z_0)$ gleich dem Wert des komplexen Kurvenintegrals
$$\frac{1}{2\pi i} \int_\gamma \frac{dz}{z - z_0} \text{ ist.}$$

Ist $\gamma = \Sigma \alpha_i \gamma_i$ ein *Zykel* (d.h. eine ganzzahlige Linearkombination von geschlossenen Wegen γ_i ($\alpha_i \in \mathbb{Z}$)), so setzt man $\nu_\gamma(z_0) = \Sigma \alpha_i \nu_{\gamma_i}(z_0)$. Man sagt, γ *umläuft* z_0 $\nu_\gamma(z_0)$-mal.

Beispiele (die Zahlen neben den eingezeichneten Punkten geben die Umlaufszahlen der Kurve um diesen Punkt an):

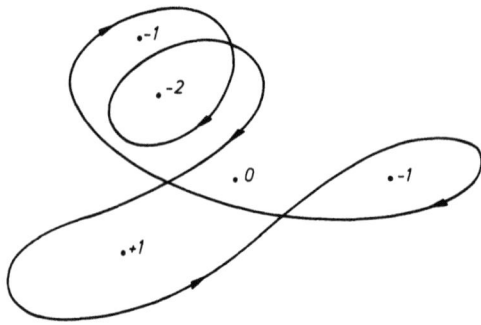

Unbestimmte
indeterminate; indéterminée

($\to$ Polynom)

unbestimmtes Integral
indefinite integral; intégrale indéfinie

($\to$ Fundamentalsatz der Differential- und Integralrechnung)

---

uneigentliches Integral
improper integral; intégrale impropre

Sei $f\colon\ ]a, b[\ \to \mathbb{R}, a \in \mathbb{R} \cup \{-\infty\}, b \in \mathbb{R} \cup \{\infty\}$ ($\to$ Intervall) eine Funktion, die über jedem Teilintervall $[\alpha, \beta] \subset\ ]a, b[$ °Riemann-integrierbar ist, und sei $c \in\ ]a, b[$ beliebig.

Falls für jede Wahl der Folgen $(\alpha_n) \to a$, $(\beta_n) \to b$ ($\alpha_n, \beta_n \in\ ]a, b[$) die Folgen

$$\left(\int_{\alpha_n}^{c} f(x)\,dx\right)_{n \in \mathbb{N}} \text{ und } \left(\int_{c}^{\beta_n} f(x)\,dx\right)_{n \in \mathbb{N}}$$

konvergieren, heißt das *uneigentliche Integral* $\int_{a}^{b} f(x)\,dx$ konvergent, und man setzt $\int_{a}^{b} f(x)\,dx = \lim_{n \to \infty} \int_{\alpha_n}^{c} f(x)\,dx + \lim_{n \to \infty} \int_{c}^{\beta_n} f(x)\,dx$.

In vielen Spezialfällen ist nur eine der Integrationsgrenzen a, b „kritisch". Beispiele:

$$\int_{1}^{\infty} \frac{dx}{x^s} = \frac{1}{s-1} \quad \text{für } s > 1, \text{ konvergiert nicht für } s \leq 1;$$

$$\int_{0}^{1} \frac{dx}{x^s} = \frac{1}{1-s} \quad \text{für } s < 1, \text{ konvergiert nicht für } s \geq 1;$$

$$\int_{-1}^{1} \frac{dx}{\sqrt{1-x^2}} = \pi; \quad \int_{-\infty}^{\infty} \frac{dx}{1+x^2} = \pi;$$

$$B(x, y) := \int_{0}^{1} t^{x-1}(1-t)^{y-1}\,dt \quad \text{für alle } x, y > 0$$

(*Eulersche Beta-Funktion*).

unipotent
unipotent; unipotent

Sei A ein °Ring mit Einselement 1. Ein Element $x \in A$ heißt *unipotent*, wenn $x - 1$ nilpotent ist (d.h. $(x - 1)^n = 0$ für ein $n \in \mathbb{N}$).

Beispiel: Im Ring der 2×2-Matrizen ist $\begin{pmatrix} 1 & 1 \\ 0 & 1 \end{pmatrix}$ unipotent.

unitärer Endomorphismus
unitary endomorphism; endomorphisme unitaire

Ein °Endomorphismus f eines °unitären Vektorraums V heißt *unitär*, wenn $\langle f(v), f(w) \rangle = \langle v, w \rangle$ ist für alle $v, w \in V$.

unitäre Gruppe
unitary group; groupe unitaire

(→ klassische Gruppen)

unitäre Matrix
unitary matrix; matrice unitaire

Eine komplexe $n \times n$-°Matrix $A = (a_{ij}) \in \mathbb{C}^{n \times n}$ heißt *unitär*, wenn ${}^t A \overline{A} = E_n$ (Einheitsmatrix), oder $A^{-1} = {}^t \overline{A}$ (transponiert und komplex konjugiert) ist; dies ist das komplexe Analogon zu den °orthogonalen Matrizen.

unitärer Operator
unitary operator; opérateur unitaire

Ein °linearer stetiger Operator $U: H \to H$ auf einem komplexen °Hilbert-Raum H heißt *unitär*, wenn der °adjungierte Operator U^* gleich dem Inversen U^{-1} ist, oder äquivalent: wenn $\langle Ux, Uy \rangle = \langle x, y \rangle$ ist für alle $x, y \in H$.

unitärer Vektorraum
unitary vector space; espace vectoriel unitaire

Ein $\mathbb{C}$-°Vektorraum V zusammen mit einem °hermiteschen Skalarprodukt (→ hermitesche Form) heißt *unitärer Vektorraum* (oder *Prä-Hilbert-Raum*; → Hilbert-Raum).

universelle Eigenschaft
universal property; propriété universelle

In verschiedenen (meist algebraisch angehauchten) Gebieten der Mathematik hat sich die Charakterisierung gewisser Objekte durch eine *universelle Eigenschaft*, der sie genügen, nicht nur als bequem erwiesen zur eleganten Formulierung von Existenz- und Eindeutigkeitsfragen und zu Verallgemeinerung und Vereinheitlichung gewisser Konstruktionen, sondern sie ist in manchen schwierigen Beweisen zu einer ganz wesentlichen Methode geworden. Andererseits kann man diese Ausdrucksweise in elementaren Situationen auch übertreiben, wie z. B. (und dies soll hier als Auskunft genügen):

1) Sei M eine Menge, R eine °Äquivalenzrelation auf M. Die Quotientenmenge M/R mit der kanonischen Abbildung $q: M \to M/R$ ist durch folgende universelle Eigenschaft charakterisiert: Zu jeder Menge N und jeder Abbildung $f: M \to N$, welche auf den Äquivalenzklassen von R konstant ist, gibt es genau eine Abbildung $g: M/R \to N$ mit $f = g \circ q$.

2) Das °kartesische Produkt von zwei Mengen X, Y zusammen mit den kanonischen Projektionen $p_X: X \times Y \to X$ und $p_Y: X \times Y$ besitzt folgende universelle Eigenschaft: Zu jeder Menge Z und jedem Paar von Abbildungen $f: Z \to X$, $g: Z \to Y$ gibt es genau eine Abbildung $h: Z \to X \times Y$ mit $f = p_X \circ h$, $g = p_Y \circ h$.

(usw.; → Kategorie)

universelle Überlagerung
universal covering; revêtement universel

Eine °Überlagerung $p: \tilde{X} \to X$ heißt *universell*, wenn $\tilde{X}$ °einfach zusammenhängend ist.

Eine universelle Überlagerung existiert zu jedem °topologischen Raum X, der °wegzusammenhängend, °lokal wegzusammenhängend und °semi-lokal einfach zusammenhängend ist. In diesem Fall gilt: Die °Fundamentalgruppe von X ist isomorph zur *Deckbewegungsgruppe* D dieser universellen Überlagerung $p: \tilde{X} \to X$ (dies ist die Gruppe der Homöomorphismen $\varphi: \tilde{X} \to \tilde{X}$ mit $p = \varphi \circ p$), und jede andere Überlagerung von X ist homöomorph zu der Überlagerung, die aus X entsteht, wenn man alle Punkte von X identifiziert (→ Quotiententopologie), die von den Homöomorphismen aus einer gewissen Untergruppe von D aufeinander abgebildet werden.

Beispiel: $p: \mathbb{R} \to S^1$, $t \mapsto (\cos t, \sin t)$ ist eine universelle Überlagerung; die Fundamentalgruppe von S^1 ist $\pi_1(S^1) \simeq \mathbb{Z}$; die Deckbewegungsgruppe besteht aus allen Translationen $\mathbb{R} \to \mathbb{R}$, $t \mapsto t + 2\pi k$ ($k \in \mathbb{Z}$), ist also ebenfalls isomorph zu $\mathbb{Z}$. Alle Untergruppen von $\mathbb{Z}$ sind von der Gestalt $m \cdot \mathbb{Z}$ mit einem $m \in \mathbb{N}$; alle anderen Überlagerungen von S^1 sind homöomorph zu einer Überlagerung der Gestalt $S^1 \to S^1$, $\varphi \mapsto (\cos m\varphi, \sin m\varphi)$ (wo $\varphi \in [0, 2\pi[$ eindeutig festgelegt ist durch $(x, y) \in S^1$, $x = \cos\varphi$, $y = \sin\varphi$).

Untergruppe
subgroup; sousgroupe

(→ Gruppe)

Untermodul
submodule; sousmodule

(→ Modul)

Unterraum (eines topologischen Raumes)
subspace; sous-espace

(→ induzierte Topologie)

Unterring
subring; sous-anneau

Eine Teilmenge S eines °Ringes R heißt *Unterring*, wenn S, versehen mit der Addition und Multiplikation von R, selbst ein Ring ist.

Untervektorraum
subspace; sous-espace vectoriel

(→ Vektorraum)

Urbild
inverse image or counter image; image réciproque

(→ Abbildung)

V

Vandermondesche Determinante
Vandermonde's determinant; déterminant de Vandermonde

Sind $a_1, ..., a_n$ Elemente eines °Körpers (oder °Ringes) K, so nennt man die °Determinante

$$V(a_1, ..., a_n) := \det \begin{pmatrix} 1 & a_1 & a_1^2 & \ldots & a_1^{n-1} \\ 1 & a_2 & a_2^2 & \ldots & a_2^{n-1} \\ \vdots & \vdots & \vdots & & \vdots \\ 1 & a_n & a_n^2 & \ldots & a_n^{n-1} \end{pmatrix} \in K$$

die *Vandermondesche Determinante* von $a_1, ..., a_n$.

Sie hat den Wert $V(a_1, \ldots, a_n) = \prod_{1 \leq i < j \leq n} (a_j - a_i)$, wie man durch Subtraktion des a_1-fachen der k-ten von der $(k+1)$-ten Spalte (für $k = 1, \ldots, n-1$) und Induktion nach n zeigt.

Vektor
vector; vecteur

Die Elemente eines °Vektorraums heißen *Vektoren*. Treten z.B. in der Physik Vektoren einzeln auf, so kann es für den Mathematikstudenten nützlich sein, sich zu überlegen, in welchen Vektorraum diese Vektoren gehören.
(→ affiner Raum, → Vektoranalysis, → Vektorfeld)

Vektoranalysis
vector analysis; analyse vectorielle

Sei $U \subset \mathbb{R}^n$ offen. Ein *Vektorfeld* auf U ist gegeben durch eine Abbildung $v: U \to \mathbb{R}^n$, die jedem Punkt $x \in U$ einen Vektor $v(x) \in \mathbb{R}^n$ zuordnet.

Beispiel: Ist $f: U \to \mathbb{R}$ eine °partiell differenzierbare Funktion, so ist grad $f = \nabla \cdot f = \left(\frac{\partial f}{\partial x_1}, \ldots, \frac{\partial f}{\partial x_n} \right)$ ein Vektorfeld auf U (→ Gradient).

In physikalischen Anwendungen ist meist $n = 3$. Ist dann $v = (v_1, v_2, v_3): U \to \mathbb{R}^3$ ein partiell differenzierbares Vektorfeld (d.h. v_1, v_2, v_3 sind partiell differenzierbare Funktionen), so wird durch

$$\operatorname{rot} v = \nabla \times v := \left(\frac{\partial v_3}{\partial x_2} - \frac{\partial v_2}{\partial x_3}, \frac{\partial v_1}{\partial x_3} - \frac{\partial v_3}{\partial x_1}, \frac{\partial v_2}{\partial x_1} - \frac{\partial v_1}{\partial x_2} \right)$$

ein neues Vektorfeld, die *Rotation* von v, definiert (→ Vektorprodukt). Dabei kann das Symbol *Nabla*: $\nabla = \left(\frac{\partial}{\partial x_1}, \frac{\partial}{\partial x_2}, \frac{\partial}{\partial x_3} \right)$ als Vektor aufgefaßt werden, dessen Komponenten Differentialoperatoren sind.

Aus der Vertauschbarkeit der zweiten partiellen Ableitungen für eine zweimal stetig partiell differenzierbare Funktion $f: U \to \mathbb{R}$ ($U \subset \mathbb{R}^3$) folgt die Regel rot grad $f = 0$. Ist nun wieder $v = (v_1, \ldots, v_n): U \subset \mathbb{R}^n$ (mit $U \subset \mathbb{R}^n$ offen) allgemein ein partiell differenzierbares Vektorfeld, so ist seine *Divergenz* definiert durch div $v = \langle \nabla, v \rangle = \sum_{i=1}^{n} \frac{\partial v_i}{\partial x_i}$.

Im Fall $n = 3$ hat man die Regel div(rot v) = 0.

Der Kalkül der °Differentialformen und °äußeren Ableitung ist vom mathematischen Standpunkt aus gesehen eleganter und klarer; doch scheint für die meisten physikalischen Anwendungen die obige traditionelle Darstellung der Vektoranalysis nach

Vektoranalysis (Forts.)

wie vor bequemer zu sein (obwohl – oder gerade weil – darin die zugrundeliegenden Sachverhalte aus der linearen und multilinearen Algebra weitgehend unterdrückt werden).

(→ Stokes (Satz von))

Vektorfeld (auf einer differenzierbaren Mannigfaltigkeit)
vector field; champs de vecteurs

Ist M eine °differenzierbare Mannigfaltigkeit, so ist ein (differenzierbares) *Vektorfeld* auf M die Zuordnung eines Tangentialvektors $X_p \in T_p(M)$ (→ Tangentialraum) zu jedem Punkt $p \in M$, derart daß bezüglich lokaler Koordinaten $\xi_1, \ldots, \xi_n$ bei der Darstellung $X_p = \sum_{i=1}^{n} a_i(p) \frac{\partial}{\partial \xi_i}\bigg|_p$ die Koeffizientenfunktionen $a_i(p)$ differenzierbar sind.

Vektorprodukt
vector product; produit vectoriel

Das *Vektorprodukt* von zwei Vektoren $u = (u_1, u_2, u_3)$ und $v = (v_1, v_2, v_3)$ in $\mathbb{R}^3$ ist definiert durch $u \times v = (w_1, w_2, w_3)$ mit $w_1 = u_2 v_3 - u_3 v_2$, $w_2 = u_3 v_1 - u_1 v_3$, $w_3 = u_1 v_2 - u_2 v_1$.

Geometrisch entspricht (für $u, v \neq 0$, u, v nicht kollinear) dem Vektorprodukt $u \times v$ ein Vektor w, der auf der von u und v aufgespannten Ebene senkrecht steht, so daß (u, v, w) ein „Rechtssystem" bilden (positiv orientiert sind, d.h. es ist $\det \begin{pmatrix} u_1 & u_2 & u_3 \\ v_1 & v_2 & v_3 \\ w_1 & w_2 & w_3 \end{pmatrix} > 0$), und der die Länge $\|w\| = \|u\| \cdot \|v\| \cdot |\sin(\sphericalangle(u, v))|$ hat.

Vektorraum
vector space; espace vectoriel

Sei K ein °Körper. Ein *Vektorraum* über K (auch: *K-Vektorraum*) ist eine Menge V zusammen mit zwei Verknüpfungen $+ : V \times V \to V$ und $\cdot : K \times V \to V$, so daß gilt:
- $(V, +)$ ist abelsche Gruppe mit neutralem Element $0 \in V$ (*Nullvektor*)
- Für alle $v, w \in V$, $\alpha, \beta \in K$ gilt:
    a) $(\alpha + \beta) v = \alpha v + \beta v$
    b) $\alpha(v + w) = \alpha v + \alpha w$
    c) $(\alpha \beta) \cdot v = \alpha(\beta v)$
    d) $1 \cdot v = v$.

Eine Teilmenge $U \subset V$ heißt *Untervektorraum*, wenn gilt:

$U \neq \emptyset$ und $v, w \in U \Rightarrow v + w \in U$; $v \in U, \alpha \in K \Rightarrow \alpha u \in U$.

U ist dann mit der Beschränkung der Verknüpfungen aus V selbst ein K-Vektorraum.

Verbindung
join of two spaces; sous-espace engendré par la réunion de deux autres

Ist X ein °affiner (bzw. °projektiver) Raum, und sind Y, Z affine (bzw. projektive) Unterräume, so heißt der kleinste affine (bzw. projektive) Unterraum, der $Y \cup Z$ enthält, die *Verbindung* von Y und Z und wird mit $Y \vee Z$ bezeichnet.

Beispiel: Zu zwei verschiedenen Punkten p und q ist $p \vee q$ die eindeutig bestimmte Gerade durch die beiden Punkte.

Vereinigung
union; réunion

($\rightarrow$ Mengenlehre)

Verknüpfung
composition law; loi de composition

Sei M eine Menge. Eine (*innere*) *Verknüpfung* auf M ist einfach eine Abbildung $M \times M \rightarrow M$.

Beispiele: Auf $M := \mathbb{N}$ sind Addition und Multiplikation Verknüpfungen, nicht aber Subtraktion und Division.

Die Multiplikation mit Skalaren bei einem Vektorraum ist Beispiel für eine *äußere Verknüpfung*.

($\rightarrow$ assoziativ, $\rightarrow$ distributiv, $\rightarrow$ kommutativ)

Vierscheitelsatz
four vertex theorem; théorème des quatre sommets

Jede ebene einfach geschlossene reguläre °Kurve hat mindestens vier *Scheitelpunkte* (das sind °Extrema der °Krümmung κ).

vollkommen (Körper)
perfect (field); (corps) parfait

($\rightarrow$ separabel (Polynom))

vollständig
complete; complet

Ein °metrischer Raum heißt *vollständig*, wenn in ihm jede °Cauchy-Folge °konvergiert.

---

vollständige Induktion
(complete mathematical) induction; démonstration par récurrence

Sei $A(n)$ eine Aussage, die für alle $n \in \mathbb{N}$ (evt. mit $n \geq n_0$, $n_0 \in \mathbb{N}$ fest) sinnvoll definiert sei. Das *Prinzip der vollständigen Induktion* besagt: Wenn *Induktionsanfang* und *Induktionsschluß* gelten, so ist die Aussage richtig für alle $n \in \mathbb{N}$ ($n \geq n_0$).

Induktionsanfang: Die Aussage $A(n)$ ist richtig für $n = n_0$.

Induktionsschluß: Ist die Aussage $A(n)$ richtig für alle $n \in \mathbb{N}$ mit $n_0 \leq n \leq n_1$ (wobei $n_1 \in \mathbb{N}$, $n_1 \geq n_0$ beliebig angenommen werden darf; dafür sagt man auch *Induktionsannahme*), so ist $A(n)$ auch richtig für $n = n_1 + 1$.

Beispiel: Die Aussage $A(n)$ bestehe in „$n^2 > 2n + 6$"; es sei $n_0 = 4$. Offenbar ist $A(4)$ richtig (Induktionsanfang); sei nun $n_1^2 > 2n_1 + 6$ für ein $n_1 \geq n_0$ (Induktionsannahme); wenn gezeigt werden kann: $(n_1 + 1)^2 > 2(n_1 + 1) + 6$, so ist $n^2 > 2n + 6$ richtig für alle $n \geq 4$. – Dazu schließt man $n_1^2 > 2n_1 + 6$ (Induktionsannahme) $\Rightarrow n_1^2 + (2n_1 + 1) > 2n_1 + 6 + (2n_1 + 1) > 2(n_1 + 1) + 6$.

---

vollständig normal
completely normal; complètement normal

(→ normal, → Trennungsaxiome)

---

vollständig regulär
completely regular; complètement régulier

Ein °topologischer Raum X heißt *vollständig regulär*, wenn er °hausdorffsch ist und der folgenden Bedingung genügt: Zu jedem Punkt $p \in X$ und jeder Umgebung U von p gibt es eine stetige Funktion $f: X \to [0, 1]$, die im Punkt p den Wert 1 und auf $X \setminus U$ den Wert 0 hat.

Jeder vollständig reguläre Raum ist °regulär; jeder Teilraum eines vollständig regulären Raums ist vollständig regulär; ein (nicht-leeres) topologisches °Produkt $X = \prod_{i \in I} X_i$ ist genau dann vollständig regulär, wenn jeder Raum X_i vollständig regulär ist.

Hinreichende Bedingungen für vollständig regulär:
°Kompakt, °normal, °metrisch, °lokalkompakt, °parakompakt.

Es gilt (Tychonoff): Ein topologischer Raum ist genau dann vollständig regulär, wenn er homöomorph zu einem Teilraum eines kompakten Raumes ist. Insbesondere läßt sich ein vollständiger regulärer Raum in ein topologisches Produkt $\prod_{\lambda \in \Lambda} Y_\lambda$ von reellen Intervallen $Y_\lambda = [0, 1]$ einbetten.

Volumen
volume; volume

($\rightarrow$ Lebesgue-Maß)

Vorzeichenregel von Descartes
(Übersetzungen scheinen nicht üblich zu sein)

Gegeben sei ein Polynom $P(t) = a_{m+1} t^{m+1} + a_m t^m + \ldots + a_1 t + a_0$ mit reellen Koeffizienten $a_0, \ldots, a_{m+1}$. Es sei $a_{m+1} \neq 0 \neq a_0$, und alle Nullstellen von $P(t)$ seien reell. Nun betrachte man die Folge der Vorzeichen der Koeffizienten von $a_{m+1}, \ldots, a_0$ (einem Koeffizienten = 0 kann man ein beliebiges Vorzeichen geben) und bestimme die Anzahl r zweier aufeinander folgender gleicher Vorzeichen ($\ldots, +, +, \ldots$) oder ($\ldots, -, -, \ldots$) sowie die Anzahl s der Vorzeichenwechsel ($\ldots, +, -, \ldots$) oder ($\ldots, -, +, \ldots$). Dann ist r gleich der Anzahl der negativen und s gleich der Anzahl der positiven Nullstellen von $P(t)$.

LITERATUR: z. B. Willers, Methoden der praktischen Analysis. De Gruyter, Berlin 1957.

W

Wallissches Produkt
Wallis' product; formule de Wallis

Aus iterierter partieller Integration von $A_n := \int_0^{\pi/2} \sin^n x \, dx$ und $\lim_{n \to \infty} \frac{A_{2n+1}}{A_{2n}} = 1$ läßt sich die *Wallissche Produktformel* $\frac{\pi}{2} = \prod_{n=1}^{\infty} \frac{4n^2}{4n^2 - 1}$ herleiten.

Wärmeleitungsgleichung
heat equation; équation de la chaleur

Sei $U \subset \mathbb{R}^n$ offen (Koordinaten $x = (x_1, ..., x_n)$) und $I \subset \mathbb{R}$ ein Intervall (Koordinate t = Zeit). Für Funktionen $f: U \times I \to \mathbb{R}$ heißt dann die partielle Differentialgleichung

$$\frac{\partial^2 f}{\partial x_1^2} + ... + \frac{\partial^2 f}{\partial x_n^2} - \frac{1}{k}\frac{\partial f}{\partial t} = \Delta f - \frac{1}{k}\frac{\partial f}{\partial t} = 0$$

die *Wärmeleitungsgleichung*. Die Konstante $k > 0$ bedeutet die Temperaturleitfähigkeit; die Funktion f beschreibt die Temperatur an der Stelle x zur Zeit t.

In der Physik ist meist n = 1, 2 oder 3. Spezielle Lösungen sind (für $U = \mathbb{R}^n$, $I = \mathbb{R}_+^* =]0, \infty[$)

$$F(x, t) = t^{-n/2} \exp\left(\frac{-\|x\|^2}{4t}\right) \quad \text{mit } \|x\| = (x_1^2 + ... + x_n^2)^{1/2}.$$

Wedderburn (Satz von)
theorem of Wedderburn; théorème de Wedderburn

Jeder endliche °Körper ist kommutativ.

Weg
path; chemin

Eine °stetige Abbildung $w: [0, 1] \to X$ des Intervalls $[0, 1] \subset \mathbb{R}$ in einen °topologischen Raum X heißt *Weg* mit *Anfangspunkt* $w(0)$ und *Endpunkt* $w(1)$. Ist $w(0) = w(1)$, so heißt der Weg *geschlossen*.
($\to$ wegzusammenhängend, $\to$ Homotopiegruppe)

---

wegzusammenhängend
pathwise (or arcwiese) connected; connexe par arcs

Ein °topologischer Raum X ist *wegzusammenhängend*, wenn es zu je zwei Punkten $p, q \in X$ eine stetige Abbildung (einen *Weg*) $w: [0, 1] \to X$ gibt mit $w(0) = p$ und $w(1) = q$.

Ein wegzusammenhängender Raum ist °zusammenhängend, aber die Umkehrung gilt nur, wenn der Raum °lokal wegzusammenhängend ist.

Beispiel: $X = \{(x, y) \in \mathbb{R}^2 \mid y = \sin\frac{1}{x}$ falls $x \neq 0$, $y \in [-1, 1]$ falls $x = 0\}$

ist zusammenhängend, aber nicht wegzusammenhängend.

Weierstraß

(→ Konvergenzkriterium von Weierstraß, → kompakte Konvergenz)

Weierstraß-Stone

(→ Approximationssatz von Stone-Weierstraß)

Weierstraßscher Produktsatz
Weierstraß theorem; théorème de Weierstraß

Ist (a_n) eine °Folge komplexer Zahlen mit $\lim\limits_{n \to \infty} a_n = \infty$ (d.h. zu jedem $R > 0$ gibt es $n_0 \in \mathbb{N}$ mit $|a_n| > R$ für alle $n > n_0$), so gibt es eine auf ganz $\mathbb{C}$ °holomorphe Funktion, die genau an den Stellen a_n verschwindet, und zwar jeweils mit der Vielfachheit, mit der a_n in der Folge vorkommt.

Sind etwa alle $a_n \neq 0$, so wird eine solche Funktion gegeben durch

$$f(z) = \prod_{n=1}^{\infty} \left(1 - \frac{z}{a_n}\right) e^{\frac{z}{a_n} + \frac{1}{2}\left(\frac{z}{a_n}\right)^2 + \ldots + \frac{1}{m_n}\left(\frac{z}{a_n}\right)^{m_n}}$$

mit geeigneten Zahlen $m_n \in \mathbb{N}$; will man noch eine m-fache Nullstelle bei $z = 0$, so geht man zu $z^m f(z)$ über.

Weingarten-Abbildung
Weingarten map; endomorphisme de Weingarten

(→ Gauß-Abbildung)

Wellengleichung
wave equation; équation d'ondes

(→ Schwingungsgleichung)

Wertebereich
range of a function; ensemble d'arrivée

(→ Abbildung)

wesentliche Singularität
essential singularity; singularité essentielle

(→ Singularitäten (isolierte ~ einer holomorphen Funktion))

windschief
skew; gauche

Zwei Geraden im $\mathbb{R}^3$, die sich nicht schneiden und nicht parallel sind, heißen *windschief*.

Winkel
angle; angle

So unbekümmert elementargeometrisch der Begriff *Winkel* verwendet wird, so weit ist der dann davon entfernt, mathematisch sauber definiert zu sein. Man benötigt dazu Vorbereitungen aus der °linearen Algebra und in jedem Fall °topologische Eigenschaften der °reellen Zahlen oder gleich die Differential- und Integralrechnung (um z. B. die °Bogenlänge von Kreisbögen zu verwenden). Für das *Bogenmaß* eines ebenen Winkels (als Mittelpunktswinkel in einem Kreis) nimmt man das Verhältnis $\frac{b}{r}$, wo b die dazu gehörige Bogenlänge auf dem Kreis und r sein Radius ist; auf dem Einheitskreis kann das Winkelmaß gleich der Bogenlänge gesetzt werden. Die Einheit *Radiant* entspricht einem Winkel, bei dem die Bogenlänge des Kreisabschnitts gleich dem Radius ist: $1 \text{ rad} = \frac{360°}{2\pi} \approx 57° \, 17' \, 4''$.

LITERATUR: Dieudonné J.: Algèbre linéaire et géométrie élémentaire (Hermann, Paris 1964; chap. V, § 4 und Annexe I).

Wirtinger-Kalkül
(Übersetzungen scheinen nicht üblich zu sein)

Die °Differentiale der folgenden vier Abbildungen von $\mathbb{C} \simeq \mathbb{R}^2$ nach $\mathbb{C} \simeq \mathbb{R}^2$ (mit Koordinaten $(x, y) \leftrightarrow x + iy = z$)

$$x + iy \mapsto x, \quad x + iy \mapsto y, \quad x + iy \mapsto x + iy, \quad x + iy \mapsto x - iy$$

werden der Reihe nach mit

$$dx, \quad dy, \quad dz, \quad d\overline{z}$$

bezeichnet. (Die entsprechenden 2 × 2-Funktionalmatrizen sind

$$\begin{pmatrix} 1 & 0 \\ 0 & 0 \end{pmatrix} \quad \begin{pmatrix} 0 & 0 \\ 0 & 1 \end{pmatrix} \quad \begin{pmatrix} 1 & 0 \\ 0 & 1 \end{pmatrix} \quad \begin{pmatrix} 1 & 0 \\ 0 & -1 \end{pmatrix}).$$

Wegen $dz = dx + idy$, $d\overline{z} = dx - idy$ und $dx = \frac{1}{2}(dz + d\overline{z})$, $dy = \frac{1}{2i}(dz - d\overline{z})$ läßt sich das Differential einer stetig partiell differenzierbaren Funktion $f: C \to \mathbb{C}$ ($U \subset \mathbb{R}^2 \simeq \mathbb{C}$ offen) schreiben

$$df = \frac{\partial f}{\partial x} dx + \frac{\partial f}{\partial y} dy = \frac{1}{2}\left(\frac{\partial f}{\partial x} - i\frac{\partial f}{\partial y}\right) dz + \frac{1}{2}\left(\frac{\partial f}{\partial x} + i\frac{\partial f}{\partial y}\right) d\overline{z},$$

und deshalb notiert man $\frac{\partial f}{\partial z} := \frac{1}{2}\left(\frac{\partial f}{\partial x} - i\frac{\partial f}{\partial y}\right)$, $\frac{\partial f}{\partial \bar{z}} := \frac{1}{2}\left(\frac{\partial f}{\partial x} + i\frac{\partial f}{\partial y}\right)$ als *Wirtingersche Ableitungen* von f nach z bzw. $\bar{z}$. Man schreibt die Differentialoperatoren $\frac{\partial}{\partial z}$ und $\frac{\partial}{\partial \bar{z}}$ auch einfach als ∂ und $\bar{\partial}$, wenn die richtige Interpretation unproblematisch ist.

In der Darstellung $df = \frac{\partial f}{\partial z}dz + \frac{\partial f}{\partial \bar{z}}d\bar{z}$ ist die reell-lineare Abbildung $df: \mathbb{C} \to \mathbb{C}$ ($\mathbb{C} \simeq \mathbb{R}^2$ wird hier als 2-dimensionaler reeller Vektorraum aufgefaßt) zerlegt in eine komplex-lineare $\frac{\partial f}{\partial z}dz$ und eine komplex-antilineare $\frac{\partial f}{\partial \bar{z}}d\bar{z}$ (für jeden Punkt $z_0 \in U$, in dem die Ableitung $df(z_0)$ betrachtet wird).

Offenbar ist f genau dann °holomorph, wenn $\bar{\partial}f = 0$ ist. Funktionen f mit der Eigenschaft $\partial f = 0$ heißen *antiholomorph*.

Rechenregeln:

a) Für ∂ und $\bar{\partial}$ gelten Linearität, Produkt- und Quotientenregel wie für die übliche Ableitung einer Funktion einer reellen Variablen (z.B.) $\partial\left(\frac{f}{g}\right) = \frac{1}{g^2}((\partial f)g - f\partial g)$

b) $\partial\bar{f} = \overline{\bar{\partial}f}$, $\bar{\partial}\bar{f} = \overline{\partial f}$

c) $\partial(g \circ f) = \partial g \cdot \partial f + \bar{\partial}g \cdot \partial\bar{f}$
$\bar{\partial}(g \circ f) = \bar{\partial}g \cdot \bar{\partial}f + \partial g \cdot \bar{\partial}\bar{f}$.

Wohlordnungssatz
well-ordering theorem; théorème du bon ordre

Eine Menge M mit einer °Halbordnung „$\leq$" heißt *wohlgeordnet*, wenn jede nichtleere Teilmenge $A \subset M$ ein Element $m \in A$ besitzt (*kleinstes Element*) mit $m \leq a$ für alle $a \in A$.

Der *Wohlordnungssatz* (Zermelo) besagt:

Jede Menge läßt sich wohlordnen.

Diese Aussage ist äquivalent zum °Zornschen Lemma und zum °Auswahlaxiom.

Beispiel: $\mathbb{Z}$ mit der üblichen Ordnung $\ldots < -2 < -1 < 0 < 1 < 2 < \ldots$ ist nicht wohlgeordnet; in der Anordnung $0, 1, -1, 2, -2, \ldots$ zum Beispiel oder auch $0, 1, 2, 3, \ldots; -1, -2, -3, \ldots$ dagegen ist $\mathbb{Z}$ wohlgeordnet.

Es ist aber nicht möglich, eine Wohlordnung z.B. auf $\mathbb{R}$ explizit anzugeben!

Wronski-Determinante
wronskian; wronskien

Die Lösungen einer homogenen linearen °Differentialgleichung n-ter Ordnung

$$y^{(n)} + a_{n-1}(x) y^{(n-1)} + \ldots + a_1(x) y' + a_0(x) y = 0$$

bilden einen n-dimensionalen °Vektorraum. Sind n Lösungen $\varphi_1, \ldots, \varphi_n$ gegeben, so sind sie genau dann °linear unabhängig (d.h. sind eine Basis des Lösungsvektorraums, oder, wie man sagt: bilden ein *Fundamentalsystem von Lösungen*), wenn die *Wronski-Determinante*

$$\det \begin{pmatrix} \varphi_1(x) & \varphi_2(x) & \ldots & \varphi_n(x) \\ \varphi_1'(x) & \varphi_2'(x) & \ldots & \varphi_n'(x) \\ \vdots & \vdots & & \vdots \\ \varphi_1^{(n-1)}(x) & \varphi_2^{(n-1)}(x) & \ldots & \varphi_n^{(n-1)}(x) \end{pmatrix}$$

in einem Punkt (und damit im ganzen Definitionsintervall!) verschieden von Null ist.

Wurzel
root; racine

Aus historischen Gründen nennt man Lösungen von (meist polynomialen) Gleichungen gelegentlich *Wurzeln*. Speziell heißt jede Nullstelle α eines Polynoms $P \in K[X]$ (K ein Körper, $\alpha \in K$) eine Wurzel von P. Dann ist P durch $(X - \alpha)$ teilbar, und die größte Zahl $n \in \mathbb{N}$, für die P durch $(X - \alpha)^n$ teilbar ist, heißt *Vielfachheit* (oder *Multiplizität* oder *Ordnung*) der Wurzel α.

($\rightarrow$ Einheitswurzel)

Z

Zahlen (Aufbau des Zahlensystems)
numbers; nombres

Auch heute noch wird gelegentlich in Anfängervorlesungen über Analysis viel Zeit damit verbracht, den „strengen" Aufbau des Zahlensystems vorzuexerzieren. Da diese „Grundlagen der Analysis" mit Ausnahme der Rechenregeln für Rechenoperationen und Ordnungsrelation und einer Definition von °Vollständigkeit in der Analysis gar nicht gebraucht werden, kühlt das Interesse daran allmählich ab; umso mehr, als einerseits die vordergründigen Probleme beim konstruktiven Aufbau des Zahlensystems recht erledigt (und gern langweilig) sind, und andererseits die Sehnsucht nach einer heilen Grundlagenwelt ohnehin ziemlich sicher unerfüllt bleiben wird. Trotzdem soll hier ein gewisser pädagogischer Wert eines solchen Unternehmens nicht bestritten werden.

Die *natürlichen Zahlen* $\mathbb{N} = \{0, 1, 2, \ldots\}$ (oder auch ohne 0) können durch die *Peano-Axiome* charakterisiert werden (und definiert z.B. aus der °Mengenlehre heraus als endliche °Kardinal- oder °Ordinalzahlen) — oder man setzt sie als bekannt voraus ... Nach der Erklärung von Addition, Ordnungsrelation und Multiplikation kann man die Halbgruppe $(\mathbb{N}, +)$ zur Gruppe $(\mathbb{Z}, +)$ der *ganzen Zahlen* erweitern und Multiplikation und Anordnung auf $\mathbb{Z}$ fortsetzen. Nun erweitert man analog die Halbgruppe $(\mathbb{Z} \setminus \{0\}, \cdot)$ zu einer Gruppe $(\mathbb{Q} \setminus \{0\}, \cdot)$ und stellt $\mathbb{Q}$ als angeordneten Körper (der *rationalen Zahlen*) her. Der entscheidende Schritt ist die *Vervollständigung* von $\mathbb{Q}$ zum Körper der °*reellen Zahlen* $\mathbb{R}$: Entweder durch °Dedekindsche Schnitte, oder °Cauchy-Folgen, oder Intervallschachtelungen (im Nachhinein kann die Vollständigkeit noch auf mehrere andere Weisen charakterisiert werden). Die Erweiterung von $\mathbb{R}$ zum Körper der °*komplexen Zahlen* $\mathbb{C}$ ist nach dieser ganzen Arbeit nur noch ein Kinderspiel.

LITERATUR: Landau E.: Grundlagen der Analysis (1930; Chelsea Nachdruck).

Zahlentheorie
number theory; théorie des nombres

Zahlentheoretische Probleme sind so alt wie die Mathematik: Die ganzzahligen Lösungen von $x^2 + y^2 = z^2$ wurden schon um 1900 vor Christus von Babyloniern angegeben (nach Auskunft von Historikern). Doch erst im 19. Jahrhundert nach Christus war die Mathematik genügend entwickelt, um die bis dahin isolierten Probleme und Lösungen in Theorien einfügen zu können. Heute ist das Gebiet viel zu umfangreich, um hier mehr als nur eine Auswahl der wichtigsten Zweige erwähnen zu können: Primzahltheorie (→ Primzahlsatz), Teilbarkeitstheorie, °Kongruenzen, quadratische Formen, °algebraische Zahlen, °transzendente Zahlen, diophantische Approximation usw.

LITERATUR: Niven I./Zuckerman H. S.: Einführung in die Zahlentheorie I und II (BI 1976).
Rieger, G. J.: Zahlentheorie. Vandenhoeck & Ruprecht, Göttingen 1976.

Zentralisator
centralizer; centralisateur

Ist G eine °Gruppe und $X \subset G$ eine Teilmenge, so heißt die Menge $\{a \in G \mid ax = xa$ für alle $x \in X\}$ der *Zentralisator* von X (in G); der Zentralisator von G selbst ($X = G$) heißt *Zentrum* von G. Das Zentrum ist °abelscher °Normalteiler in G; jeder Zentralisator ist Untergruppe von G und enthält das Zentrum.
G ist genau dann abelsch, wenn G/Z (Z = Zentrum) zyklisch ist.

Zerfällungskörper
splitting field; corps de rupture

Sei k ein °Körper und $f \in k[X]$ ein °Polynom. Dann gibt es °Körpererweiterungen $k \subset K$, so daß f über K in Linearfaktoren zerfällt. Der kleinste Zwischenkörper mit derselben Eigenschaft heißt *Zerfällungskörper* von f. Er ist bis auf Isomorphie eindeutig bestimmt.

Beispiele: $\mathbb{C} = \mathbb{R}(i)$ ist Zerfällungskörper von $X^2 + 1 \in \mathbb{R}[X]$; $\mathbb{Q}(\sqrt{2})$ ist Zerfällungskörper von $X^2 - 2 \in \mathbb{Q}[X]$; $\mathbb{Q}\left(\sqrt[3]{2}, \frac{1}{\sqrt[3]{4}}(-1 + i\sqrt{3})\right)$ ist Zerfällungskörper von $X^3 - 2 \in \mathbb{Q}[X]$.

Zerlegung
partition; partition

($\rightarrow$ Äquivalenzrelation, $\rightarrow$ Partition)

Zornsches Lemma
Zorn's lemma; théorème de Zorn

Es lautet: Jede induktiv geordnete Menge besitzt (mindestens) ein maximales Element.

Dabei heißt eine Menge $M (\neq \emptyset)$ *induktiv geordnet*, wenn eine °Halbordnung $<$ auf M erklärt ist, so daß jede Teilmenge $K \subset M$ mit der Eigenschaft $a, b \in K \Rightarrow a \leqslant b$ oder $b \leqslant a$ (K heißt dann *Kette*) eine *obere Schranke* in M besitzt (d.h. es gibt $s \in M$ mit $a \leqslant s$ für alle $a \in K$). Ein $m \in M$ heißt *maximales Element*, wenn es kein $a \in M$ gibt mit $m \neq a$ und $m \leqslant a$.

Dieses „Lemma" ist ein wichtiges Beweishilfsmittel (Existenz von °maximalen Idealen, von °Ultrafiltern, einer °Basis für unendlich-dimensionale Vektorräume usw.). Es ist äquivalent zum °Auswahlaxiom und zum °Wohlordnungssatz.

ZPE-Ring
UFD-domain; anneau factoriel

($\rightarrow$ faktoriell)

Zusammenhang
connexion, connection; connexion

($\rightarrow$ kovariante Ableitung)

zusammenhängend
connected; connexe

Ein °topologischer Raum X heißt *zusammenhängend*, wenn eine der folgenden äquivalenten Bedingungen erfüllt ist:

i) Eine Teilmenge von X, die gleichzeitig °offen und °abgeschlossen ist, ist entweder $= \emptyset$ oder $= X$.

ii) Es gibt keine disjunkte Zerlegung $X = A \cup B$ (mit $A \cap B = \emptyset$) in offene Mengen A und B, die beide $\neq \emptyset$ sind.

Es gilt: Ist $(A_i)_{i \in I}$ eine Familie zusammenhängender Teilräume eines topologischen Raumes, deren Durchschnitt nicht leer ist, so ist $\bigcup_{i \in I} A_i$ zusammenhängend. –

Ist $f: X \to Y$ stetig und X zusammenhängend, so auch $f(X)$. – Ist $A \subset X$ eine zusammenhängende Teilmenge, so ist auch $\bar{A}$ (→ abgeschlossene Hülle) zusammenhängend.

Zusammenhangskomponente
connected component; composante connexe

Sei p ein Punkt des °topologischen Raums X. Die Vereinigung aller °zusammenhängenden Teilmengen von X, die p enthalten, ist zusammenhängend und heißt *Zusammenhangskomponente* von p in X. Die Zusammenhangskomponenten von X bilden eine Zerlegung von X in disjunkte Teilmengen, die °abgeschlossen, aber i. allg. nicht °offen sind. (Sie sind auch offen in einem °lokal zusammenhängenden Raum).

Beispiel: Die Zusammenhangskomponenten von $\mathbb{Q} \subset \mathbb{R}$ bestehen nur aus einzelnen Punkten.

zusammenziehbar
contractible; contractile

Ein °topologischer Raum X heißt *zusammenziehbar*, wenn es einen Punkt $p \in X$ und eine stetige Abbildung $\Phi: X \times [0, 1] \to X$ gibt mit $\Phi(x, 0) = x$ und $\Phi(x, 1) = p$ für alle $x \in X$.

(Mit anderen Worten: Wenn id_X zur konstanten Abbildung $X \to \{p\}$ °homotop ist).

Zwischenkörper
intermediate field; corps intermédiaire

(→ Körpererweiterung)

Zwischenwertsatz
intermediate value theorem; théorème des valeurs intermédiaires

Sei $f: [a, b] \to \mathbb{R}$ eine stetige Funktion auf dem Intervall $[a, b] \subset \mathbb{R}$. Dann gibt es für jeden *Zwischenwert* y zwischen $f(a)$ und $f(b)$ ein $x \in [a, b]$ mit $f(x) = y$.

zyklische Gruppe
cyclic group; groupe cyclique (groupe monogène)

Eine Gruppe G heißt *zyklisch*, wenn sie durch ein einziges Element erzeugt wird, d.h.: es gibt ein $a \in G$ mit $G = \{a^k : k \in \mathbb{Z}\}$.

Jede zyklische Gruppe ist °abelsch. Jede Gruppe von Primzahlordnung (d.h. die Anzahl der Elemente ist eine °Primzahl) ist zyklisch. Eine zyklische Gruppe ist entweder isomorph zu $\mathbb{Z}$ oder zu $\mathbb{Z}/m\mathbb{Z}$ (mit einem $m \in \mathbb{N} \setminus \{0\}$)

zyklischer Modul
cyclic module; module cyclique (monogène)

Ein R-°Modul $M \neq 0$ heißt *zyklisch*, wenn er von einem einzigen Element erzeugt wird, d.h. es gibt ein $a \in M$ mit $M = a \cdot R$.

Dies ist genau dann der Fall, wenn M zu einem °Restklassenring R/A, $A \neq R$, isomorph ist; das °Ideal A ist dann gleich dem °Annulator von M.

zyklische Permutation
cyclic permutation; permutation cyclique

Eine °Permutation π von $\{x_1, \ldots, x_n\}$ heißt zyklisch, wenn $\pi(x_i) = x_{i+1}$ (für alle $i = 1, \ldots, n-1$) und $\pi(x_n) = x_1$ ist.

Zykloide
cycliod; cycloide

Die Kurve $f: \mathbb{R} \to \mathbb{R}^2$, $t \mapsto (t - \sin t, 1 - \cos t)$ beschreibt die Bahn eines Punktes auf der Peripherie eines Kreises vom Radius 1, der auf der x-Achse der x-y-Ebene abrollt. Diese Kurve heißt *Zykloide*.

Anhang I

Englisch-Deutsches Stichwörterverzeichnis

(Eigennamen sowie im wesentlichen gleichlautende Stichwörter können hier fehlen)

A

abelian	abelsch
absolute value	Absolutbetrag
accumulation point	Berührungspunkt
action	Operation
adjoint	adjungiert
affine space	affiner Raum
algebraically closed	algebraisch abgeschlossen
algebraic field extension	algebraische Körpererweiterung
algebraic geometry	Algebraische Geometrie
algebraic number	algebraische Zahl
alternating	alternierend
alternating group	alternierende Gruppe
analytic continuation	analytische Fortsetzung
analytic function	analytische Funktion
analytic geometry	Analytische Geometrie
angle	Winkel
annihilator	Annullator
approximation theorem	Approximationssatz
arc length	Bogenlänge (→ rektifizierbar)
artinian module	artinscher Modul
axioms of countability	Abzählbarkeitsaxiome

B

Baire space	Bairescher Raum
ball	Kugel
Banach algebra	Banach-Algebra
basis change	Basiswechsel
Bernoulli numbers	Bernoulli-Zahlen
bilinear form	Bilinearform
binomial theorem	binomischer Lehrsatz
border	Rand
bound	Schranke
bounded	beschränkt

C

cartesian product	kartesisches Produkt
category	Kategorie
Cauchy sequence	Cauchy-Folge
centralizer	Zentralisator
chain rule	Kettenregel
character	Charakter
characteristic	charakteristisch
chinese remainder theorem	Chinesischer Restsatz
classical groups	klassische Gruppen
closed	abgeschlossen; geschlossen
closed graph theorem	abgeschlossenen Graphen (Satz vom)
closed real line	abgeschlossene Zahlengerade
closure	abgeschlossene Hülle
cluster point	Häufungspunkt
codimension	Kodimension
cokernel	Kokern
compact	kompakt
complete	vollständig
complex numbers	komplexe Zahlen
complexification	Komplexifizierung
congruent	kongruent
conjugated subgroups	konjugierte Untergruppen
connected component	Zusammenhangskomponente
connexion	Zusammenhang (→ kovariante Ableitung)
continuous	stetig
contractible	zusammenziehbar
contracting	kontrahierend
convergence criterions	Konvergenzkriterien
convergent sequence	konvergente Folge
convex	konvex
convolution	Konvolution
coordinates	Koordinaten
coprime	teilerfremd (→ Teilbarkeit in Integritätsringen)
coset	Nebenklasse
countable	abzählbar
covariant derivative	kovariante Ableitung
covering space	Überlagerung
criterion	Kriterium
curve	Kurve
curvature	Krümmung

cusp	(→ Neilsche Parabel)
cyclic	zyklisch
cyclotomic polynomial	Kreisteilungspolynom

D

decomposition into primes	Primfaktorzerlegung
degree (of a polynomial)	Grad (eines Polynoms)
dense	dicht
developable surface	Torse (→ Regelfläche)
differentiable manifold	differenzierbare Mannigfaltigkeit
differential	Ableitung (→ differenzierbar)
differential forms	Differentialformen
differential geometry	Differentialgeometrie
dimension formula	Dimensionsformel
Dirac measure	Dirac-Maß
direct sum	direkte Summe
disjoint	disjunkt
distinguished subgroup	Normalteiler
divisibility in domains	Teilbarkeit in Integritätsringen
domain	Gebiet
domain (of integrity)	Integritätsring
dominated convergence thm.	(→ Lebesgue, Satz von)
(double) cross ratio	Doppelverhältnis
dual module	dualer Modul

E

eigenspace	Eigenraum (→ Eigenwert)
eigenvalue	Eigenwert
eigenvector	Eigenvektor (→ Eigenwert)
entire function	ganze Funktion
equations of Codazzi-M.	(→ Ableitungsgleichungen)
equicontinuous	gleichgradig stetig
equivalence relation	Äquivalenzrelation
equivalent matrices	äquivalente Matrizen
euclidean algorithm	euklidischer Algorithmus
even (function)	gerade (Funktion)
exact sequence	exakte Sequenz
exponential series	Exponentialreihe
exterior algebra	äußere Algebra
exterior derivative	äußere Ableitung

F

factor group	Faktorgruppe
factorial	Fakultät
factor module	Restklassenmodul
factor ring	Restklassenring
fiber	Faser
field	Körper
field extension	Körpererweiterung
finitely generated	endlich erzeugt
fixed point theorem	Fixpunktsatz
flag	Fahne
four vertex theorem	Vierscheitelsatz
fractional linear transformation	gebrochen lineare Transformation
free group	freie Gruppe
frontier	Rand
functional analysis	Funktionalanalysis
fundamental group	Fundamentalgruppe

G

Galois group	Galoisgruppe
gamma function	Gamma-Funktion
gaussian integer	Gaußsche Zahl
general linear group	allgemeine lineare Gruppe
geodesic	Geodätische
geometric series	geometrische Reihe
germ of a function	Funktionskeim
greatest common divisor	größter gemeinsamer Teiler (→ Teilbarkeit in Integritätsringen)
group	Gruppe

H

half space	Halbraum
harmonic function	harmonische Funktion (→ Laplace-Operator)
heat equation	Wärmeleitungsgleichung
hermitian	Hermitesch
hessian	Hessesche Matrix
hilbert space	Hilbert-Raum
homeomorphic	homöomorph
homogeneous polynomial	homogenes Polynom
homotopy group	Homotopiegruppe

hyperbolic functions	Hyperbelfunktionen
hyperplane	Hyperebene
hyperplane reflection	Hyperebenenspiegelung

I

identity theorem	Identitätssatz
implicit function theorem	implizite Funktionen (Satz über)
improper integral	uneigentliches Integral
increasing function	steigende Funktion
indeterminate	Unbestimmte (→ Polynom)
induced topology	induzierte Topologie
inequality of C.-S.	Cauchy-Schwarzsche Ungleichung
inner automorphism	innerer Automorphismus
integers	ganze Zahlen
integration by parts	partielle Integration
interior	offener Kern
interior point	innerer Punkt
intersection	Durchschnitt (→ Mengenlehre)
intrinsic geometry	innere Geometrie
invertible	invertierbar

J

jacobian	Jacobimatrix

K

kernel	Kern

L

lattice	Gitter (→ Torus)
least common multiple	kleinstes gemeinsames Vielfaches
length	Länge
lexicographic order	lexikographische Ordnung
line	Gerade
linear algebra	Lineare Algebra
linear combination	Linearkombination
linear map	lineare Abbildung
locally compact	lokalkompakt
locally convex	lokalkonvex
locally integrable	lokal-integrierbar
local ring	lokaler Ring
logarithm	Logarithmus

M

manifold	(→ differenzierbare Mannigfaltigkeit)
map, mapping	Abbildung
mean curvature	mittlere Krümmung
mean value theorem	Mittelwertsatz
measurable	meßbar
meromorphic	meromorph
metric space	metrischer Raum
minimal polynomial	Minimalpolynom
minimal surface	Minimalfläche
module	Modul
moduli space	Modulraum
modulus	Absolutbetrag
monic polynomial	normiertes Polynom
multilinear mapping	multilineare Abbildung

N

neighbourhood	Umgebung
normalizer	Normalisator
normal tower	Normalreihe (→ auflösbar)
number theory	Zahlentheorie

O

one point compactification	Alexandroff-Kompaktifizierung
open	offen
orbit	Bahn (→ Operation)
order	Ordnung (→ Halbordnung)
ordered field	angeordneter Körper
ordinary differential equation	Differentialgleichungen (gewöhnliche)
osculating plane	Schmiegebene (→ Krümmung einer Kurve)

P

parallel transport	Parallelverschiebung
partial derivative	partielle Ableitung
partial differential equation	partielle Differentialgleichung
partial fraction expansion	Partialbruchzerlegung
partial order	Halbordnung
path	Weg
pathwise connected	wegzusammenhängend
plane	Ebene

polar coordinates	Polarkoordinaten
power series	Potenzreihe
precompact	präkompakt
prime ideal	Primideal
primitive (function)	Stammfunktion
principal curvature	Hauptkrümmung (→ Krümmung einer Fläche)
principal ideal	Hauptideal
principal part	Hauptteil
principal value	Hauptwert
principle of duality	Dualitätsprinzip
projective space	projektiver Raum
proper map	eigentliche Abbildung

Q

quadratic form	quadratische Form
quotient field	Quotientenkörper

R

radical extension	Radikalerweiterung
Radon measure	Radon-Maß
rank	Rang
rational mapping	rationale Abbildung
real numbers	reelle Zahlen
real part	Realteil (→ komplexe Zahlen)
rectifying plane	rektifizierende Ebene (→ Frenetsches Dreibein)
reflection	Spiegelung (→ Hyperebenenspiegelung)
removable singularity	hebbare Singularität
residue class	Nebenklasse
residue formula	Residuensatz
resolvable	auflösbar
Riemann surface	Riemannsche Fläche
root	Wurzel
root of unity	Einheitswurzel
rotation	Drehung
ruled surface	Regelfläche

S

self adjoint	selbstadjungiert
semisimple	halbeinfach
semicontinuous	halbstetig

separation axioms	Trennungsaxiome
sequence	Folge
series	Reihe
set theory	Mengenlehre
sign	Signum
similar matrices	ähnliche Matrizen
similarity transformation	Drehstreckung
simple	einfach
simply connected	einfach zusammenhängend
skew	windschief
splitting field	Zerfällungskörper
stabilizer	Isotropiegruppe (→ Operation)
starlike	sternförmig
strong topology	starke Topologie
subgroup	Untergruppe (→ Gruppe)
surface	Fläche
system of linear equations	lineares Gleichungssystem

T

tangent space	Tangentialraum
Taylor series	Taylor-Reihe
tensor product	Tensorprodukt
topological vector space	topologischer Vektorraum
topology	Topologie
totally disconnected	total unzusammenhängend
trace	Spur
triadic Cantor set	Cantorsches Diskontinuum
triangular matrix	Dreiecksmatrix

U

umbilic point	Nabelpunkt (→ Gauß-Abbildung)
uniform convergence	gleichmäßige Konvergenz
uniformly continuous	gleichmäßig stetig
unique factorisation domain	faktorieller Ring
unit	Einheit
unitary	unitär
universal covering	universelle Überlagerung
universal property	universelle Eigenschaft

V

valuation	Bewertung
vectoranalysis	Vektoranalysis
vector field	Vektorfeld
vectorspace	Vektorraum

W

weak topology	schwache Topologie

Z

zero divisor	Nullteiler

Anhang II

Französisch-Deutsches Stichwörterverzeichnis

A

abélien	abelsch
adhérence	abgeschlossene Hülle
adjoint	adjungiert
algèbre	Algebra
algèbre de Banach	Banach-Algebra
algèbre extérieure	äußere Algebra
algèbre grassmannienne	Graßmann-Algebra
algébre linéaire	Lineare Algebra
algébriquement clos	algebraisch abgeschlossen
alterné	alternierend (→ multilineare Abb.)
analyse fonctionnelle	Funktionalanalysis
analyse vectorielle	Vektoranalysis
angle	Winkel
anneau	Ring
anneau euclidien	euklidischer Ring
anneau factoriel	faktorieller Ring
anneau intègre	Integritätsring
anneau local	lokaler Ring
anneau prinicipal	Hauptidealring
anneau quotient	Restklassenring
annullateur	Annullator
application	Abbildung
application linéaire	lineare Abbildung
application mesurable	meßbare Abbildung
application multilinéaire	multilineare Abbildung
application rationnelle	rationale Abbildung
auto-adjoint	selbstadjungiert (→ adjungierte Abb.)
automorphisme intérieur	innerer Automorphismus
axiomes de dénombrabilité	Abzählbarkeitsaxiome
axiomes de séparation	Trennungsaxiome

B

base	Basis
birapport	Doppelverhältnis
bord	Rand

borne	Schranke
borné	beschränkt
boule	Kugel

C

caractère	Charakter
catégorie	Kategorie
centralisateur	Zentralisator
champs de vecteurs	Vektorfeld
changement de base	Basiswechsel
chemin	Weg
classe modulo un sous-groupe	Nebenklasse
codimension	Kodimension
combination linéaire	Linearkombination
compact	kompakt
compactifié d'Alexandroff	Alexandroff-Kompaktifizierung
complet	vollständig
complexifié d'un espace vect.	Komplexifizierung eines Vektorraums
composante connexe	Zusammenhangskomponente
congru	kongruent
connexe par arcs	wegzusammenhängend
connexion	Zusammenhang (→ kovariante Ableitung)
conoyau	Kokern
continu	stetig
contractante	kontrahierend
contractile	zusammenziehbar
convergence uniforme	gleichmäßige Konvergenz
convexe	konvex
convolution	Konvolution
coordonnées	Koordinaten
coordonnées polaires	Polarkoordinaten
corps	Körper
corps de rupture	Zerfällungskörper
corps de fractions	Quotientenkörper
corps ordonné	angeordneter Körper
coupure modulaire	Dedekindscher Schnitt
courbatures	Muskelkater (→ Hauptkrümmungen)
courbe	Kurve
courbure	Krümmung
courbure moyenne	mittlere Krümmung
courbures principales	Hauptkrümmungen (→ Krümmung einer Fläche)

critère	Kriterium
critère de Cauchy	Cauchy-Kriterium
critère d'irréductibilité d'Eisenstein	Eisensteinsches Irreduzibilitätskriterium
critères de convergence	Konvergenzkriterien
croissante (fonction)	steigende Funktion
cyclique	zyklisch

D

décomposition d'une fonction rationnelle en éléments simples	Partialbruchzerlegung
décomposition en facteurs premiers	Primfaktorzerlegung
degré (d'un polynôme)	Grad (eines Polynoms)
demi-space	Halbraum
dénombrable	abzählbar
dense	dicht
dérivation extérieure	äußere Ableitung
dérivée	Ableitung (→ differenzierbar)
dérivée covariante	kovariante Ableitung
dérivée partielle	partielle Ableitung
développement de Taylor	Taylor-Reihe
disjoint	disjunkt
diviseur de zéro	Nullteiler
divisibilité dans les anneaux intègres	Teilbarkeit in Integritätsringen
division euclidienne	euklidischer Algorithmus
domaine	Gebiet
drapeau	Fahne
droite	Gerade
droite achevée	abgeschlossene Zahlengerade

E

ensemble triadique de Cantor	Cantorsches Diskontinuum
entier de Gauß	Gaußsche Zahl
équation de la chaleur	Wärmeleitungsgleichung
équations de Codazzi-Mainardi	(→ Ableitungsgleichungen)
équations différentielles	Differentialgleichungen
équations différentielles partielles	partielle Differentialgleichungen
équicontinu	gleichgradig stetig (→ Arzela-Ascoli, → Banach-Steinhaus)
espace affine	affiner Raum
espace de Baire	Bairescher Raum
espace de Hilbert	Hilbert-Raum
espace des modules	Modulraum

espace localement convexe	lokalkonvexer Vektorraum
espace métrique	metrischer Raum
espace projectif	projektiver Raum
espace tangent	Tangentialraum
espace vectoriel	Vektorraum
espace vectoriel euclidien	euklidischer Vektorraum
espace vectoriel quotient	Quotientenvektorraum
espace vectoriel topologique	topologischer Vektorraum
étoilé	sternförmig
extension algébrique	algebraische Körpererweiterung
extension de corps	Körpererweiterung
extension radicielle	Radikalerweiterung
extrême	Extremum

F

factorielle	Fakultät
fermé	abgeschlossen
fermée (forme différentielle)	geschlossene (Differentialform)
fibre	Faser
fonction analytique	analytische Funktion
fonction caractéristique	charakteristische Funktion
fonction d'Euler	Eulersche φ-Funktion
fonction entière	ganze Funktion
fonction gamma	Gammafunktion
fonction harmonique	harmonische Funktion (→ Laplace-Operator)
fonctions hyperboliques	Hyperbelfunktionen
fonction mesurable	meßbare Funktion
forme bilinéaire	Bilinearform
forme hermitienne	Hermitesche Form
forme linéaire	Linearform
forme quadratique	quadratische Form
formes différentielles	Differentialformen
formule de Cauchy	Cauchysche Integralformel
formule de Cramer	Cramersche Regel
formule de dimension	Dimensionsformel
formule du binôme de Newton	binomischer Lehrsatz
frontière	Rand

G

gauche	windschief
géodésique	Geodätische

géométrie algébrique	Algebraische Geometrie
géométrie analytique	Analytische Geometrie
géométrie différentielle	Differentialgeometrie
géométrie intrinsèque	innere Geometrie
germe de fonction	Funktionskeim
groupe	Gruppe
groupe alterné	alternierende Gruppe
groupe de Galois	Galois-Gruppe
groupe de Lie	Lie-Gruppe
groupe d'homotopie	Homotopiegruppe
groupe d'isotropie	Isotropiegruppe
groupe fondamental	Fundamentalgruppe
groupe libre	freie Gruppe
groupe linéaire général	allgemeine lineare Gruppe
groupe quotient	Faktorgruppe
groupes classiques	klassische Gruppen

H

homéomorphe	homöomorph
hyperplan	Hyperebene

I

idéal maximal	maximales Ideal
idéal premier	Primideal
idéal principal	Hauptideal
indéfini	indefinit
indéterminée	Unbestimmte (→ Polynom)
indice	Index
indice d'un point par rapport à un circuit	Umlaufszahl
inégalité de Cauchy-Schwarz	Cauchy-Schwarzsche Ungleichung
intégrale impropre	uneigentliches Integral
intégration par parties	partielle Integration
intérieur	offener Kern
intersection	Durchschnitt (→ Mengenlehre)
inversible	invertierbar

L

localement compact	lokalkompakt
localement intégrable	lokal-integrierbar
logarithme	Logarithmus
loi d'inertie de Sylvester	Sylvestersches Trägheitsgesetz

longueur	Länge
longueur d'arc	Bogenlänge (→ rektifizierbar)

M

matrice	Matrix
matrice de Hesse	Hessesche Matrix
matrice hermitienne	Hermitesche Matrix
matrice jacobienne	Jacobimatrix
matrices congruentes	kongruente Matrizen
matrices équivalentes	äquivalente Matrizen
matrice triangulaire	Dreiecksmatrix
méromorphe	meromorph
mesure de Dirac	Dirac-Maß
mesure de Lebesgue	Lebesgue-Maß
mesure de Radon	Radon-Maß
module	Absolutbetrag
module	Modul
module artinien	artinscher Modul
module dual	dualer Modul
module quotient	Restklassenmodul

N

nombre algébrique	algebraische Zahl
nombre de Neper	Eulersche Zahl (→ Exponentialreihe)
nombres complexes	komplexe Zahlen
nombres de Bernoulli	Bernoulli-Zahlen
nombres entiers	ganze Zahlen
nombres réels	reelle Zahlen
normalisateur	Normalisator
norme hermitienne	hermitesche Norm
noyau	Kern

O

opérateur hermitien	hermitescher Operator
opération	Operation
orbite	Bahn (→ Operation)
ordre	Ordnung (→ Halbordnung)
ordre lexicographique	lexikographische Ordnung
ordre partiel	Halbordnung
ouvert	offen

P

paire (fonction)	gerade Funktion
partie réelle	Realteil (→ komplexe Zahlen)
partie singulière	Hauptteil
plan	Ebene
plan osculateur	Schmiegebene (→ Krümmung einer Kurve)
plan réctifiant	rektifizierende Ebene (→ Frenetsches Dreibein)
plus grand diviseur commun	größter gemeinsamer Teiler
plus petit multiple commun	kleinstes gemeinsames Vielfaches
point d'accumulation	Häufungspunkt
point d'adhérence	Berührungspunkt
point intérieur	innerer Punkt
point ombilique	Nabelpunkt (→ Gauß-Abbildung)
polynôme caractéristique	charakteristisches Polynom
polynôme cyclotomique	Kreisteilungspolynom
polynôme homogène	homogenes Polynom
polynôme minimal	Minimalpolynom
polynôme monique	normiertes Polynom
précompact	präkompakt
premiers entre eux	teilerfremd (→ Teilbarkeit in Integritätsringen)
primitive d'une fonction	Stammfunktion (→ Fundamentalsatz der Differential- und Integralrechnung)
principe de dualité	Dualitätsprinzip
principe des zéros isolées } principe du prolongement analytique }	Identitätssatz für holomorphe Funktionen
produit cartésien	kartesisches Produkt
produit tensoriel	Tensorprodukt
prolongement analytique	analytische Fortsetzung
propre	eigentlich
propriété universelle	universelle Eigenschaft

R

racine	Wurzel
racine d'unité	Einheitswurzel
rang	Rang
relation d'équivalence	Äquivalenzrelation
réseau	Gitter (→ Torus)
résoluble	auflösbar
revêtement	Überlagerung

revêtement universel	universelle Überlagerung
rotation	Drehung

S

semblable (matrices)	ähnliche Matrizen
sémicontinu	halbstetig
sémisimple	halbeinfach
série	Reihe
série de Laurent	Laurentreihe
série de Taylor	Taylorreihe
série entière	Potenzreihe
série exponentielle	Exponentialreihe
série géométrique	geometrische Reihe
signe	Signum
similitude directe	Drehstreckung
simple	einfach
simplement connexe	einfach zusammenhängend
somme directe	direkte Summe
sous-espace propre	Eigenraum (→ Eigenwert)
sous-groupe	Untergruppe (→ Gruppe)
sous-groupe conjugué	konjugierte Untergruppe
sous-groupe distingué	Normalteiler
stabilisateur	Stabilisator (→ Operation)
suite	Folge
suite convergente	konvergente Folge
suite de Cauchy	Cauchy-Folge
suite de composition	Normalreihe (→ auflösbar)
suite exacte	exakte Sequenz
surface	Fläche
surface de Riemann	Riemannsche Fläche
surface minimale	Minimalfläche
surface reglée	Regelfläche
symétrie	Spiegelung (→ Hyperebenenspiegelung)
symétrie par rapport à un hyperplan	Hyperebenenspiegelung
système d'équations linéaires	lineares Gleichungssystem

T

théorème chinois	Chinesischer Restsatz
théorème d'Alembert-Gauß	Fundamentalsatz der Algebra˙
théorème d'approximation	Approximationssatz
théorème de convergence dominée	→ Lebesgue (Satz von)

théorème de la moyenne	Mittelwertsatz
théorème des fonctions implicites	implizite Funktionen (Satz über)
théorème des quatre sommets	Vierscheitelsatz
théorème des résidues	Residuensatz
théorème du graphe fermé	abgeschlossenen Graphen (Satz vom)
théorème du point fixe	Fixpunktsatz
théorie des ensembles	Mengenlehre
théorie des nombres	Zahlentheorie
topologie	Topologie
topologie faible	schwache Topologie
topologie forte	starke Topologie
topologie induite	induzierte Topologie
topologie initiale	Initialtopologie
totalement discontinu	total unzusammenhängend
trace	Spur
transformation homographique	gebrochen lineare Transformation (→ Riemannsche Zahlenkugel)
transport parallel	Parallelverschiebung
trièdre de Frenet	Frenetsches Dreibein
type fini	endlich erzeugt

U

uniformement continu	gleichmäßig stetig
unitaire	unitär
unité	Einheit

V

valeur absolue	Absolutbetrag
valeur principale	Hauptwert
valeur propre	Eigenwert
valuation	Bewertung
variété différentiable	differenzierbare Mannigfaltigkeit
vecteur	Vektor
vecteur normal	Normalenvektor
vecteur propre	Eigenvektor (→ Eigenwert)
voisinage	Umgebung

Anhang III

Übersicht über die wichtigsten Stichwörter nach Sachgebieten

Algebra

Algebra (als mathematische Disziplin)
algebraische Struktur
Gruppe
Nebenklasse
Index (einer Untergruppe)
konjugierte Untergruppe
Normalteiler
Normalisator
Faktorgruppe
Homomorphiesatz
Isomorphiesätze
Zentralisator
Kommutator
auflösbar
einfach (Gruppe)
Jordan-Hölder (Satz von)
Sylow-Gruppen
endlich erzeugt
Hauptsatz über endlich erzeugte abelsche Gruppen
freie Gruppe
Nielsen-Schreier (Satz von)
frei-abelsche Gruppe
Operation
semidirektes Produkt
Ring
Polynom
polynomiale Abbildung
Grad eines Polynoms
homogen
invertierbar
Ideal
maximales Ideal
Primideal
Restklassenring
Chinesischer Restsatz
lokaler Ring
Jacobson-Radikal
nilpotent
idempotent
unipotent
Nullteiler
Integritätsring
Teilbarkeit in Integritätsringen
Einsensteinsches Irreduzibilitätskriterium
Quotientenkörper (eines Integritätsrings)
faktorieller Ring
Gauß (Satz von)
Hauptidealring
noethersch
Hilbertscher Basissatz
Bewertung
Absolutbetrag
Gaußsche Zahl
euklidischer Ring
euklidischer Algorithmus
Körper
Wedderburn (Satz von)
Charakteristik (eines Körpers)
Primkörper
Fundamentalsatz der Algebra
algebraisch abgeschlossen
Körpererweiterung
algebraische Zahl
Minimalpolynom
transzendent
algebraische Körpererweiterung
normal (Körpererweiterung)
separabel (Polynom, Körpererweiterung)
Frobenius-Homomorphismus

primitives Element
Zerfällungskörper
Charakter
Galois-Theorie (Hauptsatz)
Galois-Gruppe eines Polynoms
Radikalerweiterung
Einheitswurzel
primitive Einheitswurzel
Eulersche φ-Funktion
Kreisteilungspolynom
einfach (Modul)
halbeinfach
artinscher Modul
Torsion
Annullator
Divisionsalgebra
Frobenius (Satz von)

Analysis

reelle Zahlen
irrational
Dedekindscher Schnitt
angeordneter Körper
Archimedisches Axiom
abgeschlossene Zahlengerade
Bernoullische Ungleichung
abzählbar
vollständige Induktion
Fakultät
Binomialkoeffizienten
Lagrangesches Interpolationspolynom
Intervall
Gebiet
steigend
Supremum
stetig
gleichmäßig stetig
halbstetig
Zwischenwertsatz
beschränkt
Folge
Häufungspunkt

Cauchy-Folge
Cauchy-Kriterium
konvergent
Bolzano-Weierstraß (Satz von)
Limes superior (bzw. inferior)
Reihe (unendliche)
geometrische Reihe
Exponentialreihe
Bernoulli-Zahlen
Binomische Reihe
Cauchy-Produkt von Reihen
Konvergenzkriterien für Reihen
absolut konvergent
Konvergenz von Funktionenfolgen
gleichmäßige Konvergenz
Konvergenzkriterium von Weierstraß
Abelscher Grenzwertsatz
Dini (Satz von)
differenzierbar
Tangente
Rolle (Satz von)
Mittelwertsatz
Kettenregel
Newton-Verfahren
Exponentialfunktion
Winkel
trigonometrische Funktionen
Hyperbelfunktionen
Logarithmus
Gamma-Funktion
Taylor-Reihen
Borel (Satz von)
Riemannsche Summe
Riemann-Integral
Mittelwertsatz der Integralrechnung
Fundamentalsatz der Differential-
 und Integralrechnung
partielle Integration
uneigentliche Integrale
Gamma-Funktion
Hauptwert
partielle Ableitung
Gradient

total differenzierbar
Umkehrabbildung (Satz über)
Diffeomorphismus
implizite Funktionen (Satz über)
Hessesche Matrix
Extrema
Extrema mit Nebenbedingungen
Approximationssatz von Stone-Weierstraß
Lebesgue-Maß
meßbarer Raum
meßbare Funktion
charakteristische Funktion
Cantorsches Diskontinuum
Treppenfunktion
Lebesgue-Integral
Fatou (Lemma von)
Lebesgue, Satz von (über die „dominierte Konvergenz")
Levi (Satz von Beppo)
L^p-Räume
Minkowskische Ungleichung
Höldersche Ungleichung
lokal-integrierbar
Fubini (Satz von)
Vektoranalysis
Differentialformen (im $\mathbb{R}^n$)
äußere Ableitung
exakt (Differentialform)
geschlossen
konvex
sternförmig
Poincaré (Lemma von)
Flächenintegral
Stokes (Satz von)
Fourier-Reihe
Fourier-Transformation
Radon-Maß
Diracsches Funktional
Konvolution
Distribution
Differentialgleichungen (gewöhnliche)
Lipschitz-Bedingung

Existenz- und Eindeutigkeitssatz für Differentialgleichungen (von Picard-Lindelöf)
Besselsche Differentialgleichung
Hermitesche Differentialgleichung
Laguerresche Differentialgleichung
Legendresche Differentialgleichung
Riccatische Differentialgleichung
partielle Differentialgleichungen
Laplace-Operator
Schwingungsgleichung
Wärmeleitungsgleichung

Differentialgeometrie

Differentialgeometrie
Kurve
Krümmung (einer Kurve)
Frenetsches Dreibein
Torsion (einer Raumkurve)
Frenetsche Formeln
Vierscheitelsatz
Fläche
Fundamentalform (erste)
Krümmung (einer Fläche)
Meusnier (Satz von)
Regelfläche
Minimalfläche
Gauß-Abbildung
Ableitungsgleichungen
kovariante Ableitung
Parallelverschiebung
Geodätische
Theorema egregium
innere Geometrie einer Fläche
Gauß-Bonnet (Satz von)
differenzierbare Mannigfaltigkeit
Tangentialraum
Lie-Gruppe
Differentialformen (auf Mannigfaltigkeiten)

Anhang III

Funktionentheorie

komplexe Zahlen
Eulersche Formel
Potenzreihen
Konvergenzradius
Funktionskeim
analytische Funktion
komplex differenzierbar
Wirtinger-Kalkül
holomorph
Morera (Satz von)
Umlaufszahl
Cauchyscher Integralsatz
Cauchysche Integralformel
Mittelwertsatz (für holomorphe Funktionen)
Maximumprinzip (für holomorphe Funktionen)
ganze Funktion
Liouville (Satz von)
Identitätssatz (für holomorphe Funktionen)
analytische Fortsetzung
Monodromiesatz
Riemannscher Hebbarkeitssatz
Singularitäten (isolierte ∼ einer holomorphen Funktion)
Casorati-Weierstraß (Satz von)
meromorph
Mittag-Leffler (Satz von)
Laurententwicklung
Residuum
Residuensatz
Rouché (Satz von)
kompakte Konvergenz
Montel (Satz von)
Weierstraßscher Produktsatz
Schwarzsches Lemma
Schwarzsches Spiegelungsprinzip
Riemannscher Abbildungssatz
Riemannsche Zahlenkugel
Riemannsche Fläche

Lineare Algebra

lineare Algebra
Vektorprodukt
Spatprodukt
Vektorraum
Skalar
Linearkombination
lineare Abbildung
semilinear
Homomorphismus
Monomorphismus
Endomorphismenring
Isomorphismus
Kern
Kokern
linear unabhängig
Basis (eines Vektorraums)
Koordinaten
Basisergänzungssatz
Basisauswahlsatz
Austauschsatz (von E. Steinitz)
Dimension
Kodimension
Dimensionsformel
Basiswechsel
Koordinatentransformation
Matrix
Diagonalmatrix
Permutation
Signum
alternierende Gruppe
Determinante
Sarrus (Regel von)
Determinantenentwicklungssatz
Determinantenmultiplikationssatz
Vandermondesche Determinante
lineares Gleichungssystem
Cramersche Regel
Elementarmatrix
Dreiecksmatrix
Rang (einer Matrix)
komplementäre Matrix

singuläre Matrix
inverse Matrix
allgemeine lineare Gruppe
äquivalent (Matrizen)
Normalformensatz für äquivalente
  Matrizen
Eigenwert
charakteristisches Polynom
Cayley-Hamilton (Satz von)
ähnliche Matrizen
diagonalisierbar
simultan diagonalisierbar
Spur
Fahne
Jordanmatrix
Jordansche Normalform
Bilinearform
Sesquilinearform
transponierte Matrix
symmetrische Matrix
positiv definit
Skalarprodukt
Norm
Cauchy-Schwarzsche Ungleichung
Parallelogrammgleichung
quadratische Form
Polarisierung
euklidischer Vektorraum
Pythagoras
Projektion
orthogonal
Drehung
Drehstreckung
Orthonormalisierungssatz
kongruent (Matrizen)
Hauptachsentransformation einer
  reellen symmetrischen Matrix
indefinit
isotrop
Index (einer symmetrischen Bilinear-
  form)
Signatur
Sylvestersches Trägheitsgesetz

Komplexifizierung (eines reellen
  Vektorraums)
Hermitesche Matrix
Hermitesche Form
unitärer Vektorraum
Hilbertraum
unitärer Endomorphismus
unitäre Matrix
adjungierte Abbildung
adjungierte Matrix
normal (Endomorphismus, Matrix)
Linearform
dualer Vektorraum
Bidual (eines Vektorraums)
Quotientenvektorraum
direkte Summe
Modul
Restklassenmodul
freier Modul
dualer Modul
Bidual (eines Moduls)
Quaternionen
symplektisch
Hyperebenenspiegelung
Orientierung
klassische Gruppen
multilineare Abbildungen
Tensorprodukt (von Multilinearformen)
Tensoren
Tensorprodukt (von Vektoräumen)
symmetrischer Tensor
äußere Algebra
analytische Geometrie
synthetische Geometrie
affiner Raum
projektiver Raum
Gerade
Ebene
Kollineation
Hauptsatz der affinen Geometrie
Quadrik
Hauptachsentransformation, affine
  ~ von reellen Quadriken

Anhang III

Projektivität
Doppelverhältnis
Korrelation
Verbindung
Dualitätsprinzip
Pappos-Pascal (Satz von)
Brianchon (Satz von)
Desargues (Satz von)

Mengentheoretische Topologie und Funktionalanalysis

Topologie (als mathematische Disziplin)
topologischer Raum
offen
Basis (einer Topologie)
offener Kern
innerer Punkt
Umgebung
Umgebungsbasis
abgeschlossen
Berührungspunkt
Häufungspunkt
abgeschlossene Hülle
Rand
dicht
stetig
homöomorph
induzierte Topologie
Produkttopologie
Initialtopologie
Quotiententopologie
Finaltopologie
Abzählbarkeitsaxiome
Lindelöf-Raum
Filter
Filterbasis
Ultrafilter
kompakt
Borel-Lebesgue (Satz von)
Tychonoff (Satz von)
lokalkompakt

Alexandroff-Kompaktifizierung
eigentliche Abbildung
Metrik
metrisierbar
metrischer Raum
Kugel
Lebesguesche Zahl
präkompakt
vollständig
vollständig metrisierbar
isometrisch
kontrahierend (Abbildung)
Fixpunktsatz
Bairescher Raum
Arzela-Ascoli (Satz von)
Trennungsaxiome
hausdorffsch
regulär
vollständig regulär
normal (topologischer Raum)
Tietze-Urysohn (Fortsetzungssatz von)
zusammenhängend
lokal zusammenhängend
Zusammenhangskomponente
total unzusammenhängend
Weg
wegzusammenhängend
lokal wegzusammenhängend
homotop
Homotopiegruppe
einfach zusammenhängend
semilokal einfach zusammenhängend
Überlagerung
universelle Überlagerung
Jordanscher Kurvensatz
zusammenziehbar
Retrakt
Torus
parakompakt
Partition der Eins
topologischer Vektorraum
Riesz (Satz von)
Normtopologie

Banach-Raum
Norm (eines Homomorphismus)
Fréchet-Raum
konvex (Menge)
lokalkonvexer Vektorraum
Dualraum (eines topologischen
  Vektorraumes)
starke Topologie
schwache Topologie
schwach-*-Topologie
reflexiv
Ergodensatz
Hahn-Banach-Sätze
Prinzip der offenen Abbildung
inversen Operator (Satz vom)
abgeschlossenen Graphen (Satz vom)
Fredholm-Operator
kompakt (Operator)
Banach-Steinhaus (Satz von)
Banach-Algebra
B*-Algebra
Spektrum (einer Banach-Algebra)
Spektrum (eines linearen Operators)
Resolventenmenge
Spektralradius

Sonstiges

Zahlen (Aufbau des Zahlensystems)
Zahlentheorie
Primzahlsatz
Fermatsche Zahl
Fibonacci-Zahlen
Mengenlehre
Potenzmenge
kartesisches Produkt
Halbordnung
lexikographische Ordnung
Abbildung
Äquivalenzrelation
Kardinalzahl
Ordinalzahl
Auswahlaxiom
Wohlordnungssatz
Zornsches Lemma
Kategorie
Funktor
kanonisch

Literaturhinweise

Analysis

C. Blatter: Analysis I, II, III. Heidelberger Taschenbücher Bd. 151, 152, 153. Springer 1974

O. Forster: Analysis 1, 2. Vieweg Grundkurs Mathematik

H. Heuser: Lehrbuch der Analysis, Teil 1 und 2. Teubner 1980 und 1981

H.-J. Reiffen, H. W. Trapp: Einführung in die Analysis I, II, III. BI-Hochschultaschenbücher Bd. 776, 786, 787. Mannheim 1972

Lineare Algebra

G. Fischer: Lineare Algebra. Vieweg Grundkurs Mathematik

G. Fischer: Analytische Geometrie. Vieweg Grundkurs Mathematik

W. Klingenberg, P. Klein: Lineare Algebra und analytische Geometrie, Bd. 1 und 2; Übungen zu Bd. 1 und 2. BI-Hochschultaschenbücher Bd. 748, 749, 750.

E. Oeljeklaus, R. Remmert: Lineare Algebra I. Heidelberger Taschenbuch Bd. 150. Springer

Algebra

G. Fischer, R. Sacher: Einführung in die Algebra. Teubner Studienbücher Mathematik, Stuttgart 1978

S. Lang: Algebra. Addison Wesley 1965

K. Meyberg: Algebra 1 und 2; Aufgaben und Lösungen zur Algebra (zusammen mit P. Vachenauer). Hanser, München 1975–1978

H.-J. Reiffen, G. Scheja, U. Vetter: Algebra. BI-Hochschultaschenbuch Bd. 110/110a, Mannheim 1969

Differentialgeometrie

M. P. do Carmo: Differential Geometry of Curves and Surfaces. Prentice-Hall 1976

W. Klingenberg: Eine Vorlesung über Differentialgeometrie. Heidelberger Taschenbuch Bd. 107, Springer

Differentialgleichungen

M. Braun: Differentialgleichungen und ihre Anwendungen. Springer Hochschultext, 1979

F. Erwe: Gewöhnliche Differentialgleichungen. BI-Hochschultaschenbuch Bd. 19, Mannheim 1964

W. Walter: Gewöhnliche Differentialgleichungen. Heidelberger Taschenbuch Bd. 110, Springer 1972

Funktionentheorie

H. Cartan: Elementare Theorie der analytischen Funktionen einer oder mehrerer komplexen Veränderlichen. BI-Hochschultaschenbuch Bd. 112/112a, Mannheim 1966

W. Fischer, I. Lieb: Funktionentheorie. Vieweg Aufbaukurs Mathematik, Braunschweig/Wiesbaden 1980

A. Hurwitz, R. Courant: Funktionentheorie. Mit einem Anhang von H. Röhrl. Springer, Berlin 1964 (4. Aufl.)

K. Jänich: Einführung in die Funktionentheorie. Springer Hochschultext 1977
L. I. Volkovyskii, G. L. Lunts, I. G. Aramanovich: Aufgaben und Lösungen zur Funktionentheorie I. BI-Hochschultaschenbuch Bd. 195, Mannheim 1973

Mengentheoretische Topologie und Funktionalanalysis

L. Führer: Allgemeine Topologie mit Anwendungen. Vieweg, Braunschweig 1977
F. Hirzebruch, W. Scharlau: Einführung in die Funktionalanalysis. BI-Hochschultaschenbuch Bd. 296a, Mannheim 1971
K. Jänich: Topologie. Springer Hochschultext 1980.
B. v. Querenburg: Mengentheoretische Topologie. Springer Hochschultext 1976
W. Schubert: Topologie. Teubner 1971

Joseph Maurer wurde am 31. Dezember 1945 in Niederbayern geboren. Nach dem Studium der Mathematik und Physik in München und Nizza (Frankreich) promovierte er 1977 an der Universität München. Seine Tätigkeit bei der Studentenausbildung unterbrach er 1979 für einen einjährigen Forschungsaufenthalt am Sonderforschungsbereich „Theoretische Mathematik" in Bonn. Seitdem ist er Assistent am Mathematischen Institut der Universität Düsseldorf. Seine wissenschaftlichen Arbeiten befassen sich mit Fragen aus der komplex-analytischen und algebraischen Geometrie.

vieweg studium

Grundkurs Mathematik

Band 2 John Cunningham, **Vektoren**
Mit 45 Abb. 1974. 224 S. Paperback

Band 10 J. A. Rosanow, **Wahrscheinlichkeitstheorie**
Mit 13 Abb. 1976. 160 S. Paperback

Band 17 Gerd Fischer, **Lineare Algebra**
Unter Mitarbeit von Richard Schimpl. Mit 37 Abb. 6., durchges. Aufl. 1980. VI, 248 S. Paperback

Band 22 Walter Schwarz, **Brücke zur Höheren Mathematik**
Einführung in Methode und Technik. Mit 9 Abb. 1975. 192 S. Paperback

Band 24 Otto Forster, **Analysis 1**
Differential- und Integralrechnung einer Veränderlichen. Mit 44 Abb. 3., durchges. Aufl. 1980. VI, 208 S. Paperback

Band 26 Ernst Kunz, **Ebene Geometrie**
Axiomatische Begründung der euklidischen und nichteuklidischen Geometrie. Mit 15 Abb. und 97 Figuren. 1976. 160 S. Paperback

Band 28 Reinhard Mennicken/Ekkehard Wagenführer,
Numerische Mathematik 1
Mit 5 Abb. 1977. 170 S. Paperback

Band 31 Otto Forster, **Analysis 2**
Differentialgleichungen im R^n. Gewöhnliche Differentialgleichungen. Mit 29 Abb. 4., durchges. Aufl. 1981. IV, 163 S. Paperback

Band 34 Reinhard Mennicken/Ekkehard Wagenführer,
Numerische Mathematik 2
1977. VIII, 262 S. Paperback

Band 35 Gerd Fischer, **Analytische Geometrie**
Mit 107 Abb. 2., verb. Aufl. 1979. VIII, 200 S. Paperback

Aufbaukurs Mathematik

Band 47 Wolfgang Fischer/Ingo Lieb, **Funktionentheorie**
Mit 47 Abb. 2., ber. Aufl. 1981. X, 259 S. Paperback

Band 50 Ernst Kunz, **Einführung in die kommutative Algebra und algebraische Geometrie**
Mit 18 Abb. und 185 Übungsaufg. 1980. X, 239 S. Paperback

MIX
Papier aus verantwortungsvollen Quellen
Paper from responsible sources
FSC® C105338

If you have any concerns about our products,
you can contact us on
ProductSafety@springernature.com

In case Publisher is established outside the EU,
the EU authorized representative is:
**Springer Nature Customer Service Center GmbH
Europaplatz 3, 69115 Heidelberg, Germany**

Printed by Libri Plureos GmbH
in Hamburg, Germany